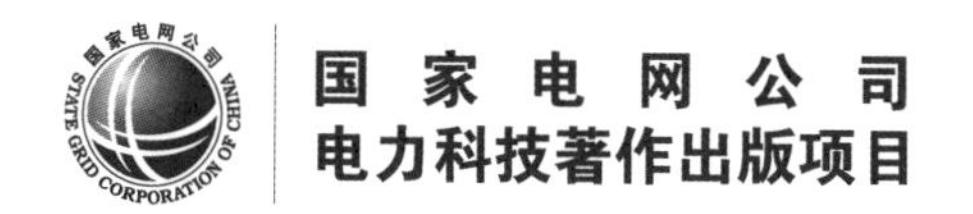

高能效电机
与电机系统节能技术

Highly Efficient Electric Motors and
Energy-Saving Technologies of Electric Motor System

编著 王志新 陈伟华 熊立新
李旭光 李光耀

中国电力出版社
CHINA ELECTRIC POWER PRESS

内 容 提 要

本书侧重于分析、介绍高能效电机及其系统节能技术，涉及近年来国内外有关高能效电机与电机系统节能研究开发和应用成果。全书共8章，包括高能效电机、永磁电机、开关磁阻电机、变频电机、电机启动技术与装置、高压变频技术、电机系统节能标准和电机系统节能技术及分析方法等内容。

本书主要适合从事电气工程、机械工程、控制工程相关研究工作的工程人员或大学教师参考使用，也可作为电气工程及其自动化、机械工程、过程控制、自动化等专业的研究生或高年级本科教材。

图书在版编目（CIP）数据

高能效电机与电机系统节能技术/王志新等编著. —北京：中国电力出版社，2017.3

ISBN 978-7-5198-0196-0

Ⅰ.①高… Ⅱ.①王… Ⅲ.①电机—节能 Ⅳ.①TM3

中国版本图书馆CIP数据核字（2016）第318918号

中国电力出版社出版、发行

（北京市东城区北京站西街19号 100005 http://www.cepp.sgcc.com.cn）

北京博图彩色印刷有限公司印刷

各地新华书店经售

*

2017年3月第一版 2017年3月北京第一次印刷

710毫米×1000毫米 16开本 17.75印张 293千字

定价 **69.00** 元

前　言

我国“十二五”规划纲要将节能减排作为国民经济和社会发展的约束性指标，提出2015年全国单位国内生产总值能耗要比2010年降低16％等节能减排指标。要求通过综合运用调整产业结构和能源结构、节约能源和提高能效、增加森林碳汇等多种手段以促进节能减排。国家发展改革委员会编制了“十二五”节能减排和控制温室气体排放的实施方案，开展强化节能减排、降低碳强度、优化产业结构和能源结构等十项重点工作。其中，加快实施节能改造重点工程、大力推广高效节能产品等技术手段，实现节能能力达到3.3亿t标准煤的目标。实施节能产品惠民工程，包括推广高效节能电机500多万kW等。地方各级政府也进一步加大资金支持力度，推进节能减排工程建设。同时，我国还编制发布了《国家重点节能技术推广目录（第四批）》和第九批、第十批《节能产品政府采购清单》，印发《禁止普通照明白炽灯销售和进口的公告》。

“十三五”规划纲要已于2016年3月正式发布，明确提出了“全面推进创新发展、协调发展、绿色发展、开放发展、共享发展，确保全面建成小康社会”的指导思想和目标；通过实施“推进节能产品和服务进企业、进家庭”“组织能量系统优化、电机系统节能改造”等重点工程，达到节能环保的约束性指标要求，即：从2015—2020年，非化石能源占一次能源消费比重由12％提高到15％；单位GDP能源消耗降低累计达到15％；单位GDP二氧化碳排放量降低累计达到18％。

截至2015年底，我国发电装机容量已超过14亿kW。其中，电机系统用电量约占全国用电量的60％。我国80％以上的电机产品效率比国外先进水平低2％～5％，虽然国产高效电机与国外先进水平相当，但价格高、市场占有率低；电机传动调速及系统控制技术水平差距较大，产品效率比国外先进水平低20％～30％。电机行业发展迅猛并应用于国民经济的各个领域，小到只有0.1W的小型录音机用电机，大到炼钢厂用数万千瓦的大型电机，其中，90％的电机为交流电动机，且大部分能源被400kW～40MW/3～10kV的大功率高压交流电动机消耗，能源利用效率很低（低于国外 20%，70%处于国外 20 世纪 50 年代技术水平），节能潜力大。电机系统量大面广，存在的主要问题是电机及被拖动设备效率低，电机、风机、泵等设备陈旧落后，效率比国外先进水平低 2%～5%；系统匹配不合理，“大马拉小车”现象严重，设备长期低负荷运行等。可见，电机系统节能是一项系统工程，涉及电机本体、被拖动设备及传动系统、管网、系统匹配设计、能效标准及评估和方法学等。具体措施包括电机系统节能改造、提高运行效率；合理匹配和加快淘汰落后低效电机，推广高效节能电机；推广变频调速节能技术，风机、水泵、压缩机等通用机械系统采用变频调速节能措施，工业机械采用交流电机变频调速技术；制定相关经济激励政策和技术政策、完善电机能效标准体系等配套措施，探索“合同能源管理”机制，实现节电 15%～20%，并制定相关标准，涉及电机系统能耗诊断、评估方法，开发专用电机群能耗综合分析软件，电机及其系统节能集成技术，电机及其系统群节能工程化实施技术等。

本书共 8 章，其中，上海交通大学电气工程系李旭光副教授撰写第 1、2 章，山东科汇电力自动化股份有限公司熊立新高工撰写第 3、4 章，上海交通大学电气工程系王志新研究员撰写第 5、6 章，上海电器科学研究所（集团）有限公司陈伟华教授级高工、李光耀教授级高工分别撰写第 7 章、第 8 章。王志新以及上海交通大学电气工程系博士生林环城、江斌开、吴杰完成全书统稿及最后整理、校对及定稿工作。

书稿内容主要取材于近年来国内外有关高能效电机与电机系统节能研究开发和应用成果，以及编著者承担完成的科研项目，如国家自然科学基金重点项目（60934005）、国家自然科学基金面上项目（51377105）、国家 863 计划项目（2014AA052005）和上海市教育发展基金项目（09LM30）等取得的成果。主要内容已被上海交通大学相关专业课程教学采用，或在上海电器科学研究所（集团）有限公司、山东科汇电力自动化股份有限公司应用。

相信本书的出版，对于提高我国高能效电机技术理论研究和产品应用水平，推动电机系统节能技术进步具有重要意义。

编著者

2016 年 5 月于上海

目　录

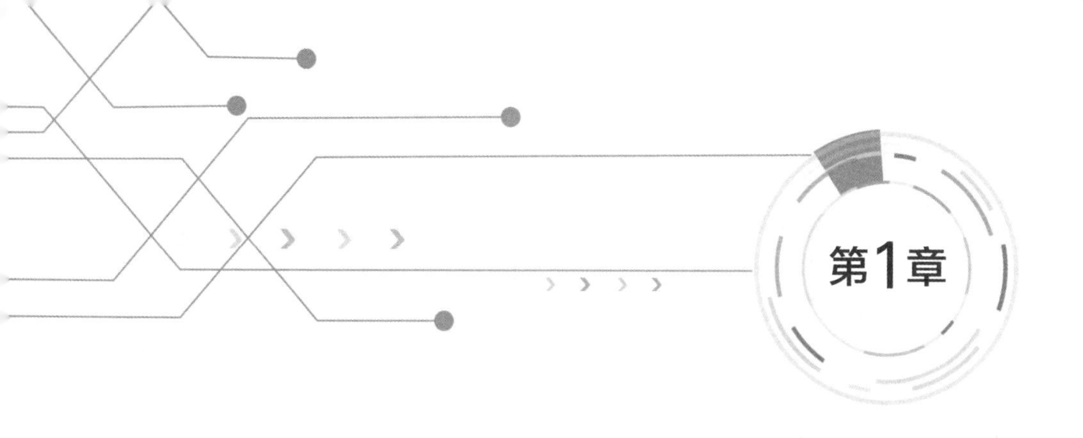

高 效 电 机

1.1 概述

电机是风机、泵、压缩机、机床、传输带等各种设备的驱动装置，广泛应用于冶金、石油、化工、煤炭、建材、公用设施等多个行业和领域，是用电量最大的耗电机械。据统计测算，2015 年，我国电机保有量约 24 亿 kW，总耗电量约 3.5 万亿 kW·h，全社会用电量 5.55 万亿 kW·h，占全社会总用电量的 65%；其中工业领域电机总耗电量为 2.9 万亿 kW·h，工业用电量为 3.93 万亿 kW·h，占工业用电的 74%，工业电机耗电占全社会总用电量的 52%。

近年来在国家政策的支持下，我国电机能效水平逐步提高，但总体能效水平仍然较低。从电机自身看，我国电机效率平均水平比国外低 3%～5%，目前国内存量电机中高效电机占比仅为 8%左右，而在用的高效电机仅占 3%左右；从电机系统看，因匹配不合理、调节方式落后等原因，造成电机系统运行效率比国外先进水平低 10%～20%。低效电机的大量使用造成巨大的用电浪费。工业领域电机能效每提高一个百分点，年节约用电可达 260 亿 kW·h 左右。通过推广高效电机、淘汰在用低效电机、对低效电机进行高效再制造，以及对电机系统根据其负载特性和运行工况进行匹配节能改造，可从整体上提升电机系统效率 5%～8%，实现年节电 1300 亿～2300 亿 kW·h，相当于 2～3 个三峡电站的年发电量。

从国际上看，面对资源约束趋紧的发展环境，全球主要发达国家都将提高电机能效作为重要的节能措施。2008 年国际电工技术委员会（IEC）制定了全球统一的电机能效分级标准（见表 1-1），并统一了测试方法；美国从 1997 年开始强制推行高效电机，2011 年又强制推行超高效电机；欧洲于 2011 年也开始强制推行高效电机。我国 2006 年发布了电机能效标准（GB 18613—2006），近年来参照IEC标准组织进行了修订，新标准（GB 18613—2012）于2012年9月1日正式实施。按照国家新标准，我国现在生产的电机产品绝大多数都不是高效的（高效电机是指达到或优于GB 18613—2012标准中节能评价值的电机）。为加快推动工业节能降耗，促进工业发展方式转变和“十二五”节能约束性目标的实现，必须大力提升电机能效。

表1-1　　中小型三相异步电机能效标准对比

标准	IEC 60034—30（国际标准）	GB 18613—2012（我国2012版标准）	GB 18613—2006（我国2006版标准）
能效等级	IE4	能效一级	
	IE3	能效二级	能效一级
	IE2	能效三级	能效二级
	IE1		能效三级

注　1. 我国电机能效标准仅对低压三相笼型异步电机能效提出了要求。
2. 按照2012版新标准，高效电机仅指达到能效二级（相当于IE3能效标准）及以上的电机。

《关于组织实施电机能效提升计划（2013—2015年）的通知》提出到2015年实现电机产品升级换代，50%的低压三相笼型异步电机产品、40%的高压电机产品达到高效电机能效标准规范；累计推广高效电机1.7亿kW，淘汰在用低效电机1.6亿kW，实施电机系统节能技改1亿kW，淘汰电机高效再制造2000万kW，2015年全年实现节电800亿kW·h，相当于节能2600万t标准煤，减排二氧化碳6800万t。

1.2　高效电机实施方案

1.2.1　加快推广高效电机

1. 充分利用财政补贴政策拉动高效电机市场

一是落实好节能产品惠民工程高效电机推广财政补贴政策。依据中小型低压电机能效标准（GB 18613—2012）及高压电机相关规范，调整高效电机推广范围，公布生产企业及相关产品型号，加大高效电机推广财政补贴力度。二是抓住节能产品惠民工程高效风机、泵、压缩机推广财政补贴政策实施的有利时机，逐步把选用高效电机作为高效风机、泵、压缩机等通用设备入围节能产品惠民工程的必要条件，延伸财政补助推广高效电机的产业链，进一步带动高效电机推广应用。截至 2015 年，直接推广的高效电机累计 7600 万 kW，配套给高效风机、泵、压缩机中的高效电机累计 7700 万 kW，配套给机床等其他设备的高效电机累计 1700 万 kW（见表 1-2）。

表 1-2　　　　　　　　高效电机推广目标　　　　　　　　单位：万 kW

项目 / 年份	直接推广的高效电机	配套给高效风机、泵、压缩机中的高效电机	配套给其他设备的高效电机	小计
2013 年	1100	1300	300	2700
2014 年	2500	2400	500	5400
2015 年	4000	4000	900	8900
合计	7600	7700	1700	17000

2. 促进电机生产转型

贯彻执行 2012 版电机能效新标准，禁止电机企业生产能效等级低于 3 级的低效电机。加强政策引导和能效评定审查，加强电机能效标识备案管理，确保新增电机产品全部达到高效电机能效标准，引导现有电机企业逐步转型生产高效电机。到 2015 年，当年生产的低压三相笼型异步电机有 50%以上、高压电机有 40%以上，达到高效电机标准规范（见表 1-3）。

表 1-3　　　　　　　　高效电机生产导向目标　　　　　　　　单位：万 kW

项目 / 年份	低压高效电机	高压高效电机	小计
2013 年	1400	1300	2700
2014 年	3200	2200	5400
2015 年	5500	3400	8900
合计	10100	6900	17000

3. 提升高效电机产业化能力

推动高效电机关键配套材料和装备规模化生产，不断降低高效电机生产成本，提高高效电机生产保障能力。支持福建、上海、浙江等省市建设 3～5 个高效电机定转子冲片产业化示范工程，年生产能力达到 70 万 t；支持苏州、上海等地建设 2～4 个新型绝缘材料和绝缘系统产业化示范工程，年生产能力达到 5 万 t；支持武钢、宝钢等企业提升规模化生产高牌号冷轧硅钢片的技术水平，年产能达到 170 万 t。

1.2.2 淘汰低效电机

1. 制定在用低效电机淘汰路线图

充分运用行政、市场、经济等手段，推动落后低效电机逐步退出应用市场。到 2013 年底，完成列入工业和信息化部《高耗能落后机电设备（产品）淘汰目录》（第一批）J 系列在用电机及第二批淘汰目录中 1993 年前生产的 Y 系列三相异步电机的淘汰任务；2015 年前，完成 2003 年前生产的 Y 系列三相异步电机及 Y2 和 Y3 系列电机的淘汰任务（见表1-4）。

鼓励企业主动淘汰服役时间超过 20 年（或总运行时间超过 6 万 h）的高压三相笼型异步电机。

地方工业主管部门可结合实际，制定更加超前的在用低效电机淘汰路线图，确保完成本地淘汰低效电机目标任务。

表 1-4　　在用低效电机淘汰路线图　　单位：万 kW

时间	淘汰依据	主要型号、系列	淘汰量
2013 年底前	工业和信息化部高耗能落后机电设备（产品）淘汰目录（第一批）	J02、J03、J2、BJ0、JB3、JZ、JZ2、JZR、JZR2、JZB、JZRB	2000
	工业和信息化部高耗能落后机电设备（产品）淘汰目录（第二批）	1993 年（含）以前生产的 Y 系列低压三相异步电机	2000
2014 年底前	工业和信息化部高耗能落后机电设备（产品）淘汰目录（第二批）	1998 年（含）前生产的 Y 系列低压三相异步电机	6000
2015 年底前	工业和信息化部高耗能落后机电设备（产品）淘汰目录（第二批）	2003 年（含）前生产的 Y 系列低压三相异步电机	6000
	拟定第三批淘汰目录	2003 年（含）前生产的 Y2、Y3 系列及电机生产企业自行命名的低压低效三相异步电机	
合计	16000		

2. 完善落后电机淘汰机制

一是按照电机能效新标准，制定《高耗能落后机电设备（产品）淘汰目录》（第三批），将 Y2、Y3 系列等低压低效三相异步电机及低效风机、泵、压缩机等通用设备纳入淘汰目录。二是把淘汰低效电机与重点用能企业节能目标任务相结合，指导列入国家万家企业节能低碳行动的工业企业，把淘汰落后电机、提升电机能效作为节能降耗的重要措施，尽快制定工作方案并组织实施。三是把淘汰落后电机与电机系统节能改造相结合，支持系统节能改造时用高效电机替换低效电机，利用电机系统节电收益抵减购买高效电机的费用。四是支持建立规模化、规范的废旧电机回收拆解及再利用企业，推进淘汰电机定点回收补偿机制。

3. 分解淘汰任务

组织对工业企业开展在用电机及电机系统普查，对照淘汰路线图，确定应淘汰的电机设备和功率，分年度下达落后电机淘汰目标任务。企业按照落后电机淘汰目标任务，制定3年的淘汰计划，对列入淘汰范围的电机，明确淘汰时间和措施，并组织实施。

1.2.3　实施电机系统节能技术改造

1. 制定节能改造总体方案

年耗电1000万kW·h以上的重点用电企业要结合实际，尽快制定电机系统节能改造方案（2013—2015年），明确3年电机系统能效提升目标，节能改造重点及措施（包括以旧换新、电机高效再制造及电机系统技术改造等内容），总投资及实施进度等内容。

2. 加强对电机系统节能改造技术指导

引导企业采用适宜的技术对低效运行的风机、泵、压缩机等电机系统进行适应性节能改造。应用变频调速、变极调速、相控调压、功率因数补偿以及电机与拖动设备、运行工况匹配技术对电力、冶金、石油、化工、机械、建材、食品、纺织、造纸等行业的风机、压缩机、泵等设备进行改造。应用能效检测分析、自动控制管理系统等方式，对化工、轻纺、制药、冶金等行业重点企业的电机系统进行优化和运行控制，改造上下游关联度较大的生产线和电机系统集群（见表1-5）。

表1-5　电机系统节能改造技术指南　　单位：万kW

序号	技术方案	适用场所	节电效果	改造容量
1	变频调速技术	可用于高压、低压电机系统改造，适用于需要频繁调节流量的场所，如风机、水泵、压缩机等	节电率为10%～50%，投资回收期一般在2年左右	4000

续表

序号	技术方案	适用场所	节电效果	改造容量
2	变极调速技术	主要用于高压电机系统改造，适用于需要定量调节、但不需要频繁调节流量的场所，如风机、水泵等	节电率为20%以上，投资回收期一般在1年左右	1000
3	相控调压技术	可用于高压、低压电机系统改造，适用于负荷功率因数较低，负载变化较大且速度恒定的场所，如机床、输送带等	节电率为2%，投资回收期一般在3年左右	250
4	功率因数补偿	适用于负荷功率因数低、负载功率变化大，变化速度快、有谐波源且谐波污染大的电机集群，如钢厂、化工厂、机械加工厂等	综合节电率为4%左右，投资回收期一般在3～5年	250
5	电机与拖动设备、运行工况匹配技术	解决电机额定功率与拖动设备运行功率不匹配问题，适用于高压、低压电机系统“大马拉小车”的改造，如风机、水泵、车床等	节电率为3%～5%，投资回收期一般在2～4年	1500
		解决重载或大惯量设备要求启动转矩大、运行效率低的问题，适用于高启动转矩且常处于空载、轻载的场合，如冲床、搅拌机、磨机、抽油机、注塑机等	节电率为5%～15%，投资回收期一般在1～3年	1500
		解决拖动设备效率低或输出与需求不匹配造成系统效率低的问题，适用于压力过大、扬程过高或流量过大的场所，如风机、水泵等	节电率为10%～30%，投资回收期一般在1～2年	1000
6	电机系统优化和运行控制	适用于电机密集且关联度较大的生产线和工厂，如化工、轻纺、制药、食品、冶金等工业企业中同一工序设备多用、多备和上下游工序影响较大且工艺、产能经常变化的场所	节电率为5%～15%，投资回收期一般在2～3年	500
合计	10000			

1.2.4　实施电机高效再制造

1. 建设电机高效再制造示范工程

在批准建设上海电科电机科技有限公司“国家电机高效再制造示范工程”的基础上，继续支持基础条件好、具有一定规模优势的再制造企业建设一批电机高效再制造示范工程。

2. 开展电机高效再制造试点

选择上海市、安徽省、陕西省、湖南省、江西省等工业基础较好、技术实力较强、具有一定规模优势的省（市），开展电机高效再制造试点。试点地区加快编制试点工作方案，明确地方支持电机高效再制造的政策措施。2015年底前，建立较完善的废旧电机回收体系，完成关键技术研发及产业化示范。

3. 建立废旧电机回收机制和体系

一是建立废旧电机定点回收机制，探索各种形式的“以旧换新”实施机制，推动废旧电机回收企业与电机高效再制造及拆解企业建立合作模式，确保回收的旧电机仅用于再制造高效电机或者进行拆解，不再回流进入二级市场。二是建立废旧电机定向回收体系，支持再制造企业以大宗用户定向回购等方式回收废旧电机。2015年前，试点地区形成年5000万kW废旧电机的回收能力。

4. 加强电机再制造基础能力建设

制定电机高效再制造的产品标准、设计与应用规范。加强再制造电机与负载匹配技术研究，再制造产品质量控制、工艺及装备制造能力和检测能力建设，再制造前的节能诊断、技术咨询和再制造后的现场安装、现场测试、节能评估。组织开展电机高效再制造产品认定，提高再制造电机可靠性和安全性（见表1-6）。

表1-6　我国电机再制造基础能力建设主要任务

时间	项目	主要内容	依托单位
2013—2015年	技术研究	再制造设计与拖动负载特性的匹配技术研究、再制造变极调速电机定子绕组设计技术研究、再制造变极调速电机定子绕组接线控制装置研究、再制造电机降低定子铜损耗、机械损耗和杂散损耗的技术研究	上海电科电机科技有限公司、国家高电压计量站

续表

时间	项目	主要内容	依托单位
2014年底前	标准体系建设	1. 产品标准：制订 YX3 系列高效率三相异步电机技术条件、YSFE2 系列风机水泵专用高效三相异步电机技术条件、YX 系列高压高效三相异步电机技术条件、YDT 系列变极双速高压三相异步电机技术条件等； 2. 工艺和检验规范：旧件检测与评估规范、绿色环保拆解工艺规范、再制造产品铭牌标识及包装要求规范；再制造产品质量控制规范； 3. 现场实施规范：针对不同设备和连接方式的旧电机拆卸现场操作规范、再制造高效电机安装调试操作规范； 4. 针对不同设备的现场能效测试方法	上海电机系统节能工程技术研究中心有限公司、全国旋转电机标准化技术委员会、全国防爆电气设备标准化委员会防爆电机标准化分技术委员会
2013—2015年	检测能力建设	用于拆解特殊装备的研究与制造；再制造产品检测能力；现场能效测试装置、电机系统能效评估专家系统	第三方电机能效计量检测机构、中国电器工业协会防爆电机分会、上海电科电机科技有限公司、安徽皖南电机股份有限公司、西安西玛电机股份有限公司、湘潭电机股份有限公司
2013—2015年	产品认定	建立再制造高效电机产品认证体系：建立认证机构、确认检验机构、制定认证实施细则、开展产品认证	相关认证机构、检验机构、研发机构和再制造示范企业

1.2.5 加快高效电机技术研发及应用示范

面向全国筛选一批高效电机设计、控制、匹配及关键材料装备等领域的先进技术，发布先进适用技术目录，引导电机生产企业加强技术研发，提高数字信号处理能力，加强对电机控制系统进行优化。推动安全可靠的绝缘栅双极型晶体管（IGBT）等电力电子芯片及模块在电机节能领域的推广应用。充分发挥全国专业性的核心电机研究机构的力量，加强电机生产企业与用户之间的合作，开发符合市场需求的电机产品。对成熟先进的技术，加强与应用环节的衔接，开展应用示范，加快推广应用（见表1-7）。

表1-7 高效电机技术研发重点任务

序号	项目	主要内容	依托单位
1	高效电机设计技术	高压高效三相异步电机的设计技术研究；铸铜转子电机、稀土永磁电机设计技术研究；直驱高效风机、水泵、空压机的高效电机设计技术研究；驱动大功率高扬程潜水泵的高效电机设计技术研究	国家中小型电机及系统工程技术研究中心、上海电机系统节能工程技术研究中心有限公司、有关法定计量技术机构、重点电机生产企业和电机配套企业
2	高效电机控制技术	研究基于国产IGBT器件及装置的电机变频技术，应用半导体驱动、工频驱动等先进的驱动和调速方式，对电机运行进行优化控制。开发高效电机嵌入式系统推广应用平台	
3	高效电机共性、匹配技术	降低电机定子铜损耗、转子铝损耗、铁损耗、机械损耗和杂散损耗的共性技术研究；风机、水泵、空压机等典型负载和电机性能匹配技术的研究	
4	关键材料装备技术研究	冷轧硅钢片在不同类型高效电机中的应用研究；先进冲剪工艺及高效冲剪模具、装备的研究和开发；低介质损耗（$\tan\delta$）、高电气强度的高压电机绝缘浸渍漆、绝缘云母带研究；超薄绝缘厚度的电磁线研究；耐高频冲击电压的绝缘浸渍漆研究；低介质损耗（$\tan\delta$）的云母带基材研究等	
5	高效电机的效率不确定度测试方法与装置研究	研究先进的高稳定度数字变频、定频电源和电子回馈系统、高精度计算机控制测量系统和分布式网络群控技术；研发基于数字化和信息化技术的高精度高效、超高效电机检测系统	

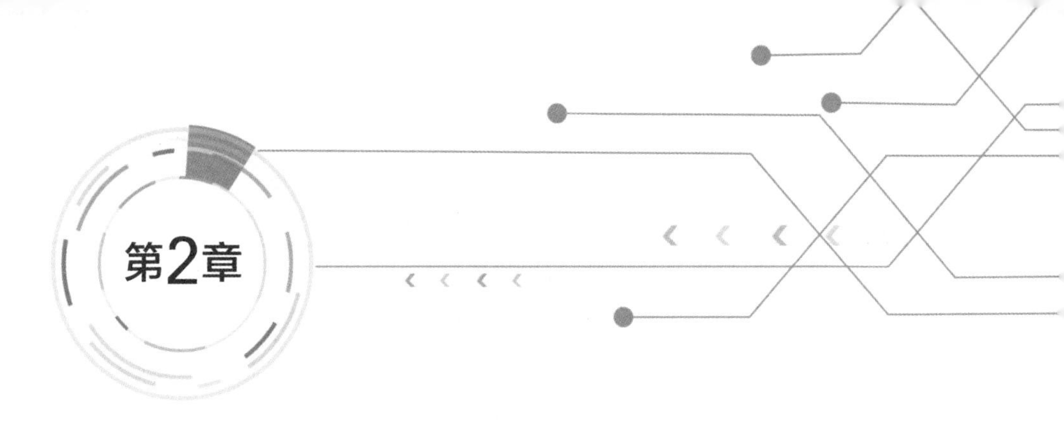

永 磁 电 机

2.1 绪论

永磁电机采用永磁体励磁，不需要无功励磁电流，所以利于显著提高功率因数、减小定子电流和定子电阻损耗；同时，在稳定运行时没有转子电阻损耗，进而可以因总损耗降低而减少风扇（小容量电机甚至可以去掉风扇）和相应的风摩耗，从而使其效率和功率因数比同规格感应电机高。而且在轻载时仍可保持较高的效率和功率因数，使轻载运行时节能效果更为显著。因此，永磁电机较容易做到高效率，即达到 IE2 级的效率值。如果进一步优化设计，采用高性能硅钢片和先进工艺，在降低一个机座号或者缩短铁心的情况下，可以达到超高效，即 IE3 级的效率值；在不降低机座号或适当增加铁心的情况下，部分规格有可能达到超超高效，即 IE4 级的效率值。考虑到我国稀土资源丰富和稀土永磁产量已位列世界前茅的优势，研发超高效和超超高效永磁同步电机是我国发展高效电机的重要途径。

国内许多高校、研究所和企业针对不同应用场合，先后开发出了多种高效、超高效、超超高效异步启动永磁同步电动机和变频调速永磁同步电机产品。现简要介绍几种典型产品，需要说明的是，这些产品是在 IEC 60034－30 颁布之前研发的，与 IE3 和 IE4 的效率值稍有出入，只要调整设计和优化，有可能达到所规定的标准。只要进一步优化设计，采用高性能材料和先进工艺，可以开发出符合 IEC 60034—30 能效分级标准的两个系列的高效永磁同步电机。

一是在比感应电机降低一个机座号或机座号不变而缩短铁心的情况下，使永磁同步电机的效率指标达到超高效，即 IE3 的效率标准，二是机座号不变或者适当加长铁心，使永磁同步电机的效率指标达到超超高效，即 IE4 的效率标准。两者的功率因数都达到 0.93 以上，同时要在满足启动性能和保证高温不失磁的前提下尽量降低成本。

为此，既要采用超高效感应电机降低损耗、提高效率的技术，如采用高性能硅钢片、提高定子槽满率、用铸铜转子代替铸铝转子、改进风扇设计和提高制造精度等，又要针对永磁同步电机的设计制造特点，对下列关键技术进行研究攻关。国内对此已经做了大量工作，取得了一些突破性进展，但尚须进一步完善，进而在各行业推广应用。

当前永磁同步电机的设计计算精度低于感应电机，因此需要修改完善永磁电机电磁场分析计算软件，同时运用计算软件，分析计算各种磁路结构的三维磁场，从中总结出端部效应的规律，对二维电磁场计算软件进行分析修正，既方便计算，又提高计算精度。在总结已开发样机经验的基础上，对原有以路为主的电磁计算软件中的各项参数和系数进行修正，并与电磁场计算软件耦合起来形成场路结合的计算软件。

完善适合永磁同步电机特点的机械计算、热计算和振动、噪声分析计算软件。

在总结、完善上述软件的基础上，充实数据库，形成完整的软件包，在全行业推广。超高效和超超高效永磁同步电机的转子空间有限，既要安放足够的永磁体以提供必需的气隙磁密和改善磁场波形，又要安放足够的启动笼在满足所要求启动转矩（含堵转转矩、最小转矩、牵入转矩和失步转矩）的前提下，减少堵转电流，还要使转子有足够的强度和刚度，便于制造，需要对磁极结构、启动笼槽型等进行创新和优化设计，在大量实践的基础上总结出设计准则。

超高效和超超高效永磁同步电机的磁路波形接近矩形波，齿磁密与轭磁密的分布与感应电机不同，需要对定子槽形进行优化设计，以降低总铁损耗。由于效率和功率因数都高于感应电机，其电磁负荷的合理分配和选择以及风扇设计也与感应电机不同，需要进行热计算和冷却系统优化设计，从而总结出优化设计准则。

永磁同步电机没有转子铜（铝）损耗，定子铜损耗较小，铁损耗和负载杂散损耗占总损耗的比例较感应电机大，因此重点应放在降低铁损耗和负载杂散损耗。

高效永磁同步电机的空载气隙磁场中谐波含量比感应电机大，因而空载杂散损耗大，使空载铁损耗（含空载杂散损耗）大；而负载时气隙磁密降低，使负载铁损耗比空载铁损耗小，需要通过大量计算和试验以总结提出负载铁损耗的修正系数。

超超高效永磁同步电机的负载杂散损耗虽小于感应电机，但仍占总损耗的很大比例，要进一步提高效率必须着重减少负载杂散损耗，这就需要进行大量电磁场计算，总结影响杂散损耗的影响因素，探索减少杂散损耗的设计技术和制造工艺措施。同时需要运用高精度的电量和转矩测量仪器对大量样机进行测试，总结归纳出负载杂散损耗的数值和影响规律。

超高效永磁同步电机成本高的原因之一是制造工艺较复杂。除采用感应电机的先进制造工艺外，还要进行装配后永磁体充磁技术、带磁永磁体装配技术等制造工艺技术研究，并开发相应的工装模具。做到既提高生产效率，又降低制造成本。

永磁电机采用永磁体励磁，其试验方法不能完全采用感应电机和电励磁同步电机的试验方法，难点在于：①铁损耗的测试和分离。在用损耗分析法测试效率时，在感应电机标准中认为负载和空载铁损耗是不变的，而永磁电机由于电枢反应以及温度变化对永磁体性能的影响，使得铁损耗从空载到负载变化较大，因此要针对永磁电机的特性进行试验研究，总结出铁损耗测试方法及修正规律。②堵转转矩、堵转电流、最小转矩和牵入转矩的测试。由于永磁体的存在，在做堵转转矩试验时电机产生振动，容易对电机造成机械破坏或测试仪表损坏，最小转矩和牵入转矩的测试要求也与普通电机不同，因此需对测试转矩的不同方法进行试验验证和分析研究，最终总结出永磁电机转矩特性测试方法和修正方法。③负载杂散损耗的精确测量。④永磁体性能一致性和稳定性的检测方法。

2.2 永磁同步电机的结构与数学模型

2.2.1 永磁同步电机的结构

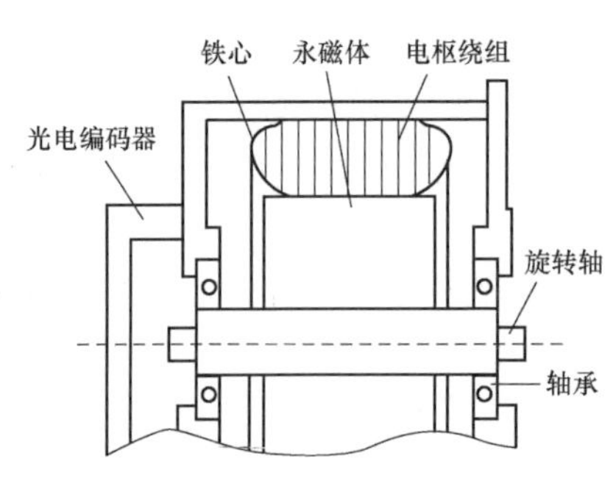

图 2-1　永磁同步电机结构剖面图

永磁同步电机是以永磁体作为恒定励磁的一种电机，其剖面图如图 2-1 所示。永磁同步电机的主要部件为定子和转子。

定子为铁心永磁体电枢绕组，在电机运转时不动，其构造与普通感应电机基本相同，也采用叠片结构以减小电机运行时的铁损耗。如果在三相空间对称的定子绕组中通入三相时间上也对称的正弦电流，在三相永磁同步电机的气隙中就会产生一个在空间旋转的圆形磁场，旋转磁场的同步转速 n_0 为

$$n_0 = 60f/p_n \tag{2-1}$$

式中：f 为定子电流频率；p_n为电机极对数。

永磁同步电机的转子是指电机运行时的旋转部分，通常由转子铁心、永磁体磁钢和转子转轴组成，转子铁心可以做成实心，也可以做成叠片式结构。

按照电机转子结构形式不同，永磁同步电机的转子磁路结构一般可分为三种：表面式、内置式和爪极式。表面式即永磁体粘贴在转子表面，内置式永磁体嵌在转子内部，此类型永磁同步电机又称为内永磁同步电机；爪极式电机不适合电动车驱动。

1. 表面式永磁同步电机

表面式永磁同步电机的永磁体为瓦片形，粘贴在转子的表面，其转子结构示意图如图 2-2 所示。表面永磁同步电机又分为凸出式和插入式两种，由于永磁材料的相对磁导率接近1，表面凸出式的转子结构，交轴与直轴电感相等，属于隐极同步电机转子结构；表面插入式的转子结构属于凸极同步电机转子结构。

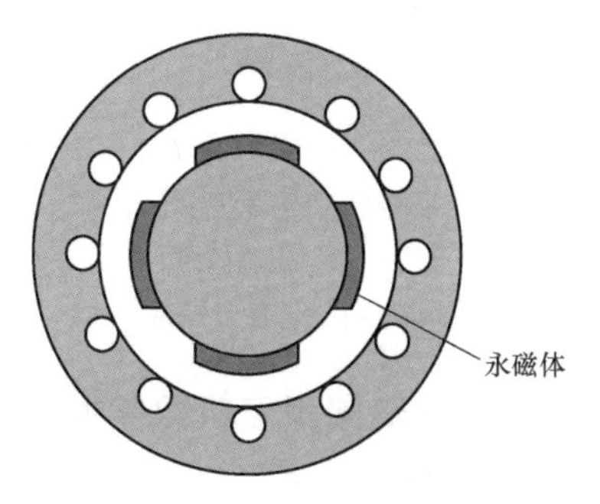

图 2-2　表面式永磁同步电机转子结构示意图

表面凸出式转子的优点是结构构造简单，制造成本低，转动惯量小。表面插入式转子结构能够利用转子磁路不对称所产生的磁阻转矩，从而利于提高电机的功率密度、改善其动态性能，缺点是漏磁路磁阻小、漏磁系数比凸出式转子大，造成插入式转子的成本较高。

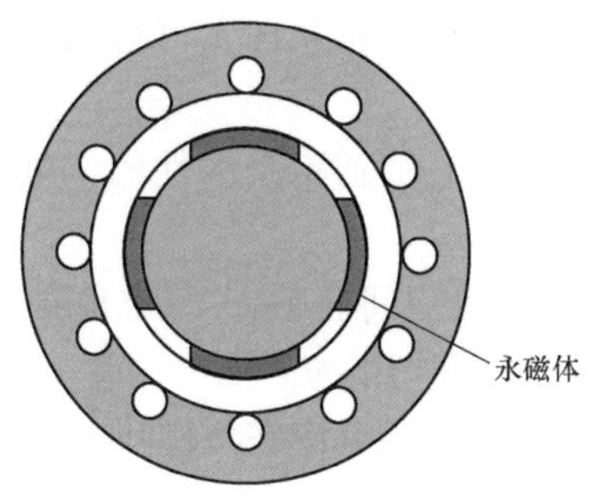

图 2-3　内置式永磁同步电机转子结构示意图

2. 内置式永磁同步电机

内置式转子磁路结构的永磁电机，永磁体位于转子内部，结构示意图如图 2-3 所示。该电机永磁体外表面与定子铁心内圆之间有铁磁物质制成的极靴，极靴可以起阻尼和启动作用，

动静态性能、稳态性能好，所以该结构也广泛用于有异步启动能力和动态性能高的永磁同步电机中。内置式转子内的永磁体在极靴保护下，其转子磁路结构的不对称性所产生的磁阻转矩也有助于提高电机的过载能力和功率密度，利于电机弱磁控制调速实现。

内置式永磁同步电机按照永磁体的充磁方向，内置式转子磁路结构又可分为径向式、切向式和混合式三种类型：

（1）径向式转子结构的永磁体充磁磁场方向与转子表面垂直，优点是漏磁系数小，转子机械强度更高、永磁体固定方便，无须采用隔磁措施等。

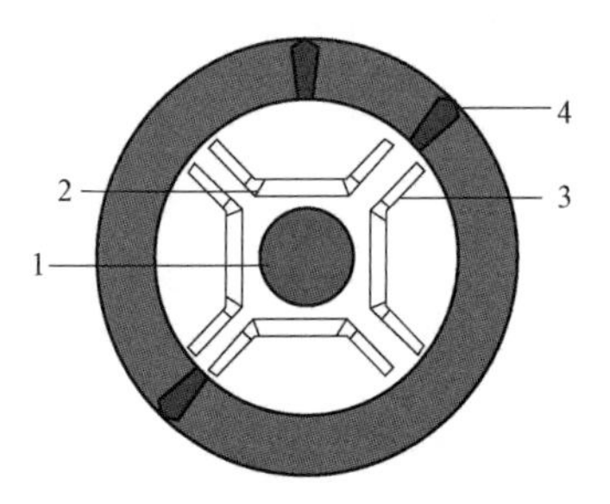

图 2-4　内置混合式转子磁路结构示意图
1—转轴；2—永磁体槽；3—永磁体；4—转子导条

（2）切向式转子结构漏磁比径向式大，该结构适合要求气隙磁密高且极数较多的电机。

（3）混合式转子结构的永磁同步电机的电机转子永磁体结构结合了径向式转子与切向式转子的优点，进行混合放置，结构示意图如图 2-4 所示。其特点是漏磁系数很小，磁阻转矩占电机总电磁转矩的 40%，这对于充分利用磁阻转矩，提高电机功率密度和扩展电机的恒功率运行范围是非常有利的。

2.2.2　永磁同步电机数学模型

在永磁同步电机的定子上装有 A、B、C 三相对称绕组，转子上有永久磁钢，定子和转子间通过气隙磁场耦合。由于电机定子与转子间存在相对运动，定转子之间的位置关系是随时间变化的，因此，定转子各参量的电磁耦合关系十分复杂，无法准确地分析同步电机定转子各参量的变化规律，所以为了简化对永磁同步电机的分析，建立现实可行的数学模型，作如下假设：

（1）忽略磁路饱和、磁滞和涡流影响，视电机磁路是线性的，可以应用叠加原理对电机各电磁参数进行分析。

（2）电机的定子绕组三相对称，各绕组轴线在空间上互差 120°电角度。

（3）转子上没有阻尼绕组，永磁体没有阻尼作用。

（4）电机定子上电动势按正弦规律变化，定子电流在气隙中只产生正弦分布磁势，忽略磁场场路中的高次谐波磁势。

按照以上假设条件对被控对象永磁同步电机进行理论分析时，其所得的结果和实际情况十分接近，误差在工程允许范围内，可以使用上述假设对永磁同步电机进行分析和控制。

1. A、B、C 静止三相坐标系数学模型

在 A、B、C 坐标系中，三相定子里有三相绕组，绕组轴线分别为 A、B、C，彼此之间互差 120°电角度，结构示意图如图 2 - 5 所示。空间任一矢量在三个坐标系上的投影代表了该矢量在三个绕组上的分量。本章数学模型建立均以内置式永磁同步电机为研究对象，之后不再特别注明对象为内置式永磁同步电机。由于表面式永磁同步电机 $L_d=L_q$（L_d，L_q 为永磁同步直轴、交轴电感），可以代入内置式永磁同步电机的数学模型公式中，得到结果较为简单，这里不再特别说明。

在静止坐标系下，将定子三相绕组 A 相绕组轴线作为空间坐标系的参考轴线，在确定好磁链和电流正方向后，可以确定永磁同步电机在 A、B、C 坐标系下定子电压方程，其示意图如图 2 - 6 所示。

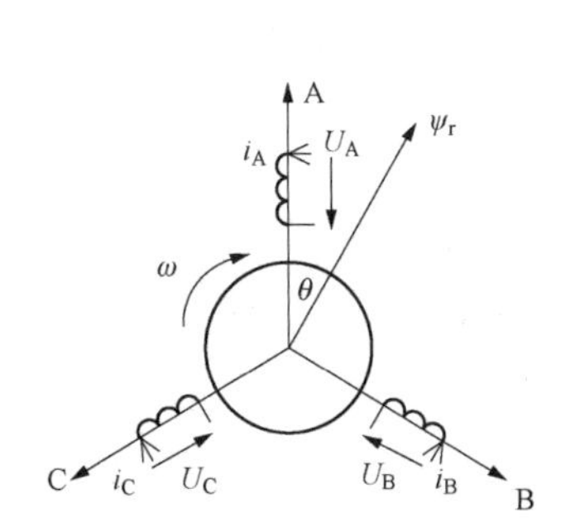

图 2 - 5　永磁同步电机结构示意图

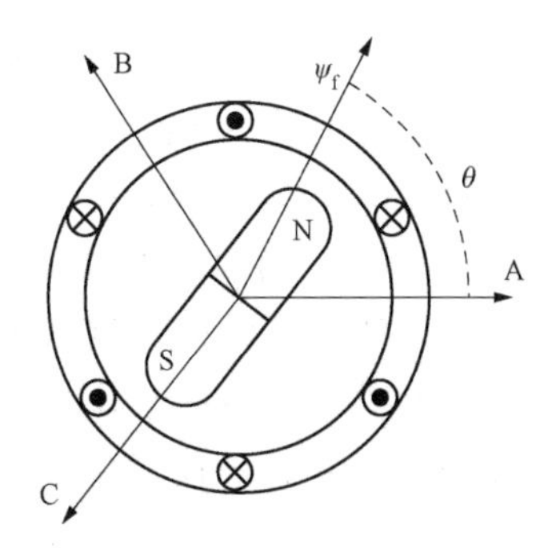

图 2 - 6　A、B、C 静止坐标系下永磁同步电机结构示意图

定子电压方程为

$$u_s = Ri_s + L\frac{di_s}{dt} + \frac{d}{dt}\Psi_s = Ri_s + \frac{d\Psi}{dt} \tag{2-2}$$

式中：i_s 为定子相电流；R 为定子中各相绕组的电枢电阻；L 为定子中各相绕组的电感值；Ψ_s 为转子产生的链过定子磁链；Ψ 为定子侧磁链。

在图 2 - 6 中 A、B、C 为电机三相定子绕组轴线，Ψ_f 为转子产生的磁链。在 A、B、C 三相坐标系下磁链方程为

$$\begin{cases}\Psi_A = L_A i_A + M_{AB} i_B + M_{AC} i_C + \Psi_f\cos\theta \\ \Psi_B = M_{BA} i_A + L_B i_B + M_{BC} i_C + \Psi_f\cos\left(\theta - \dfrac{2\pi}{3}\right) \\ \Psi_C = M_{CA} i_A + M_{CB} i_B + L_C i_C + \Psi_f\cos\left(\theta + \dfrac{2\pi}{3}\right)\end{cases} \tag{2-3}$$

将式（2-2）、式（2-3）写成向量形式为：$\boldsymbol{\psi}=L\boldsymbol{i}_s+\boldsymbol{\Psi}_s,\boldsymbol{u}_s=\begin{bmatrix}u_A\\u_B\\u_C\end{bmatrix}$，

$$\boldsymbol{i}_s=\begin{bmatrix}i_A\\i_B\\i_C\end{bmatrix},\boldsymbol{\Psi}_s=\begin{bmatrix}\Psi_A\\\Psi_B\\\Psi_C\end{bmatrix},\boldsymbol{R}=\begin{pmatrix}R_s&0&0\\0&R_s&0\\0&0&R_s\end{pmatrix},\boldsymbol{L}=\begin{pmatrix}L_A&M_{AB}&M_{AC}\\M_{BA}&L_B&M_{BC}\\M_{CA}&M_{CB}&L_C\end{pmatrix},$$

$$\boldsymbol{\Psi}=\Psi_f\begin{pmatrix}\sin(\omega t+\theta)\\\sin\left(\omega t+\theta+\frac{2\pi}{3}\right)\\\sin\left(\omega t+\theta+\frac{4\pi}{3}\right)\end{pmatrix}$$

式中：i_A，i_B，i_C 为 A、B、C 三相绕组电流；u_A，u_B，u_C 为 A、B、C 三相绕组电压；R_s 为电机定子相绕组电阻；L_A，L_B，L_C 为电机定子绕组自感系数；$M_{AB}=M_{BA}$，$M_{AC}=M_{CA}$，$M_{BC}=M_{CB}$为定子绕组互感系数；θ 为转子 d 轴超前定子 A 相绕组轴线的电角度。

由永磁同步电机 A、B、C 三相坐标系电压方程［式（2-2）］及磁链方程［式（2-3）］可见，在静止坐标系下同步电机定转子在磁、电结构上不对称，这样对电机进行分析和控制十分困难，所以需要寻求比较简便的数学模型对永磁同步电机进行分析与控制。

2. α、β 两相静止坐标系数学模型

电机在静止 α、β 坐标系下各个变量也可以直接测量，将永磁同步电机在 A、B、C 坐标系中的电流参量进行坐标变换，可以把三相静止坐标系中的电机电压、磁链方程在 α、β 两相静止坐标系中表示出来，其中 α、β 坐标轴放在定子上，α 轴与 A 相轴线重合，β 轴超前 α 轴 90°，如图 2-7 所示。

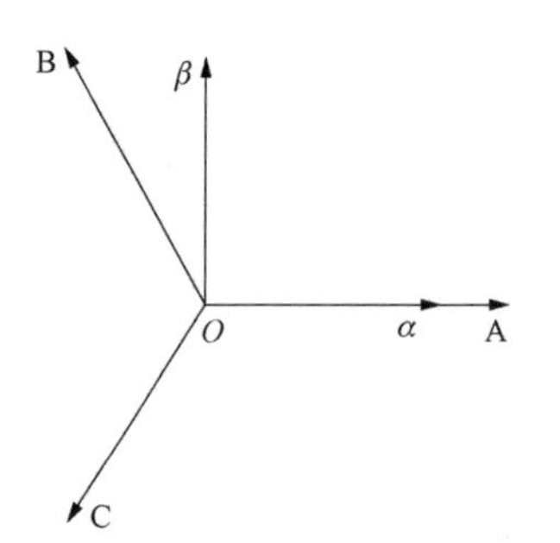

图 2-7 永磁同步电机 α、β 坐标系与 A、B、C 坐标系示意图

进行 A、B、C 坐标系到 α、β 坐标系的变换，变换公式如下

$$C_{ABC}^{\alpha\beta}=\sqrt{\frac{2}{3}}\begin{pmatrix}1&-\frac{1}{2}&-\frac{1}{2}\\0&-\frac{\sqrt{3}}{2}&\frac{\sqrt{3}}{2}\end{pmatrix}\tag{2-4}$$

式（2-4）为 Clarke 变换（也称为 3/2 变换），下标为变换前坐标系，上标为变换后坐标系

$$C_{\alpha\beta}^{ABC}=\sqrt{\frac{2}{3}}\begin{pmatrix}1 & -\frac{1}{2}\\ -\frac{1}{2} & -\frac{\sqrt{3}}{2}\\ -\frac{1}{2} & \frac{\sqrt{3}}{2}\end{pmatrix} \tag{2-5}$$

式（2-5）为逆 Clarke 变换（2/3 变换），下标为变换前坐标系，上标为变换后坐标系。

综上，两相静止坐标系下电流、电压变换方程为

$$\begin{cases}u_{\alpha\beta}=C_{ABC}^{\alpha\beta}u_{ABC}\\ i_{\alpha\beta}=C_{ABC}^{\alpha\beta}i_{ABC}\end{cases}\quad \begin{cases}u_{ABC}=C_{\alpha\beta}^{ABC}u_{\alpha\beta}\\ i_{ABC}=C_{\alpha\beta}^{ABC}i_{\alpha\beta}\end{cases} \tag{2-6}$$

仿照 A、B、C 坐标系下电压方程，α、β 坐标系下电压方程也可表示为

$$\begin{cases}u_{\alpha}=\dfrac{d\Psi_{\alpha}}{dt}+Ri_{\alpha}\\ u_{\beta}=\dfrac{d\Psi_{\beta}}{dt}+Ri_{\beta}\end{cases} \tag{2-7}$$

磁链方程即可表示为

$$\begin{cases}\Psi_{\alpha}=i_{\alpha}(L_d\cos^2\theta+L_q\sin^2\theta)+i_{\beta}(L_d-L_q)\sin\theta\cos\theta+\Psi_a\cos\theta\\ \Psi_{B}=i_{\alpha}(L_d-L_q)\sin\theta\cos\theta+i_{\beta}(L_d\cos^2\theta+L_q\sin^2\theta)+\Psi_a\sin\theta\end{cases} \tag{2-8}$$

式中：L_d，L_q 为永磁同步直轴、交轴电感；Ψ_a 为永磁体磁极产生的与定子绕组交链的磁链，$\Psi_a=\sqrt{3/2}\Psi_f$。

经过 Clarke 变换，在 α、β 坐标系下永磁同步电机数学模型得到一定简化，对于内置式永磁同步电机，其转子直、交轴不对称，具有凸极效应，所以 $L_d\neq L_q$，在两相静止坐标系下，电机磁链、电压方程为非线性方程组，数学模型也十分复杂，所以仍需简化模型，得到更为易于分析和控制的坐标系。

3. d、q 同步旋转坐标系数学模型

同步旋转 d、q 坐标系是随电机气隙磁场同步旋转的坐标系，可将其视为放置在电机转子上的旋转坐标系，d 轴的方向是永磁同步电机转子励磁磁链方向，q 轴超前 d 轴 90°，电机 A、B、C，α、β，d、q 坐标系下结构如图 2-8 所示。

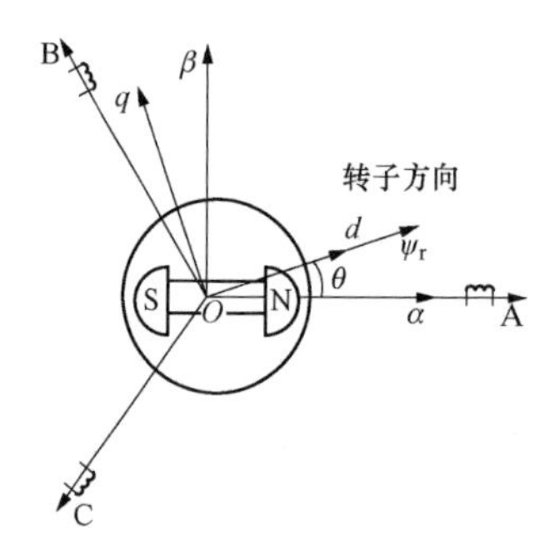

图 2-8 永磁同步电机的三种坐标系示意图

从两相静止坐标系变换至旋转坐标系的变化为 Park 变换，反之为逆 Park 变换，公式如下

$$C_{\alpha\beta}^{dq}=\begin{bmatrix}\cos\theta & \sin\theta\\ -\sin\theta & \cos\theta\end{bmatrix} \tag{2-9}$$

上式为 Park 变换，下标为变换前坐标系，上标为变换后坐标系。

$$C_{dq}^{\alpha\beta}=\begin{bmatrix}\cos\theta & -\sin\theta\\ \sin\theta & \cos\theta\end{bmatrix} \tag{2-10}$$

上式为逆 Park 变换，下标为变换前坐标系，上标为变换后坐标系。

旋转坐标系电压、电流变换表达式为

$$\begin{cases}u_{dq}=C_{\alpha\beta}^{dq}u_{\alpha\beta}\\ i_{dq}=C_{\alpha\beta}^{dq}i_{\alpha\beta}\end{cases}\qquad \begin{cases}u_{\alpha\beta}=C_{dq}^{\alpha\beta}u_{dq}\\ i_{\alpha\beta}=C_{dq}^{\alpha\beta}i_{dq}\end{cases} \tag{2-11}$$

综合式（2-4）、式（2-5）、式（2-9）、式（2-10），可以直接得到 ABC/dq 和 dq/ABC 变换为

$$\begin{bmatrix}i_d\\ i_q\end{bmatrix}=\sqrt{\frac{2}{3}}\begin{bmatrix}\cos\theta & \cos\left(\theta-\frac{2\pi}{3}\right) & \cos\left(\theta+\frac{2\pi}{3}\right)\\ -\sin\theta & -\sin\left(\theta-\frac{2\pi}{3}\right) & -\sin\left(\theta+\frac{2\pi}{3}\right)\end{bmatrix}\begin{bmatrix}i_A\\ i_B\\ i_C\end{bmatrix} \tag{2-12}$$

$$\begin{bmatrix}i_A\\ i_B\\ i_C\end{bmatrix}=\sqrt{\frac{2}{3}}\begin{bmatrix}\cos\theta & -\sin\theta\\ \cos\left(\theta-\frac{2\pi}{3}\right) & -\sin\left(\theta-\frac{2\pi}{3}\right)\\ \cos\left(\theta+\frac{2\pi}{3}\right) & -\sin\left(\theta+\frac{2\pi}{3}\right)\end{bmatrix}\begin{bmatrix}i_d\\ i_q\end{bmatrix} \tag{2-13}$$

d、q 旋转坐标系下磁链方程为

$$\begin{cases}\Psi_d=L_d i_d+\Psi_f\\ \Psi_q=L_q i_q\end{cases} \tag{2-14}$$

L_d、L_q 分别为直轴、交轴电感，Ψ_f 为永磁体磁极磁链。

电压方程为

$$\begin{cases} u_d = \dfrac{d\Psi_d}{dt} - \omega\Psi_q + R_s i_d \\ u_q = \dfrac{d\Psi_q}{dt} + \omega\Psi_d + R_s i_q \end{cases} \quad (2-15)$$

永磁同步电机在旋转坐标系下模型如图2-9所示，其中$\boldsymbol{i}_s$为i_d、i_q合成矢量，得到电磁转矩矢量方程为

$$T_e = p_n \boldsymbol{\psi}_s \times \boldsymbol{i}_s \quad (2-16)$$

其中磁链、电流合成矢量表达式为

$$\begin{cases} \boldsymbol{\psi}_s = \Psi_d + j\Psi_q \\ \boldsymbol{i}_s = i_d + ji_q \end{cases} \quad (2-17)$$

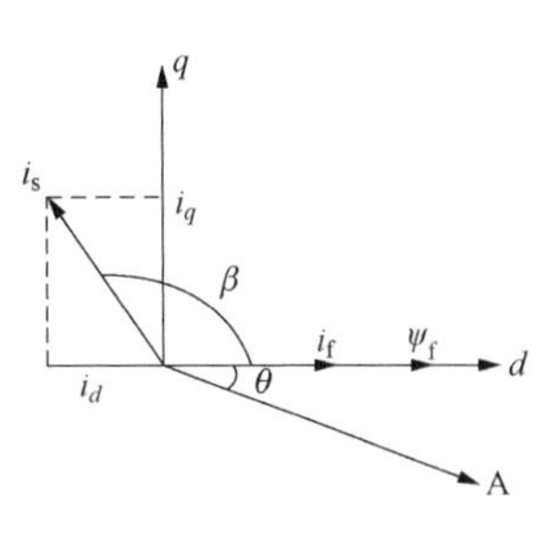

图 2-9　永磁同步电机 d、q 旋转坐标系模型

将式（2-14）、式（2-17）代入式（2-16），可得永磁同步电机电磁转矩为

$$T_e = p_n[\Psi_f i_q + (L_d - L_q) i_d i_q] \quad (2-18)$$

由图 2-9 可得，$i_d = i_s\cos\beta$，$i_q = i_s\sin\beta$，代入式（2-18），得

$$T_e = p_n[\Psi_f i_s \sin\beta + 0.5(L_d - L_q) i_s^2 \sin 2\beta] \quad (2-19)$$

永磁同步电机的电磁转矩如式（2-19）所示，第一项是电机定子电流与永磁体励磁磁场之间产生的电磁转矩，第二项是由于转子凸极效应所产生的转矩，称为磁阻转矩。对于内置式永磁同步电机，$L_d \neq L_q$，在矢量控制过程中，可以利用磁阻转矩增加电机输出力矩或者拓展电机的调速范围。

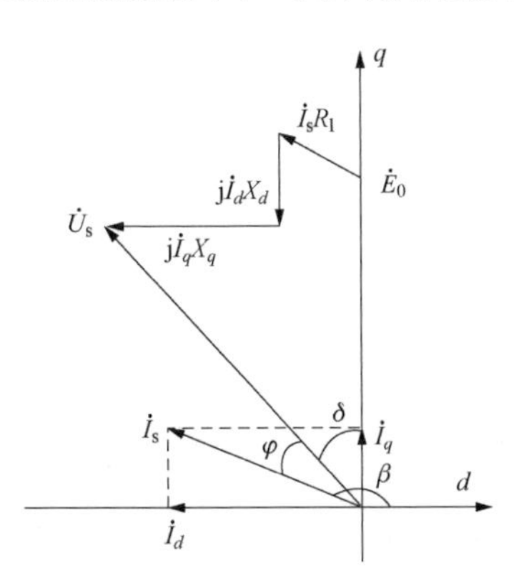

图 2-10　永磁同步电机向量图

电机力矩平衡方程（即运动方程）为

$$T_e - T_l = J\frac{d\omega_r}{dt} + R_\Omega \omega_r \quad (2-20)$$

式中：ω_r 为电机机械角速度，$\omega_r = \omega/p_n$；T_l 为电机负载阻力矩；J 为电机轴联转动惯量；R_Ω 为电机阻尼系数。

永磁同步电机向量图如图 2-10 所示。

电机电压方程为

$$\begin{cases} u_d = R_s i_d + \dfrac{dL_d i_d}{dt} - \omega L_q i_q \\ u_q = R_s i_q + \dfrac{dL_q i_q}{dt} + \omega L_d i_d + \omega\Psi_f = R_s i_q + E_0 \end{cases} \quad (2-21)$$

在 d、q 旋转坐标系下，永磁同步电机的数学模型简单许多，利用坐标变换将电机的变系数微分方程变成常系数方程，消除了时变系数，简化了系统运算和分析，所以在永磁同步电机矢量控制系统中采用 d、q 坐标系下分析控制。

4. 电压极限椭圆与电流极限圆

在永磁同步电机控制矢量控制系统中，运用逆变器供电控制电机，电机的相电流有效值 i_s 不能超过逆变器的最大输出电流，电机的端电压有效值 u 不能超过逆变器供电电压，将这两个电流、电压极限值分别记作 i_{lim}、u_{lim}，则有

$$i_s=\sqrt{i_d^2+i_q^2}\leqslant i_{lim}=\sqrt{3}I_{lim} \tag{2-22}$$

式中：i_s 为电机端电流值（电流矢量有效值）；I_{lim}为电动机可达到的最大相电流基波有效值。

$$u_s=\sqrt{u_d^2+u_q^2}\leqslant u_{lim}=\frac{1}{\sqrt{2}}\frac{U_c}{\sqrt{3}}=\frac{U_c}{\sqrt{6}} \tag{2-23}$$

式中：u_s 为电机端电压值（电压矢量有效值）；U_c 为逆变器直流侧电压最大值。

在电机稳定运行时，其转速恒定，所以式（2-15）中对转速求微分的部分为0，将式（2-14）代入后，可得

$$\begin{cases}u_d=R_si_d-\omega L_qi_q\\u_q=R_si_q+\omega(L_di_d+\Psi_f)\end{cases} \tag{2-24}$$

由于电机在高速运转时，式（2-24）电阻产生的压降可以忽略不计，故简化式（2-24），代入式（2-23）则有

$$(L_di_d+\Psi_f)^2+(L_qi_q)^2\leqslant\left(\frac{u_{lim}}{\omega}\right)^2 \tag{2-25}$$

在以 i_d 为横轴，i_q 为纵轴的坐标系下，式（2-25）构成了以 $\left(-\frac{\Psi_f}{L_d},\ 0\right)$为中心的椭圆，即电压极限椭圆。该椭圆的长轴、短轴大小与转速 ω 成反比，所以转速越高，电压极限椭圆越小。同时，电流极限条件得到方程如下

$$i_d^2+i_q^2\leqslant i_{lim}^2 \tag{2-26}$$

电流极限圆是一个圆心位于坐标原点，半径为 i_{lim}的圆。电机运行时，电流空间矢量必须在电压极限椭圆和电流极限圆交集范围之内，如图2-11所示，图中在 ω_a 转速条件下，电流矢量范围只能在 ABCDEF 包围

区域内。由于电流极限圆位置、大小确定，电压极限椭圆的中心根据 $\left(-\frac{\Psi_f}{L_d}, 0\right)$ 确定，设定参数时需要考虑 $\frac{\Psi_f}{L_d}$ 和 i_{lim} 的大小关系，如果 $\frac{\Psi_f}{L_d}$ 比 i_{lim} 大很多时，可能只有在较低转速情况下才能得到电压极限椭圆和电流极限圆的交集，影响电机调速特性。

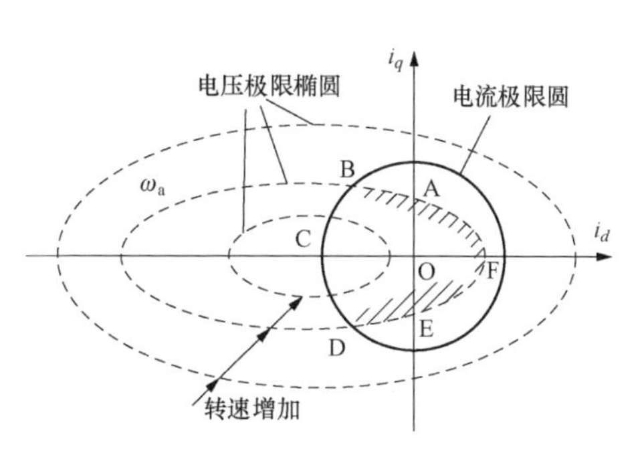

图 2-11　电压极限椭圆与电流极限圆示意图

2.3　永磁同步电机矢量控制

2.3.1　永磁同步电机矢量控制基本原理

永磁同步电机矢量控制的基本思想建立在 d、q 旋转坐标系和电机电磁转矩方程上。由式（2-18）可见永磁同步电机和直流电机拥有类似的电磁转矩方程，但直流电机的励磁磁场与电枢磁场正交，采用直接转矩控制方法较为简单。永磁同步电机通入的三相交流电流，三相绕组间存在强耦合，同时又和转子磁场耦合，所以电机电枢电流一部分用于产生电磁转矩，另一部分用于与转子永磁体形成合成磁场，从而造成永磁同步电机控制的复杂性。

在实施永磁同步电机控制时，能够独立控制电机定子电流的幅值和相位，保证同步电机定子三相电流所形成的正弦波磁势与永磁体基波励磁磁场保持正交，这种方法就是磁场定向的矢量控制。在图 2-9 中 β 角为 90°时，电机定子每安培电流产生的转矩最大，输出转矩和电机电枢电流成正比，可以获得最高的转矩电流比，此时，永磁同步电机电枢电流只有交轴分量，即 $i_s = i_q$。

电动汽车在正常行驶时，电机转速处于基速以下，在定子电流给定的情况下，一般采用矢量控制电流控制中 $i_d = 0$ 方法，由式（2-18）可得电磁转矩 $T_e = p_n \Psi_f i_q$，从而只要控制 i_q 的大小就能控制电机的转速和转矩，实现矢量控制；但当电机转速在基速以上时，由于永磁体的励磁磁链为常数，电机感应电动势随着电机转速成正比增加，电机感应电压也跟随提高，根据电机相电压和相电流的有效值必须满足电压极限椭圆和电流极限圆的限定要求，所以必须进行弱磁控制。通过控制 i_d 来控制磁链，通过控制 i_q 来控制转速，实现矢量控制。在实际控制中，i_d、i_q 不能直接被检测，故必须通过实时检测到的三相电流和电机转子位置经坐标变换得到。

1. 矢量控制与直接转矩控制方案比较

从理论上讲，矢量控制建立在被控对象准确的数学模型上，通过控制电机的电枢电流实现电机的电磁转矩控制。由于电流环的存在，使电机电枢电流与系统保持动态变化一致，满足电机电磁转矩的要求。具体可以实现电机电流形成的电枢磁场与转子 d 轴垂直，电机电流中交轴分量和系统控制所需的交轴给定电流相等；电机产生的电磁转矩平稳，运行的转速较低，调速范围较宽。电机启动、制动时，电机所有的电枢电流均用来产生电磁转矩，可以充分利用电机的过载能力，提高启动、制动速度。此外，在转子磁场定向矢量控制下，不需要逆变器为电机提供无功励磁电流，电机的单位电流产生最大电磁转矩。

直接转矩控制则是保持电机磁链幅值不变，控制定、转子磁链间的夹角实现控制电机的电磁转矩，实际控制中借助逆变器输出的 8 组电压空间向量进行调控。直接转矩控制只保证电磁转矩与给定转矩的吻合，并根据转矩误差、磁链误差和磁链所在扇区选择主电路器件开关状态，控制电机磁链按计划轨迹运行。直接转矩控制方法比矢量控制简便，但在实际操作中，电机转矩不可避免地存在脉动，直接影响电机低速时的平稳性和调速范围。同时，受逆变器死区时间、电机电阻和电压检测法误差的影响，直接转矩控制在电机低速运行情况下和调速范围选择上具有性能上的劣势。表 2-1 列出了永磁同步电机的矢量控制和直接转矩控制性能对比。

表 2-1　永磁同步电机矢量控制和直接转矩控制性能对比

序号	对比项目	矢量控制	直接转矩控制
1	电流脉动	小	大
2	动态调节电流冲击	小	较大
3	电流特性	与转矩成正比	与转矩的关系非线性
4	调速范围	高于 10000∶1	几百比一
5	低速性能	好	较差
6	启动性能	好，软启动	不好，需要采取辅助措施
7	电流利用率	高	低

根据矢量控制和直接转矩控制性能对比，矢量控制在抗扰特性、调速范围、低速性能等各方面优于直接转矩控制，所以一般高精度电力传动控制系统均采用矢量控制方案，而对调速范围性能要求不高的电力传动控制系统可采用直接转矩控制。

2. 永磁同步电机矢量控制电流控制方法

当永磁同步电机处于基速以下运转时，采用矢量控制的电流控制方法，一般有以下几种方法：

（1）$i_d=0$ 控制。又称为磁场定向控制，该控制方法简单、计算量小，没有直轴电枢反应对电机的去磁问题。根据永磁同步电机向量图（如图 2-10 所示），在 $i_d=0$ 时，从电机端口看，相当于一台他励直流电机，定子电流所形成的空间磁势和永磁体励磁磁场正交，所有电流磁场用来产生电磁转矩，同时使图 2-10 中 $\varphi=\delta$，向量模型图如图 2-12 所示。

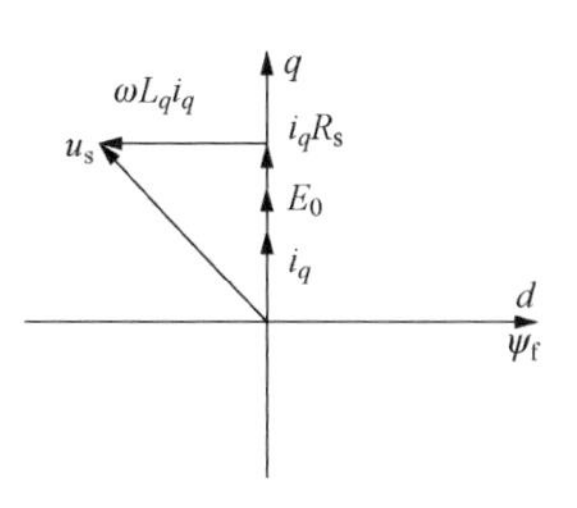

图 2-12　$i_d=0$ 时永磁同步电机向量模型

根据式（2-15），可得电压方程为

$$
\begin{cases}
u_d=-\omega L_q i_q \\
u_q=R_s i_q+\dfrac{dL_q i_q}{dt}+\omega\Psi_f=R_s i_q+E_0 \\
u_s=\sqrt{(\omega L_q i_q)^2+(R_s i_q+E_0)^2}
\end{cases}
\tag{2-27}
$$

由于在电机高速运行时，$R_s i_q \ll E_0$，故近似 $u_q=E_0$，且有 $i_s=i_q=\dfrac{T_e}{\Psi_f p_n}$，$\omega\Psi_f=E_0$，因此有

$$
\varphi=\delta=\tan^{-1}\frac{\omega L_q i_q}{E_0}=\tan^{-1}\frac{L_q T_e}{\Psi_f^2 p_n}
\tag{2-28}
$$

功率因数为

$$
\cos\varphi=\cos\delta=\cos\left(\tan^{-1}\frac{L_q T_e}{\Psi_f^2 p_n}\right)=\frac{(\Psi_f^2 p_n)^2}{(\Psi_f^2 p_n)^2+(L_q T_e)^2}
\tag{2-29}
$$

由于 Ψ_f、p_n、L_q 为固定值，功率因数和电磁转矩值成反比，即随着电机负载增加，电机端电压增加，系统所需逆变器容量增大，功角增加，功率因数值减小。

（2）转矩电流比最大控制。该控制使永磁同步电机在输出转矩满足一定条件下，逆变器输出电流最小，使有利于逆变器中功率器件的工作。需满足如下条件

$$\begin{cases}\dfrac{\partial\,(T_{\mathrm{e}}/i_{\mathrm{s}})}{\partial\, i_d}=0\\[2ex]\dfrac{\partial\,(T_{\mathrm{e}}/i_{\mathrm{s}})}{\partial\, i_q}=0\end{cases}\tag{2-30}$$

代入式（2-18）、式（2-22），可得

$$i_{\mathrm{d}}=\frac{-\Psi_{\mathrm{f}}+\sqrt{\Psi_{\mathrm{f}}^2+4\,(L_d-L_q)^2 i_q^2}}{2(L_d-L_q)}\tag{2-31}$$

功率因数和功率因数角为

$$\cos\varphi=\cos(\beta-\pi/2-\delta)=\sin(\beta-\delta)$$

$$\text{其中}\ \delta=\tan^{-1}\frac{\omega L_q i_q}{E_0-\omega L_d i_d},\beta=\pi-\tan^{-1}\frac{i_q}{i_d}=\pi-\tan^{-1}\sqrt{\frac{\Psi_{\mathrm{f}}}{i_d(L_d-L_q)}+1}\tag{2-32}$$

在控制时，电机特性按转矩电流比最大的曲线变化，电机输出同样转矩时电流最小，铜损耗也最小，效率最高，对逆变器容量要求最小。在此方式下，随着输出转矩的增加，电机端电压增加，功率因数下降，但电压没有 $i_d=0$ 时增加快，功率因数也没有 $i_d=0$ 时下降快。该方法加入弱磁控制较为方便，也适合内置式永磁同步电机控制，但缺点是运算成本较高，需要高速 CPU 才能胜任。

（3）功率因数为 1 控制。保持电机功率因数恒为 1 的控制方法，需满足

$$\cos\varphi=\cos\left(\beta-\frac{\pi}{2}-\delta\right)=1,\delta=\beta-\frac{\pi}{2}\tag{2-33}$$

此方法可以最大程度利用逆变器的容量，但输出电磁转矩存在最大值。当定子电流从 0 开始增大时，输出转矩随之增大至最大值，之后电磁转矩随着定子电流增加而减小。所以一般对于给定电磁转矩，会有两个电流值对应，通常选择较小的电流所在工作区间，这样铜损耗小，利于逆变器工作，当逆变器输出电压能力不够时，选择较大的电流工作区间。

2.3.2 SVPWM 控制原理

1. 空间电压矢量脉宽调制（SVPWM）原理

脉宽调制（PWM）控制是永磁同步电机矢量控制的核心，几乎任何控制算法的实现都需要依靠 PWM 控制技术。PWM 控制利用半导体开关器件的导通与关断把直流电压变成电压脉冲序列，并通过控制电压脉冲宽度或周期以达到变频、调压及减少谐波含量。

就交流调速而言，电机电流正弦化的目的是希望在空间建立圆形磁

链轨迹，从而产生恒定的电磁转矩，按磁链轨迹为圆的目标形成 PWM 控制信号。

SVPWM 也称磁通正弦 PWM 法，它是以对称三相正弦电压供电时交流电机的理想磁通圆为基准，用逆变器不同的开关模式所产生的实际磁通去逼近这个基准圆磁通，由两者的比较结果决定逆变器的开关。实现电路采用三相电压型逆变器，通常电路采用 6 个功率晶体管（如图 2-13所示）。逆变器的工作状态共有 8 种，分别对应 8 个电压矢量，SVPWM 以三相对称正弦波电压供电时交流电机产生的理想圆形磁链轨迹为基准，通过这 8 个空间矢量去等效参考矢量，从而使电机的实际气隙轨迹逼近于圆形。

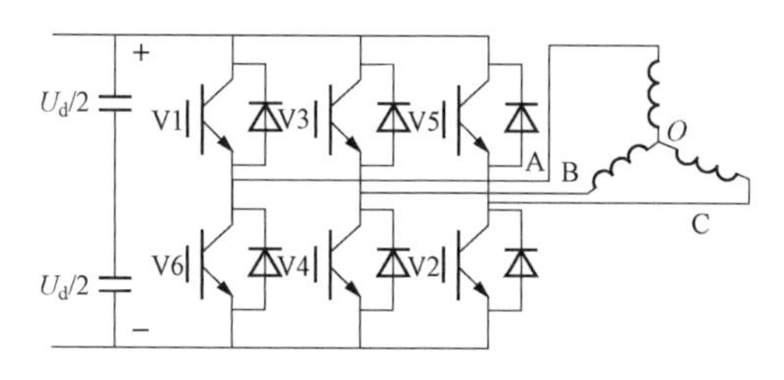

图 2-13　SVPWM 三相电压型逆变电路示意图

三相逆变器同一相的两个桥臂工作处于互补状态，即上下桥臂同时只能有一个导通，令上桥臂导通为 1、下桥臂导通为 0，逆变电路将有 8 种工作状态，对应 8 个基本的电压空间矢量，即 $U_0(000)$、$U_1(001)$、$U_2(010)$、$U_3(011)$、$U_4(100)$、$U_5(101)$、$U_6(110)$、$U_7(111)$，这 8 个电压空间矢量的示意图如图 2-14 所示，其中 $U_1 \sim U_6$ 为非零矢量，U_0 和 U_7 为零矢量。6 个非零矢量幅值相等，均为$\frac{2}{3}U_{dc}$，相邻矢量间隔 60°，均匀分布在 α—β 复平面上。

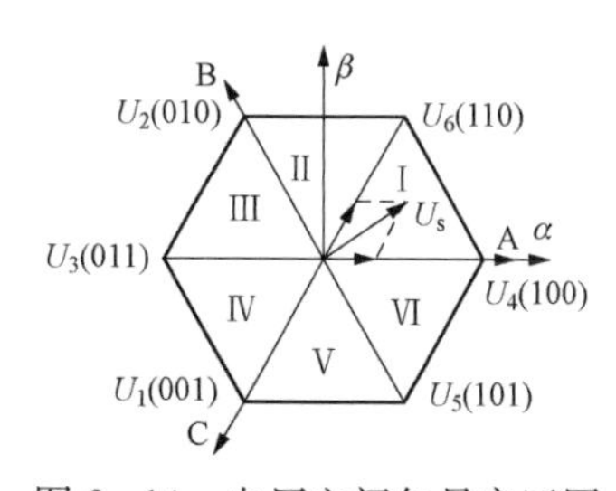

图 2-14　电压空间矢量扇区图

以 I 扇区为例来求两个相邻电压空间矢量作用时间，设相邻的基本电压矢量为 U_4、U_6，零矢量 U_0，合成的新矢量为 U_s，各空间矢量的作用时间分别为 T_1、T_2和 T_0，T_s为 PWM 调制周期。合成的新矢量可以表示为

$$U_s = \frac{T_1}{T_s}U_4 + \frac{T_2}{T_s}U_6 = U_s\cos\theta + jU_s\sin\theta \tag{2-34}$$

将式（2-34）右边等号两边联立，并转化为α—β坐标系下电压，得

$$\begin{cases} U_\alpha T_s = \dfrac{2}{3}U_{dc}(T_2\cos60° + T_1\cos0°) \\ U_\beta T_s = \dfrac{2}{3}U_{dc}(T_2\sin60° + T_1\sin0°) \end{cases} \tag{2-35}$$

求得空间矢量作用时间为

$$\begin{cases} T_1 = \dfrac{T_s}{2U_{dc}}(3U_\alpha - \sqrt{3}U_\beta) \\ T_2 = \dfrac{\sqrt{3}T_s}{U_{dc}}U_\beta \end{cases} \tag{2-36}$$

同理其他几个空间矢量作用时间也可求解，具体算法步骤在下一节详细介绍。

2. SVPWM控制算法实现

SVPWM输入参数为两相静止坐标系下电压U_α、U_β（可利用坐标变换得到），脉宽调制周期T_s，直流母线电压U_{dc}，实现步骤主要有以下几步：

（1）扇区选择。首先需要判断矢量所在扇区，才能选择相应电压进行合成，首先输入的U_α、U_β变化成U_a、U_b、U_c，方法为

$$\begin{cases} U_\alpha = U_\beta \\ U_b = \dfrac{(\sqrt{3}U_\alpha - U_\beta)}{2} \\ U_c = \dfrac{(-\sqrt{3}U_\alpha - U_\beta)}{2} \end{cases} \tag{2-37}$$

扇区选择参量N则为

$$N = \text{sign}(U_a) + 2\text{sign}(U_b) + 4\text{sign}(U_c) \tag{2-38}$$

其中$\text{sign}(x)$为符号函数，$x>0$时，$\text{sign}(x)=1$；$x\leqslant 0$时，$\text{sign}(x)=0$。表2-2所列为扇区号与参量N对应关系。

表2-2　扇区选择与参考量N对照关系

扇区号	Ⅰ	Ⅱ	Ⅲ	Ⅳ	Ⅴ	Ⅵ
参考量N	3	1	5	4	6	2

（2）计算基本矢量作用时间。首先引入参考量X、Y、Z，计算方法如下

$$
\begin{cases}
X = \dfrac{\sqrt{3}U_\beta T_s}{U_{dc}} \\
Y = \dfrac{(\sqrt{3}U_\beta + 3U_\alpha)T_s}{2U_{dc}} \\
Z = \dfrac{(\sqrt{3}U_\beta - 3U_\alpha)T_s}{2U_{dc}}
\end{cases}
\tag{2-39}
$$

表 2-3 所列为相邻两个基本矢量作用时间 T_1、T_2 和参考量 X、Y、Z 的关系。

表 2-3　　基本矢量作用时间与扇区选择参考量对照

N	1	2	3	4	5	6
T_1	Z	Y	$-Z$	$-X$	X	$-Y$
T_2	Y	$-X$	X	Z	$-Y$	$-Z$

同时，还要进行饱和判断，具体如下

$$
\begin{cases}
T_1 = T_1, T_2 = T_2, \text{当 } T_1 + T_2 \leqslant T_s \text{ 时} \\
T_1 = \dfrac{T_1 T_s}{T_1 + T_2}, T_2 = \dfrac{T_2 T_s}{T_1 + T_2}, \text{当 } T_1 + T_2 > T_s \text{ 时}
\end{cases}
\tag{2-40}
$$

其余时间为零矢量 $U_0(U_7)$ 作用时间，$T_0 = T_s - (T_4 + T_6)$，为了便于数据处理并获得最优 PWM 波形，通常取 $T_0 = T_7$。

(3) 计算矢量切换点。完成各扇区内相邻非零电压空间矢量作用时间后，遵循开关次数少的原则，采用七段式空间矢量合成方法来发送各电压空间矢量，计算空间矢量比较器切换点如下

$$
T_a = \frac{T_s - T_1 - T_2}{4}, T_b = T_a + \frac{T_1}{2}, T_c = T_b + \frac{T_2}{2}
\tag{2-41}
$$

表 2-4 所列为各扇区空间矢量切换点 T_{on1}，T_{on2}，T_{on3}。

表 2-4　　扇区空间矢量切换点对照

N	1	2	3	4	5	6
T_{on1}	T_b	T_a	T_a	T_c	T_c	T_b
T_{on2}	T_a	T_c	T_b	T_b	T_a	T_c
T_{on3}	T_c	T_b	T_c	T_a	T_b	T_a

(4) SVPWM 波形成。将得到的 T_{on1}、T_{on2}、T_{on3} 与一个周期为 T_s、幅值为 $T_s/2$ 的等腰三角波进行比较，得到三路 PWM 波形，把这三路波形分别求反得到另外三路，这就是最后六路 PWM 波形。这六路信号分

别控制逆变器的6个开关元件，实现SVPWM控制。

2.3.3 永磁同步电机矢量控制弱磁控制

永磁同步电机弱磁控制的思想来自对他励直流电机的调磁控制。当他励直流电机端电压达到极限电压时，为使电机能恒功率运行于更高的转速，应降低电机的励磁电流，以保证电压的平衡，他励直流电机是通过降低励磁电流的方法实现弱磁扩速。但对于永磁同步电机，其励磁磁势是由永磁体产生故无法调节，只有通过调节定子电流，即增加定子直轴去磁电流分量来维持高速运行时电压的平衡，从而获得一个新的调速范围。

1. 弱磁控制理论基础

根据式（2-25）的电压极限椭圆方程，在极限情况下电压方程为

$$u_{s,\lim}=\omega\sqrt{(L_d i_d+\Psi_f)^2+(L_q i_q)^2} \tag{2-42}$$

当转速不断上升时，为了满足电压极限条件，只有调节交轴、直轴电流 i_q、i_d，即增加电机直轴去磁电流分量和减小交轴电流分量，可以维持电压平衡关系，并实现弱磁扩速。

可以借助定子电流矢量示意图分析弱磁控制原理（如图2-15所示）。设A点转速为 ω_1、转矩为 T_{em1}，由于A点为电压极限椭圆和电流极限圆交点，所以是 ω_1 转速下可以得到的最大转矩，A点处于最大转矩/电流轨迹上，同时 ω_1 也是电机恒转矩运行取到最大值时的转折速度。要想进一步提高转速到 ω_2，电压极限椭圆缩小，电压极限和最大转矩/电流轨迹交于B点，该点转矩为 T_{em2}，若此时定子电流矢量偏离最大转矩/电流轨迹由B点移到C点，则电机可以获得更大的转矩 T_{em1}，同时定子直轴去磁电流分量增大，削弱了永磁体产生的气隙磁场，达到了弱磁扩速的效果。

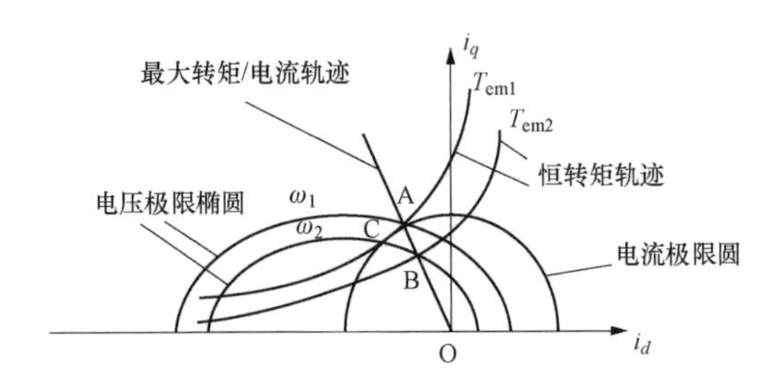

图2-15 弱磁控制定子电流矢量示意图

根据式（2-42），可以计算在某一转速 ω 下的弱磁控制电流轨迹

$$i_d=-\frac{\Psi_{\mathrm{f}}}{L_d}+\frac{1}{L_d}\sqrt{\left(\frac{u_{\mathrm{s,lim}}}{\omega}\right)^2-(L_q i_q)^2} \tag{2-43}$$

同时转速表达式为

$$\omega=\frac{u_{\mathrm{s,lim}}}{\sqrt{(L_d i_d+\Psi_{\mathrm{f}})^2+(L_q i_q)^2}} \tag{2-44}$$

在弱磁调速中转速的极限情况是，直轴电流去磁分量取到最大值，交轴电流为 0，即 $i_d=-i_{\mathrm{s,lim}}$，$i_q=0$，转速理论最大值为

$$\omega_{\max}=\frac{u_{\mathrm{s,lim}}}{\Psi_{\mathrm{f}}-L_d i_{\mathrm{s,lim}}} \tag{2-45}$$

2. 弱磁控制实现方法研究

（1）基于零电压空间矢量的弱磁扩速方法。电动汽车用永磁同步电机具有低速大转矩、高速小转矩的运行特点，所以在弱磁时无须提高其输出功率。受逆变器容量的限制，一般情况下最大输出功率弱磁控制无法实现，最大输出功率弱磁方法不适合用于车用永磁同步电机。

基于弱磁控制原理，采用一种基于零电压空间矢量作用时间的弱磁方法，具体实施方法为：选择略低于极限电压的某电压值作为参考值，一旦电机端电压高于该值，就进行弱磁控制，把两者之间的差值作为 PI 控制器的输入，输出即为弱磁所需的 i_d。在达到弱磁所需转速时，调节 PI 控制器输出确保 i_d 保持不变，否则继续增大 i_d。

零电压空间矢量作用时间 T_0 同电机端电压有直接联系。在直流母线电压固定条件下，T_0 越小，端电压越高；当端电压达到极限电压时，T_0 也会随之达到极限值。

在永磁同步电机矢量控制电流控制策略下，转速的限制最大值一般无法满足电动汽车的要求，如采用 $i_d=0$ 控制的实例如下：

图 2-16 为电机空载，PWM 周期为 10^{-4}s，设定转速 3600r/min，在 $i_d=0$ 控制策略下（未采用弱磁控制），得到响应转速如图 2-16（a），可

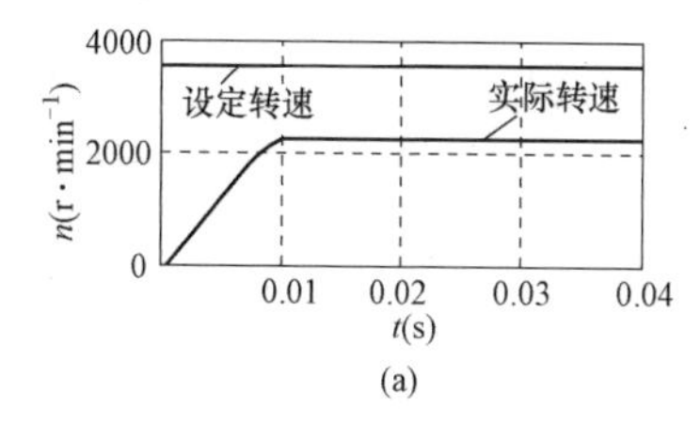

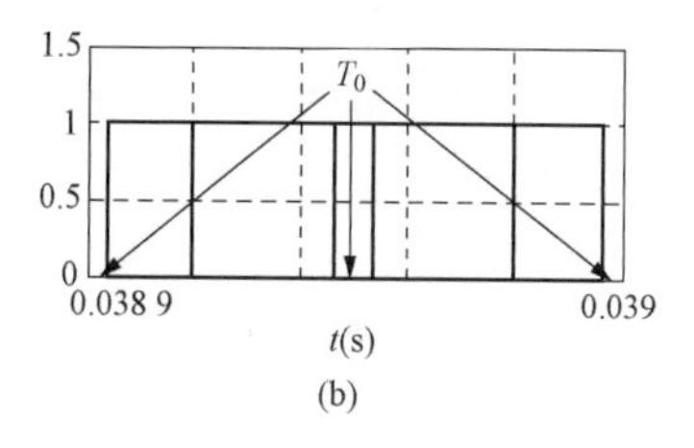

图 2-16　$i_d=0$ 控制策略下转速、零电压矢量作用时间效果

（a）转速响应曲线；（b）空间电压矢量的 PWM 波形

见最高转速仅能到 2200r/min 左右，此时端电压已达到极限值，转速不能再提高达到设定值；PWM 周期波形中 T_0 也达到最小值，仅为 PWM 周期 10^{-4}s 的 10%多。

图 2-17 给出在上述设定条件下零电压空间矢量作用时间占 PWM 周期比值和转速之间关系，可见 T_0/T_s 值随着转速增加而减小，在转速达到极限值时取得最小值并维持不变。表明：电机端电压在此时已达到极限最大值，在 $i_d=0$ 控制策略下无法达到设定转速。

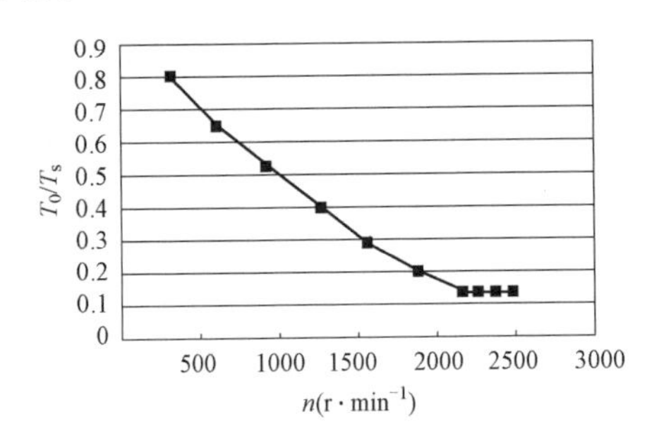

图 2-17 $i_d=0$ 控制策略下零电压矢量作用时间与转速关系曲线

弱磁控制便可以解决 $i_d=0$ 控制时转速的限制，在系统设计时 i_d 输入不再是常数 0，而是有 PI 控制调节的输入量。采用选择开关模型控制交轴电流 i_q 值，开关在 1 情况下为 $i_d=0$ 电流控制策略，判断需要进行弱磁调速时，开关拨到 2，读取当前转速值与设定转速值作比较，如果当前转速 n 小于设定转速，则根据当前零电压矢量 T_0 值和 T_0^* 值得到 i_d^* 值（T_0^* 为设定值，初始设定为 PWM 周期 T_s 的 20%，i_d^* 为输出 i_d 值，需要同电机输出 i_d 值相减得到最终输出直轴电流值）。同时事先查表设定不同 i_d 下对应交轴电流最大值 $i_{q,\max}$（$i_{q,\max}=\sqrt{{i_{\lim}}^2-{i_d}^2}$），在当前输出 i_d 下以 $i_{q,\max}$ 作为交轴电流环控制器的给定值。直到当前转速 n 值达到设定转速值，弱磁扩速完成，读取最后的 $i_{q,\max}$ 值后开关拨回到 1 状态。

（2）基于转子磁场定向的弱磁控制方法。该方法主要控制电流超前角，改变直轴电流 i_d 从而实现弱磁控制。实现的原理及方法如下：

永磁同步电机矢量控制模型中应用 PI 调节器调控电流、电压变化，但 PI 调节器中会有限幅环节，作用是保证输出电压在逆变器限定最高电压范围内。但随着转速增加，定子端电压会升高，电流 PI 调节器输出也会接近饱和，影响了 PI 调节器的能力。电流超前角 β 为电流矢量 i_s 在 d、q 坐标系下沿电流极限圆由 q 轴向逆时针方向转过一定角度，这样可以利用 i_d 的去磁作用起到弱磁调速效果，同时防止 PI 电流调节器饱和。

该系统设计时比 $i_d=0$ 控制系统多一个电压 PI 调节器反馈环，将电机端电压 U_s 和直流母线电压 U_{dc} 做差值来控制电流超前角 β，通过 β 分别连接一个模块作为 i_d、i_q 的输入控制变量之一。由于 β 增大可实现弱磁扩速，控制策略是 β 增大可以提高转速，β 减小则降低转速。根据 U_s 和 U_{dc} 比较关系，可以得到如下各种情况：

1）当 U_s 小于 U_{dc} 时，端电压在逆变器极限电压范围内，所以电流超前角 β 为 0，$i_d=i_s\sin\beta=0$，此时即 $i_d=0$ 控制，永磁同步电机处于恒转矩运行模式下。

2）电机设定转速增加，U_s 逐步升高直至大于 U_{dc} 时，电压 PI 调节器输入为负值，电流超前角 β 输出负的相位移角度，根据 $i_d=i_s\sin\beta$ 得到负的直轴电流分量值，电机进入弱磁调速状态。

另外需要注意 i_d 也有极限值，定义最大去磁电流 $i_{d,\max}=\Psi_f/L_d$，且有 $|i_d|\leqslant i_{d,\max}$；弱磁调速中转速的极限情况是 $i_d=-i_{s,\lim}$，$i_q=0$，得到 i_d 极限值为

$$\begin{cases} i_d = i_{d,\max}, 当\ i_{d,\max} < i_{\lim}\ 时 \\ i_d = i_{\lim}, 当\ i_{d,\max} \geqslant i_{\lim}\ 时 \end{cases} \tag{2-46}$$

根据以上原理只需计算合适的电压 PI 调节参数，即可实现对电流超前角 β 的控制，并且能在恒转矩和恒功率弱磁运行之间平滑、稳定过渡。

可以通过图 2-18 来详尽分析电流超前角 β 调控的弱磁控制：

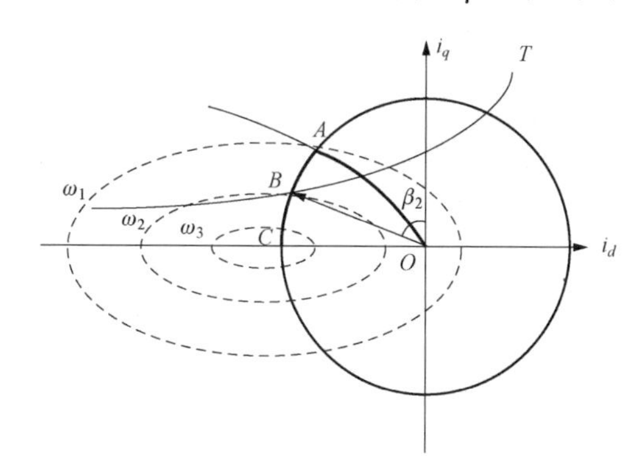

图 2-18　电流超前角 β 控制弱磁调速下电流轨迹变化

在 OA 段，i_q 由速度 PI 调节器输出的电流矢量 i_s 和电流超前角 β 获得，电流调节器未饱和，电机定子端电压没有达到直流侧最大值，直接可以通过调 PWM 的占空比进行调压调速，电动机工作在恒转矩工作模式。

在 AC 段就是恒功率弱磁调速模式，电压电流均在极限条件下 $u_s=u_{\lim}$，$i_s=i_{\lim}$。由 A 点到 C 点过程实际是电压 PI 调节的作用过程，电流超前角 β 由 0 逐渐增大，产生去磁电流 i_d，随转速升高，β 线性变化，电

流轨迹沿电流极限圆变化。若给定转速为 ω_2，则电流轨迹沿极限圆轨迹从 A 点移到 B 点（B 点也是电流极限圆和电压极限椭圆的交点），而电流超前角在此过程中不断增大到 β_2。

在有负载情况下，电机电流运行轨迹如图 2-19 所示，其中负载 $T_1 > T_2$，转速 $\omega_2 > \omega_1$

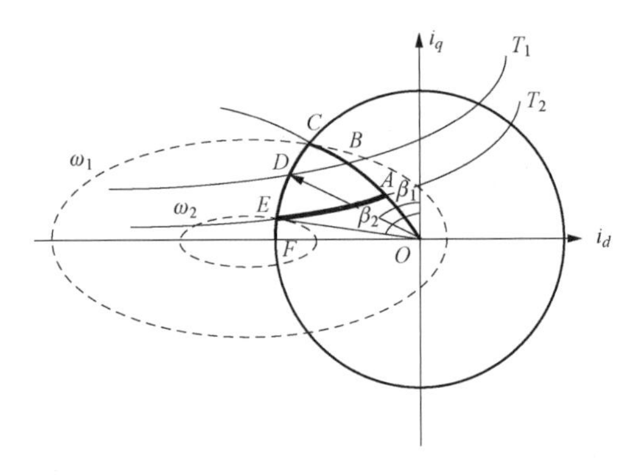

图 2-19 有负载情况下电流超前角 β 控制弱磁调速下电流轨迹

给定负载 T_1 下，弱磁调速电流轨迹为 O 至 B 至 D；在给定负载 T_2 下，电流轨迹为 O 至 A 至 E，转速 $\omega_2 > \omega_1$，电流超前角 $\beta_2 > \beta_1$，可以得出结论为：给定负载越小，电机转速越高，电流超前角 β 越大；当电机转速超过额定转速时，为了维持恒定功率输出，需要降低负载转矩。

第3章

开 关 磁 阻 电 机

开关磁阻电机（Switched Reluctance Motor，SRM）的基本结构与基本原理的提出可追溯到19世纪40年代，但由于当时的功率器件以及工艺等原因，电机的运行特性很差，电机问世以后并没有获得大的关注。直到20世纪60年代，先进的半导体技术的应用和高性能电子计算机的问世为开关磁阻电机的研究发展奠定了重要的基础。20世纪80年代中期以后开关磁阻电机驱动系统（Switched Reluctance Drive System，SRD）逐渐得到发展，SRD是一种新型交流调速系统，综合了开关磁阻电机、先进电力电子技术和现代控制技术，兼有异步电机变频调速系统和直流电机调速系统的优点，已成为现在电气传动的研究热点之一。

3.1 开关磁阻电机运行原理

3.1.1 开关磁阻电机结构

开关磁阻电机的结构和工作原理与传统的交直流电机有着根本的区别，它遵循磁通总是要沿着磁阻最小、磁导最大的路径闭合的原理，产生磁拉力形成转矩—磁阻性质的电磁转矩。因此，它的结构原理是转子旋转时磁路的磁阻要有尽可能大的变化。所以开关磁阻电机采用凸极定子和凸极转子的双凸极结构，定子、转子铁心均由硅钢片冲成一定形状的齿槽然后叠压而成，为保持磁阻变化定、转子极数不同。

开关磁阻电机根据需要可设计成不同的相数，按相数来分有单相、两相、三相、四相及多相磁阻电机，低于三相的开关磁阻电机没有自启动能力。电机的相数越多，步距角就越小，越有利于减小转矩脉动，但是相数多，要用的开关器件就多，结构就越复杂，成本相应地也会增高，目前最常用的是三相或四相电机。定子、转子的极数也有不同的搭配，例如三相开关磁阻电动机有6/4极结构和12/8极结构，四相开关磁阻电动机是8/6极结构等。图3-1是12/8极定、转子冲片的形状。

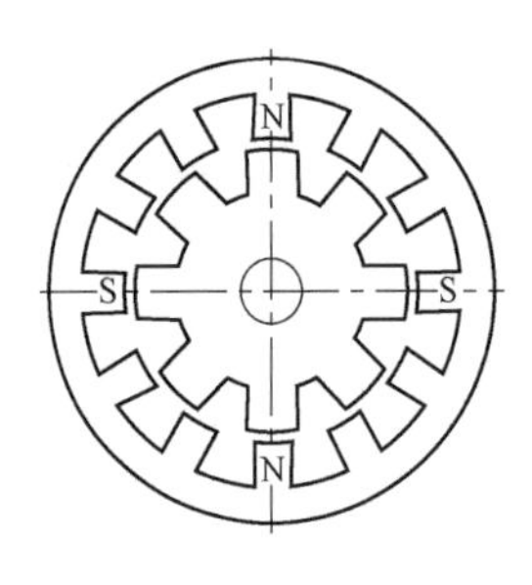

图 3-1 12/8 极定、转子截面图

开关磁阻电机按气隙方向可分为轴向式、径向式结构和径向—轴向混合式结构，一般小容量家用电器上用的开关磁阻电机，常做成单相或两相径向—轴向式结构，工业用驱动电机多采用三相、四相径向式结构。按每极的齿数分，有每极单齿结构和每极多齿结构，一般多齿结构单位铁心体积输出功率要大一些，但其铁心和主开关元件的开关频率和损耗也增加，限制了电机高速运行和效率，因此一般不使用多齿结构。优选的相与极数的组合如表 3-1 所示。

表 3-1　　优选的相与极数的组合方案

相　数	3	4	5	6	7	8
定子极数	6	8	10	12	14	16
转子极数	4	6	8	10	12	14
步进角（°）	30	15	9	6	4.28	3.21

3.1.2 开关磁阻电机工作原理

开关磁阻电机定子和转子呈凸极形状，极数互不相等，转子由硅钢片叠片构成，定子绕组可根据需要采用串联、并联或串并联结合的形式在相应的极上得到径向磁场。转子带有位置检测器以提供转子位置信号，使定子绕组按一定的顺序通断，保持电机的连续运行。电机磁阻随着转子磁极与定子磁极的中心线对准或错开而变化，因为电感与磁阻成反比，当转子磁极在定子磁极中心线位置时，相绕组电感最大，当转子极间中心线对准定子磁极中心线时，相绕组电感最小。

开关磁阻电机的运行遵循“磁阻最小原理”，磁通沿着磁阻最小的路径闭合，转子铁心移动到最小磁阻位置时，必然使自己的主轴线与磁场的轴线重合。因此，只要依一定次序给定子相绕组通电，电机转子就会连续转动起来，下面以三相 12/8 极开关磁阻电机为例进行说明。图 3-2 表示该电机的一相电路的原理示意图，S1、S2 是电子开

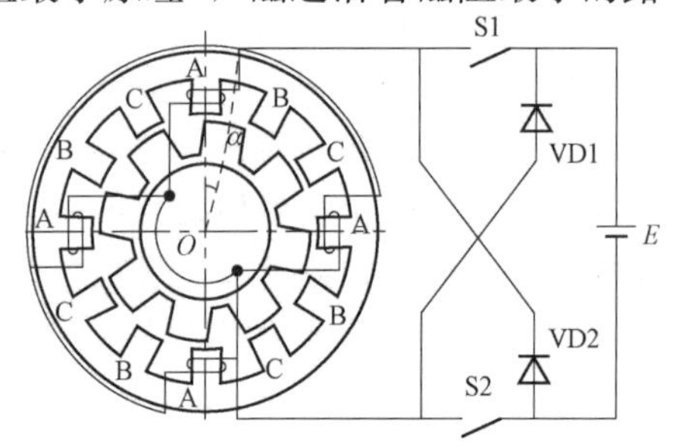

图 3-2　开关磁阻电机的工作原理

关，VD1、VD2 是二极管，E 是直流电源。

当定子 A 相磁极轴线 OA 与转子磁极轴线 Oa 不重合时，开关 S1、S2 合上，A 相绕组通电，电动机内建立起以 OA 为轴线的径向磁场，磁通通过定子轭、定子极、气隙、转子极、转子轭等处闭合。通过气隙的磁力线是弯曲的，此时磁路的磁导小于定、转子磁极轴线重合时的磁导，转子将受到气隙中弯曲磁力线的切向磁拉力产生的转矩的作用，使转子逆时针方向转动，转子磁极的轴线 Oa 向定子 A 相磁极轴线 OA 趋近。当 OA 和 Oa 轴线重合时，转子已达到平衡位置，即当 A 相定、转子极对齐的同时，切向磁拉力消失。此时打开 A 相开关 S1、S2，合上 B 相开关，即在 A 相断电的同时 B 相通电，建立以 B 相定子磁极为轴线的磁场，电动机内磁场沿顺时针方向转过 30°，转子在磁场磁拉力的作用下继续沿着逆时针方向转过 15°。以此类推，定子绕组 A—B—C 三相轮流通电一次，转子按逆时针转动了一个转子极距，如果连续不断地按 A—B—C—A 的顺序分别给定子各相绕组通电，电机内磁场轴线沿 A—B—C—A 的方向不断移动，转子沿 A—C—B—A 的方向逆时针旋转。如果按 A—C—B—A 的顺序给定子各相绕组轮流通电，则磁场沿着 A—C—B—A 的方向转动，转子则沿着与之相反的 A—B—C—A 方向顺时针旋转。

3.1.3 开关磁阻电机驱动系统的构成

SRD 主要由开关磁阻电机、功率变换器、位置检测器、控制器等四大部分组成（如图 3-3 所示）。

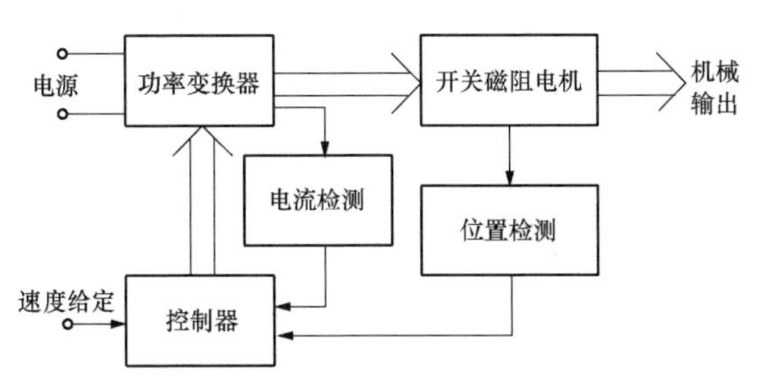

图 3-3　SRD 基本构成

（1）功率变换器。功率变换器为开关磁阻电机运转提供能量，供电电源是蓄电池或交流电经整流后得到的直流电源。由于磁阻性质的电磁转矩，开关磁阻电机的转向只与相绕组的通电顺序有关，而与相绕组的电流方向无关，从而功率变化器电路充分得到简化，并且相绕组与开关器件是串联的，避免了开关器件的直通现象，可预防短路故障，这是普通交流电机及无刷直流驱动系统所没有的优点。目前，开关磁阻电机常用的功率变换器主电路有许多种，应用最普遍的主要有三种：不对称半桥电路、双绕组电路、裂相式电路。如图 3－4 所示。

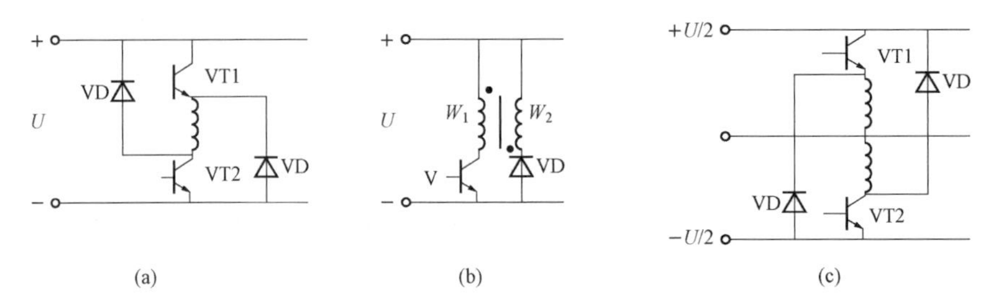

图 3－4　三种基本的功率变换器电路

（a）不对称半桥电路；（b）双绕组电路；（c）裂相式电路

图 3－4（a）所示的主电路是不对称半桥电路，为单电源供电方式，每相有两个主开关，工作原理简单。各主开关的电压定额为 U。这种主开关的电压定额与电机绕组的电压定额几乎相等，有效的电源电压全部用作了主开关的额定电压，可用来控制相绕组电流。这种结构相与相之间是完全独立的，绕组相数没有任何限制，缺点是每相需要两个主开关，适宜在高压、大功率及开关磁阻电机相数较少的场合应用。

图 3－4（b）所示的主电路是双绕组电路，其特点是每相只需要一个主开关，减少了元器件数量，简化了驱动电路，降低了系统成本，提高了系统可靠性。缺点是主开关器件的额定电压至少是电机绕组额定电压的两倍，没能用足主开关器件的额定电压，另一个缺点是电机中绕组利用率低，两个绕组中只有一个绕组流过电流。这种结构的功率变换器适合电源电压和开关器件额定电压较低的应用场合。

图 3－4（c）所示的主电路为裂相式电路，以对称电源供电，每相只有一个主开关。但只适用于偶数相的开关磁阻电机，是一大不足。

在设计功率变换器的时候主要注意两个方面，一是电流定额的确定和功率器件的选择，二是功率变换器的拓扑结构。理想的功率变换器应具备以下条件：

1）效率高，可靠耐用。

2）可以实现电机中、高速控制方式。

3）能准确而快速地控制相绕组电流。

4）具备良好的主功率器件的保护功能。

5）具有回馈功能，能将绕组上的部分能量回馈给电源。

6）具有数量最少的主开关器件。

（2）控制器。控制器是整个驱动系统的核心部分，它主要处理速度指令、速度反馈信号及电流传感器、位置传感器的反馈信息，通过计算控制功率变换器中主开关器件的通断，实现对开关磁阻电机运行状态的控制。控制器由具有较强的信息处理功能的微机或数字逻辑电路及接口电路等硬件部分构成，控制器的另一个重要组成部分是软件。微机信息处理功能多半是由软件完成，软硬件的配合是否恰当很重要，会严重影响控制器的性能。

（3）位置传感器。电机的位置传感器向控制器提供电机定子、转子极间相对位置的信号和转子的速度信号，控制器必须依靠从位置传感器获得的转子位置信息，在合适的时刻接通或断开相应的相绕组来产生所需的转矩。电机相绕组电感和电感对位置角的变量在不同位置时不同，所以相绕组通电时刻不同其在电机绕组内产生的电流大小及波形也不同，由此可控制电机的电磁转矩、转速、转向及运行状态。

开关磁阻电机中必须安装位置传感器，这是与其他一般电机的一个明显区别。要使电机正常工作，须在转子转到适当位置时导通适当的相绕组，并在转动过程中始终正确切换各相绕组。若不能做到这一点，不但电机不能按要求转动，还会发生停转、反转或乱转现象。位置传感器需具有抗干扰能力强、位置精度高、温度范围宽、环境适应能力强、耐振动、寿命长和安装定位方便的特点，通常采用光电器件、霍尔元件或电磁线圈法进行位置检测。采用无位置传感器的位置检测方法是开关磁阻电机的发展方向，对降低系统成本、提高系统可靠性有重要意义。

3.1.4　开关磁阻电机调速系统及其特点

开关磁阻电机调速系统的性能指标比普通交流变频调速系统及直流电机调速系统都有所提高，它是一种新颖的、高性价比的、具有典型机电一体化结构的无级调速系统。该调速系统适用于风机、水泵、压缩机、传送带、锻压机械及机床等各种负载，亦可直接取代交流变频及其他调速系统。其低启动电流、大启动转矩的特性，更适合于牵引运输车辆的应用。该系统具有以下优点：

（1）系统效率高。在宽广的调速范围内，均具有高效率，在低转速及非额定负载下效率优势更加明显。

（2）调速范围宽，低速下可长期运转。在整个调速范围内均可带负荷长期运转，电机及控制器的温升均低于工作在额定负载时的温升。

（3）高启动转矩，低启动电流。启动转矩达到额定转矩的150%时，启动电流仅为额定电流的30%。具有软启动特性，启动过程无冲击电流，而是启动电流平滑增加至所需的电流。电机启动时间可以控制，启动时间越长，启动电流越小。

（4）可频繁启停及正反转切换。开关磁阻电机可频繁启动和停止，频繁正反转切换。在有制动单元及制动功率满足时间要求的情况下，启停及正反转切换可达每小时1000次以上。

（5）动态响应性能好。通过提高转速的采集速度和精度，及采用电流调节和角度调节的统一算法，可以大大提高系统的动态响应性能。

（6）三相输入电源缺相或控制器输出缺相不烧电动机。三相输入电源缺相，或者欠功率运行或者停机，不会烧毁电机和控制器。电机输入缺相只会导致电机输出功率减小，或者有可能导致电机无法启动。

（7）过载能力强。当负载短时远大于额定负载时，转速会下降，保持最大输出功率，不会出现过电流现象。当负载恢复正常时，转速可恢复到设定转速。

（8）功率器件控制错误不会引起短路。开关磁阻电机调速系统的上下桥臂功率器件和电机的绕组串联，不存在发生功率器件控制错误导致短路而烧毁的现象，如图3-5（a）所示。变频器的主电路原理图如图3-5（b）所示，上下桥臂直接串联，存在由于干扰或导通错误导致母线

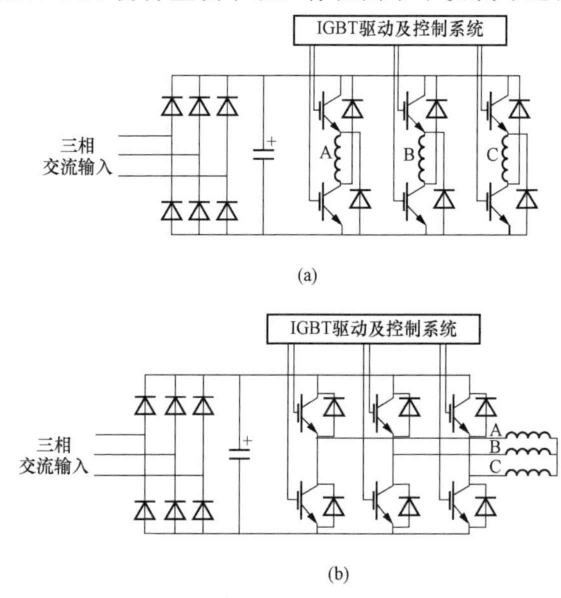

图3-5　开关磁阻电机控制器与变频器主回路原理图

（a）开关磁阻电机主电路；（b）变频器主电路

直接短路的可能性。

（9）可靠性高。开关磁阻电机的转子无绕组和鼠笼条，电机可高速运转而不变形，机械强度和可靠性均高于其他类电机。定子线圈嵌装容易，端部短而牢固，热耗大部分在定子，易于冷却。转子无永磁体，可有较高的最大允许温升。

同时，开关磁阻电机调速技术也存在着不足：转矩脉动较大，噪声及特定频率下的谐振比较突出；需要根据定、转子相对位置进行控制；电机不能直接接入电网，必须与控制器一同使用。

3.1.5　开关磁阻电机国内外研究现状

开关磁阻电机的研究兴起于 20 世纪 80 年代，英国率先研制出了 7.5kW 开关磁阻驱动系统，之后美国、加拿大、俄罗斯等国也开展了研制工作，先后有一些成熟的产品投入现场运行。英国的 SRD 公司（SRD Ltd.）是国际上最大的从事开关磁阻驱动系统研发与生产的公司，其 50～500kW 系列开关磁阻电机产品，已在矿山机械、运输车辆、空气压缩机、离心泵等机械设备中推广应用。受稀土资源的限制，日本对开关磁阻电机更是抱着极大的热情，自 2012 年起在全球范围内进行了一系列收购重组活动，深入研究开关磁阻电机。据报道其研制的电动汽车用开关磁阻电机功率密度、性能都已达到永磁电机水平，因开关磁阻电机不需要永磁材料，因此具有较大推广价值与优势，日本正在将这一产品商业化。

1985 年后，我国高校、企业等单位先后开展了 SRD 的研究，在中小型 SRD 电机设计、控制以及工程应用等方面做了一定的工作，产品已在锻压机械、纺织机、石油机械、矿山设备、空调、洗衣机等场合获得推广应用，效果良好。国内开关磁阻电机总体技术与应用接近国际先进水平，在压力机应用方面处于国际领先地位，属全球首创技术。基于 SRD 驱动的直驱式织机与英国 SRD 公司为主驱动的织机相比，性能指标类似，已使得国内直驱织机打破了国外高档织机的垄断。

3.2　开关磁阻电机的应用

3.2.1　锻压机械

目前国内外广泛应用的锻压设备压力机分两大类，一类是机械传动，另一类是液压传动；前者常用的机型有螺旋压力机和曲柄压力机。在开关磁阻电机应用之前，压力机的驱动电机一般采用交流异步电机，有调速要求使用交流变频调速或直流调速，存在的问题有：

(1) 由于机械压力机做功所需能量折算到电机轴侧的近似值为

$$A_e = J_e \omega_m^2 \delta \tag{3-1}$$

受传统电机额定转差率小的影响，压力机的转动惯量 J_e 设计得很大，启动、制动时间长，需使用离合控制；液压机多用节流阀、溢流阀的阀控液压系统，使得压力机主运动信息难以实时反馈，执行机构难以实时伺服数控。

(2) 设备不工作时，机械压力机的离合器脱开，液压机则溢流，电机继续保持额定转速运转；由于传统电机空载与低载时效率很低，一般电机空载功率因数为 0.2～0.3，同时压力机循环工作周期的平均负荷一般在设计值的 60%左右，使压力机处于“大马拉小车”工作状态，有效能耗只占总能量 30%～40%，无效能耗如摩擦损失、空转损失、溢流损失高达 60%～70%，造成现有压力机耗能很大。

为了解决上述问题，日本会田（AIDA）、小松（KOMATSU）、网野（AMINO）、Enomoto 等公司、美国俄亥俄州立大学工程研究中心等开发了采用交流伺服电机驱动的螺旋压力机、曲柄压力机和液压系统等，但其驱动平台的原理缺陷导致电机低速电流大、发热大、耗能大、性能差，控制方式复杂，易损坏、不容易维修，同时大重型锻压设备所需的大功率交流伺服电机成本太高，使得设备异常昂贵。

开关磁阻电机启动转矩大、启动电流小，可以频繁正反转，转子上既无绕组也无永磁体，适合冲击震动型负载。用在压力机上，可以省去摩擦盘，实现电机直驱或一级齿轮驱动，简化大型装备的机械结构与传动系统，提高整体效率与可靠性；无论在额定点还是低速运行、轻载运行时均保持较高的效率；电机结构简单，不使用稀土材料，不会对环境造成污染。自 2005 年以来，国内开关磁阻电机生产厂家和压力机厂家联合推出了基于开关磁阻电机驱动的电动螺旋压力机，近十年来已获得了大面积应用。国内开关磁阻电机在压力机应用方面属于全球首创，技术水平处于国际领先地位。

1. 螺旋压力机

螺旋压力机是广泛采用的压力机床设备之一。由于摩擦式螺旋压力机耗能高、不能够数字化控制，难以准确实施轻打重打，1999 年被国家列入“淘汰落后生产能力、工艺和产品的目录”的立即淘汰栏目中，取而代之的是电动螺旋压力机和离合器式螺旋压力机。

电动螺旋压力机由电机带动螺旋机构频繁正反转，对电机的性能要求较高。交流或直流电机驱动的螺旋压力机因电机须特制且发热严重，工作效率低，难以普及与推广应用。离合器式螺旋压力机因摩擦离合和液压回程，存在可靠性差的问题。开关磁阻驱动系统所带动的电动螺旋压力机逐步发展为实用的经济机型。

SRD 螺旋压力机由电机经过减速驱动螺杆，其结构分三种，分别是螺杆旋转式、螺杆直动式和螺杆螺旋式。其中螺杆螺旋式没有轴肩止推滑动轴承的摩擦与磨损，是螺旋压力机的最佳结构。螺杆螺旋式 SRD 螺旋压力机的结构如图 3 - 6 所示。其特点是上螺母在横梁内，下螺母在滑块内，结构与现有摩擦螺旋压力机相同，去掉摩擦压力机的摩擦传动，添加减速传动，制造方便，且没有轴肩止推滑动轴承摩擦；只是对齿轮传动的机械强度要求较高。

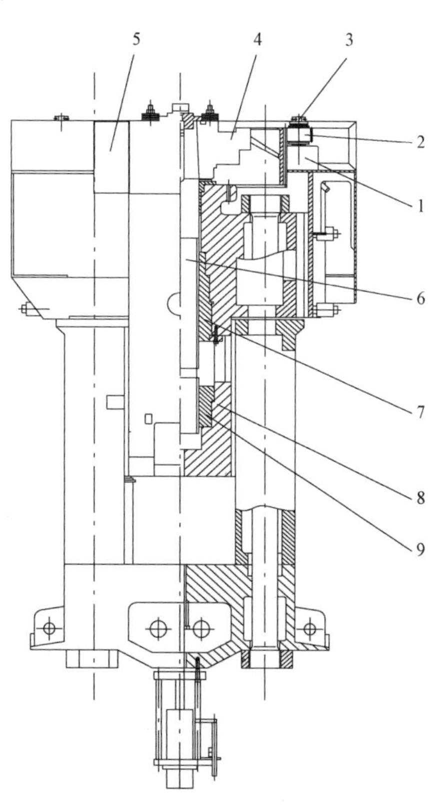

图 3 - 6　螺杆螺旋式 SRD 螺旋压力机

1—开关磁阻电机；2—主动轮；3—制动器；4—从动轮；5—外罩；6—螺杆；7—上螺母；8—下螺母；9—滑块

SRD 螺旋压力机自 2005 年研发并推向市场以来，已获得了大范围的推广和应用。应用证明，SRD 螺旋压力机具有结构简单、高效节能、智能数控、制件质量稳定、可靠性高等优势。现场曾对摩擦压力机和 SRD 螺旋压力机进行了能耗对比检测，检测方案如下：压制硅莫砖，砖料重 3.9kg，砖坯尺寸 230mm×114mm×65mm，每砖连击 4 次。用数字功率计 WT1600 记录有效电流 I_{rms}、功率 P 和能量 W_P 波形，检测结果如图 3 - 7所示。曲线 1 和 2 分别为摩擦压力机和 SRD 螺旋压力机的有效电流、功率、每砖耗电能量波形。两曲线对比，最下栏显示，SRD 螺旋压力机比摩擦压力机节能达 70%。

传统的螺旋压力机机型摩擦压力机由于耗能高、不能够数字化控制，已被国家列入立即淘汰栏目，开关磁阻数控螺旋压力机能够完全替代摩

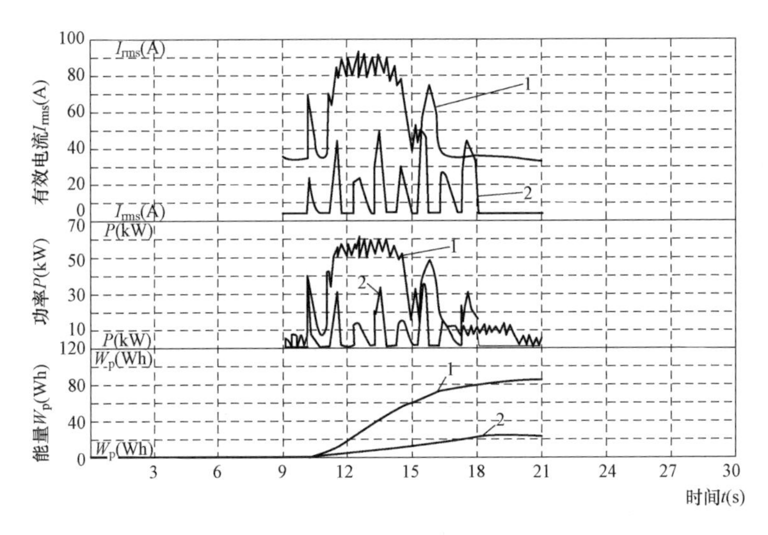

图 3-7　能耗检测与比较

1—摩擦压力机；2—SRD 螺旋压力机

擦压力机。SRD 电机驱动的螺旋压力机由电机控制器数控正反转的转速及其启停，用户可通过触摸屏和控制器数字化设置功能参数与运行参数，使用非常方便。根据加工工艺的不同，用户可根据现场加工制件的需求设置和存储运行参数，实现了智能化、数字化精确控制滑块行程、速度、打击能量、打击力和打击次数，且高效节能，解决了压力机长期以来存在的高耗能、难数控以及影响制件精度的关键技术问题，对于成形生产的发展和促进机床设备进步具有重要意义。

2. 曲柄压力机

材料成形加工所用压力机中，通过曲柄转动传递运动的曲柄压力机占比重很大，离合器与制动器是曲柄压力机中最重要的部件之一。由于大皮带轮增厚为大转动惯量的飞轮，电机启动时间长，需要离合器脱开，工作机构静止，电机带动飞轮启动，依靠离合器制动器的开与合来控制曲柄连杆滑块工作机构的运行状态。离合器结合，把工作扭矩可靠地传递到被动部分；离合器脱开，制动器在一定时间内使压力机的曲柄轴停止转动。

曲柄压力机在使用过程中，当人工操作时，在正常作业参数的工况下，离合器制动器常出现发热异常、磨损异常等现象。有的离合器制动器不得不采用水冷或油冷的方式降低温升，存在极大浪费，且能耗大、价格高。摩擦离合器与制动器主要存在以下几个问题：摩擦力矩不稳定、摩擦能耗损失、摩擦发热、磨损寿命会明显降低。开关磁阻驱动系统用于曲柄压力机，可以有效地克服离合器与制动器存在的问题与缺陷，解决问题的方法与措施如下。

（1）降低离合器转速。影响离合器发热和可靠性的相关因素有离合器轴转速、从动轴转动惯量、摩擦面积、冷却、耐热性能等。其中，从动轴转动惯量在设计时已按最小值设计，再减小的可能性不大；摩擦面积与传递扭矩相关，单方面增大摩擦面积而不增大传递扭矩，此措施不经济；采用油冷的湿式离合器，价格较高；因国家标准要求离合器温升小于 70℃，选用高耐热度的密封圈，虽然能保证气压压力，但不会降低温度。因此，解决离合器发热问题的最有效方法是降低离合器转速，使压力机变速运转。

利用开关磁阻电机实施无级变速，具有高效节能、可靠性高的优势，通过电机变速可以克服摩擦离合器制动器的缺陷。通过开关磁阻电机的变速运行，采用在临界速度下摩擦离合，然后加速的高速运行方法，控制电机在 360 °范围内变速，使离合器制动器温升低于 70℃。应用时可采用触摸屏编程控制变速，将工艺曲线预先存储，即可实现压力机的智能化数控。

（2）不使用离合器。当生产企业在高生产率的要求下，行程次数很高，压力机离合器轴转速只能高于临界速度时，可以考虑不用离合器。有离合器的曲柄压力机为曲柄旋转 360°储存能量，省掉离合器后，电机从上止点开始启动，带动传动系统和工作机构运动。压力机运动部分在启动过程中加速储存能量，即曲柄旋转 180°储存能量。

无离合器压力机上开关磁阻电机功率为传统机型电机功率的 2 倍。如图 3-8 所示为无离合器曲柄压力机的曲轴横置机型。开关磁阻电机的制动功能保证了在制动器不工作的情况下，滑块到上止点时准确制动。图 3-8中的压力机安装了气动制动器，以保证紧急制动时的制动时间和制动角度符合国家标准。

图 3-8　无离合器的 SRD 曲柄压力机

无离合器化的压力机彻底解决了离合器制动器的问题，同时，没有离合器结合能耗和飞轮空转能耗，节能效果明显。由于节省了大飞轮和离合器，无须液压过载保护装置，结构简化，因而，无离合器压力机的生产成本与摩擦离合器机型相近，具有经济、实用、可靠的优势，可以代替现有离合器式压力机。

曲柄压力机的摩擦离合器制动器存在发热、不可靠等问题。根据发热量与转速的关系式 $Q=K_Q\omega^3$，得出结论：①摩擦离合器制动器发热问题存在的根本原因为其转速过高；②把温升 70℃时的转速定为临界速度，工作点低于临界速度时，离合器、制动器的温升低于 70℃；③利用开关磁阻电机控制器的 PID 软控制设定，允许从动摩擦接触时瞬时速降，可有效降低其发热量；④通过开关磁阻电机实施变速运行，低速结合，高速运转，能避免摩擦发热；⑤对于离合器轴转速高于临界速度时，可以考虑不用离合器，而采用无离合器机型。

综上所述，开关磁阻驱动压力机的离合器机型和无离合器机型均能克服离合器制动器存在的问题，其优势明显，且价格经济，能够代替现有的压力机的机型，是压力机领域的重大进展，具有广阔的市场前景。

3. 液压力机

液压系统是十分重要的传动系统，在工业领域获得广泛的应用。近代液压技术与微电子技术密切结合，使电液伺服技术得到迅速发展。目前的伺服液压系统多采用伺服阀、伺服变量泵控制，存在的问题是系统对液体污染特别敏感；需要一套泵站系统提供恒压液体源；伺服阀提供的负载压力最大只有液体源压力的 2/3，系统能量浪费严重；由于液体温度极易升高，需配备冷却装置，导致系统体积增大和复杂化，成本增高。

最近几年，无阀电液伺服控制系统出现，成为国际液压技术界的一项重大技术革新成果，系统为交流伺服电机加定量泵结构。由于大功率交流伺服电机缺陷明显，启动电流大、发热大、调速与转矩控制复杂、价格昂贵等，很难推广使用。

随着开关磁阻驱动技术的发展，其在各个领域开始应用。开关磁阻无阀伺服液压系统结构设计方案为开关磁阻电机—双向定量泵—传感器—液压缸，如图 3 - 9 所示。控制器连接开关磁阻电机，电机连接双向定量液压泵，泵通过管道系统连接工作执行机构液压缸，在缸口管道上设置压力传感器，在机身上设置位移传感器，压力传感器和位移传感器的输出信号连接控制器。

开关磁阻无阀伺服液压系统工作时，开关磁阻电机驱动液压泵、换向阀动作，液压缸工作腔进压力液体，活塞杆伸出。压力传感器把压力信息传给控制器，位移传感器把活塞杆位移信息传给控制器。控制器根

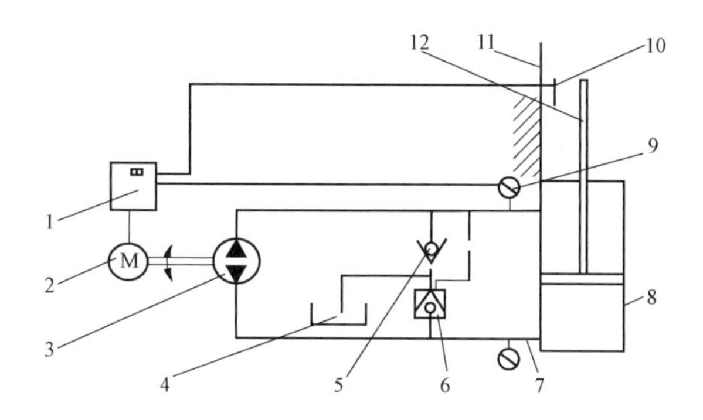

图 3 - 9　开关磁阻无阀伺服液压系统结构

1—电机控制器；2—开关磁阻电机；3—液压泵；4—液体箱；5—单向阀；6—液控单向阀；7—管道；8—液压缸；9—压力传感器；10—位移传感器；11—机身；12—活塞杆

据传感器反馈的信息和设定数值进行比较运算，控制电机和液压泵转速。液压缸回程时，换向阀动作，回程腔进压力油，工作腔多余的油返回油箱。

开关磁阻驱动系统连接液压泵通过了系统的试验，SRD 无阀伺服液压系统与电液伺服阀控系统、交流伺服系统相比，克服了存在控制阀带来的弊端，具有以下特点：①结构简单。淘汰了调速阀、调压阀、溢流阀、换向阀等控制阀；还可以将电机、油泵、油箱、执行元件、传感元件集为一体，组成无阀电液伺服控制装置直接使用。②控制灵活。由于开关磁阻可以直接实现变速、变向、反馈控制，因此，无阀装置可以很方便地改变执行元件的运动方向、速度。在自动控制方面，系统具有很强的适应性。通过改变控制程序，无阀装置可以很方便地得到正弦波、方波等特殊运动形式。③系统的位置控制可采用位移传感器进行反馈，控制精度得到有效保证。④开关磁阻系统功率因数 0.98 以上、效率 90% 左右，无节流溢流损失，比现有系统节能、高效。⑤可靠性高。电机及控制器的温升较低，液体升温减小。

开关磁阻无阀伺服液压系统与现有技术相比，电机直接完成变速和压力、位移调节动作数控，具有电机控制灵活和液压出力大的双重优点，省掉了溢流阀、减压阀等压力控制阀和调速阀、节流阀等流量控制阀以及换向阀等液压控制阀装置，可以完全消除系统中存在的节流溢流损失；而且与现有电液伺服系统相比，结构简单、数控方便、价格经济，节能高效，可靠性高。同时具有对液体污染敏感性低、液体升温小、无需辅助液体源、可简化泵的结构等优点，预计开关磁阻无阀伺服液压系统将会逐步代替现有的液压系统。

3.2.2 纺织机械

目前常用织造设备有剑杆织机、喷水织机、喷气织机、片梭织机等类型。其中剑杆织机与后三种相比，具有适织范围广、引纬过程平稳、可控性能好、性价比高的优点，有利于花式线引纬和厚重织物的织造，是毛织、色织、牛仔布、装饰类织物及特种工业用织物生产的首选设备。由于生产同类产品，剑杆织机要比喷气织机节能达30%，节能剑杆织机将逐步替代传统织机。

传统织机由常规电机经过皮带、离合器驱动主运动系统，存在能耗高、难以协调数控的难题。随着社会的进步与技术的发展，用户对织造设备提出了更高的要求，高端剑杆织机应运而生。近几年，我国高端织机市场进口比利时 PICANOL、意大利 SOMET、瑞士 SULZER 等厂商的织机高达数万台。进口织机设有多个电机系统，分别驱动开口、引纬、打纬、送经和卷取机构。在微机控制下，高速多臂提花开口机构、选纬机构能在运行中快速方便地更换织物组织和纬纱颜色；张力器数据反馈控制伺服电机直驱送经机构，能使经纱张力自动调节，从满轴到空轴保持恒定；伺服电机直驱卷取机构可在运行中改变纬密；使产品结构明显提高了一个档次。高端剑杆织机要求最高转速700～800r/min，入纬率超过1500m/min，生产效率达到传统剑杆织机的2倍。

随着我国《节约能源法》执法强度的日益增强，用节能织机淘汰高耗能传统织机成为用户共识，节能型高端剑杆织机具有更广阔的市场需求。2009年以来国内已将开关磁阻电机成功应用到高端剑杆织机上，采用开关磁阻伺服电机直接连接齿轮主轴，去掉离合器、皮带传动，解决了传统电机启动转矩小、启动电流大、离合器磨损的难题，实现了电机与主轴同时启动，主轴一转内，电机达到额定转速；同时设置电机轴角位移传感器，实现与其他电机的协调数控。开关磁阻伺服电机峰值功率达到额定功率的5倍，启动时最大转矩达到额定转矩的5倍，满足了高端剑杆织机的性能要求。

高端剑杆织机设有多个伺服电机系统，分别驱动开口、引纬、打纬、送经和卷取机构。主运动开关磁阻伺服电机，采用光电传感器信号加位置预判算法，实现精确数控，既满足了位置控制要求，实现了对不同速度、位置的精确控制，又节省了成本，提高了系统可靠性。选纬器采用先进的平板直线电机，每个选纬指都由一个独立的平板直线电机驱动，实现每个选纬指抬起角度的任意设置。各伺服电机系统通过 PLC 和

CAN—BUS 总线互联，利用数据软件实现智能化控制，具有断经断纬自停、纬纱断头自动修补、储纬器自动切换、自动调整经纱张力、自动对织口和自动防开车挡等功能，实现自动设定参数、自我诊断、自动控制、自动监控、智能化故障显示报警，自动润滑，织机之间可通过外存储交换数据，可连接互联网，具有物联网功能。

高性能的开关磁阻电机，转子无绕组、无导体、无永磁体，属于无刷结构，在高粉尘、高速、易燃易爆等恶劣环境下运行，不发生故障，从根源上保证了高端剑杆织机的可靠性。表 3 - 2 为国内某型号织机采用开关磁阻电机后的织物和耗能统计数据。

表 3 - 2　　国内某型号织机的织物和耗能统计表

统计项目	品种 1 色织全棉格	品种 2 色织全棉格	品种 3 色织全棉格	品种 4 色织全棉格	品种 5 色织全棉格
织物组织	1/1 平纹	1/1 平纹	1/1 平纹	小提花	小提花
经纱（支数/S）	40	50	40	40	40
纬纱（支数/S）	40	50	40	40	40
经密（根/cm）	39.2	56.7	44.1	44.1	44.1
纬密（根/cm）	33.07	28.35	34.25	29.13	31.10
总经根数	6340	9639	7497	7497	7497
上机筘幅（cm）	162	170	170	170	170
转速（r/min）	490	480	480	460	500
节能百分比（%）	15	16	16	18	14

耗能统计数据说明，常规工况下，采用开关磁阻电机后高端剑杆织机节能 14%～18%。用户对高端剑杆织机的性能要求是织物质量高、织造效率高、织机可靠性高、织物适应性强、智能化自动化水平高、节能效果好。高端剑杆织机的关键技术是高性能开关磁阻伺服电机及其控制技术、轻量化高强度关键零部件技术和全方位自动化智能化技术。关键技术问题的有效解决，促使高端剑杆织机产品 RFRL31 得到研发和推广应用。应用表明，RFRL31 与传统剑杆织机相比，满足了用户对高端剑杆织机的性能需求，节能 14%～18%。预计，高端剑杆织机将取代传统织机，将促进纺织行业的更新换代与技术进步。

3.2.3 石油机械

开关磁阻电机启动转矩大，启动电流小，换向控制简单，可以省去传统的机械换向装置，这些特点也使得开关磁阻电机在国内油田机械中得到了推广应用，以抽油机、试井机、注水泵等机械设备为主，其中在抽油机上应用最多。

目前国内广泛使用的抽油机有游梁式和无游梁式两类，以游梁式抽油机为主，其所配电机大多数为Y系列电机。游梁式抽油机采用带载直接启动式，所需启动转矩较大，电机启动电流为6～8倍额定电流。为满足启动要求所配电机的功率较大，而该机在运行时所需转矩较小，90%以上的电机负载率在50%以下。长期以来抽油机所配电机大都处于轻载运行状态，负载率极低，功率损耗大，能源浪费严重。抽油机电耗在油田生产用电中占有很大比例，电费支出约占油田开发总成本的1/3，且冲程冲次调节十分不便。

目前各大油田为降低生产成本，都将节能增效作为首要目标，对抽油机要尽量降低电机的耗电量。根据抽油机的运行特点，为了实现这个目的，电机应具有以下特点：电机损耗小，在较宽的负载变化范围内能够保持较高的功率因数和效率；速度能够平滑无级调节且调速范围较宽，以适应不同井况的要求；能够实现软启动，减少启动时对抽油机的冲击，降低选用电机及变压器的容量。满足上述要求的电机，一方面自身的功率因数和效率高，另一方面可以使抽油机的机、杆、泵整个系统达到较好配合，提高系统效率。开关磁阻调速电机就是具有这些特点的一种新型电机。它结构简单可靠、系统效率高、启动转矩大、可控参数多、控制方式简单，综合性能十分突出，是当前抽油机较理想的动力系统。

开关磁阻电机具有四象限运行能力，可以利用电机直接换向操作实现抽油机上下冲程的转换，省去传统的机械换向装置，具有较高的运行效率和功率因数。电机转子不存在铁损耗和铜损耗，在负载20%～60%的范围内，系统效率可达90%，功率因数可达0.98，相对于Y型电机节电率在30%左右。特别是能在转速和负载转矩均有较大范围变化时保持高效率，因此在各种实用工况条件下均会有良好的节电效果。

进入中后期开采的油井，往往存在抽油泵充满系数低，抽油机冲次很难确定也是一个比较难解决的问题，开关磁阻电机可跟踪油井出液量的变化，及时调整抽油机的冲次，实现冲次的无级调速，使抽油机工作随时处在最佳运行状态。利用单片机的智能控制，可根据油井的实际情况，实现上冲程快、下冲程慢，或上冲程慢、下冲程快的速度变化。

国内自2003年开始就进行了开关磁阻电机在抽油机上的应用试验，运行结果表明，自应用该节能电机后，综合节电率达30%以上，节电效果十分明显。

3.2.4　电动汽车

高功率密度、高效率、宽调速的车辆牵引电机及其控制系统，既是电动汽车的心脏，又是电动汽车研制的关键技术之一。目前，适用于电动汽车驱动系统的电机有交流感应电机、有刷直流电机、永磁无刷直流电机和开关磁阻电机。

（1）交流感应电机。主要优点是结构简单、可靠，质量较小，但控制器技术较复杂。同时交流感应电机耗电量较大，转子易发热，散热要求高；交流电机功率因数低，加大了变频变压装置的容量，控制系统的造价远高于交流感应电机本身的成本。

（2）有刷直流电机。优点是控制简单、技术成熟，具有交流电机不可比拟的优良控制特性。缺点是由于存在电刷和机械换向器，不但限制了电机过载能力与速度的进一步提高，而且长时间运行，必须经常维护和更换电刷和换向器；另外，由于损耗存在于转子上，使得散热困难，限制了电机转矩质量比的进一步提高。直流电机已处于淘汰边缘，除个别低成本低端车使用外，新开发的高端车基本不使用。

（3）永磁无刷直流电机。优点是效率高、启动扭矩较大、质量较小；缺点是电机使用了永磁材料，永磁材料在高温下会退磁，影响电机使用，而且抗振性较差。在长时间运行后，永磁材料磁性下降，电机效率越来越低。永磁无刷直流电机受到永磁材料工艺的影响和限制，功率范围较小，最大功率仅几十千瓦。

（4）开关磁阻电机。优点是结构简单、可靠、成本较低，启动转矩大，转子无永磁体，可允许较高的温升；调速范围宽，控制灵活；缺点是电机易产生噪声，低速时电机转矩脉动大。

国际上在小型电动轿车上倾向于使用永磁电机，在电动大巴中应用交流电机较多，美国对交流感应电机研究较多，德国、英国等大力开发开关磁阻电机，日本近年因永磁材料进口限制，也在加大开关磁阻电机方面的研究。

我国自 1985 年进行开关磁阻电机的研发开始，即首先进行了电动轿车方面的应用试验，之后在混合动力电动大巴、纯电动大巴、电动货车等各个车型上均进行了尝试，据相关文献记载，采用开关磁阻电机驱动的电动车辆与异步电机驱动的车辆在混合路况下可节能 20%以上，而且车辆启动时，电池放电电流小，对电池是一种保护，延长了电池寿命。

3.2.5　其他应用

电机传动总的趋势是采用具有现代调速系统的电机来取代不调速的电机，开关磁阻电机推出以来，因其优越的性能，在其他场合中也得到了应用推广，如龙门刨床、空压机等机械设备，空调、冰箱、洗衣机等家电产品。如洗衣机采用开关磁阻电机直接驱动，具有结构简单、性能优异的特点。美国已经开始在一部分高档洗衣机中小批量采用，并具有明显的优点：很低的洗涤速度；良好的衣物分布性；滚筒平衡性好；快速安全停机；软启动；电流限幅；最大速度高，低速转矩大；机械特性易调整；对水温、水流等易于智能控制等。美国EMERSON公司、纺织总会机电研究所和江苏某电机技术公司都已成功研制出滚筒式洗衣机的SRD电机直驱系统。韩国LG公司生产的SRD小型风机也可以在家电装置中应用。

另外，基于开关磁阻电机的高速适应性，在吸尘器、地板磨光机等家电中应用的成果也有所见。如采用开关磁阻电机的地板磨光机，新系统具有软启动，启动、制动平滑；工作转速高，产生镜面磨光效果；速度保护防止危险的飞逸，保证磨光的一致性；电机无电刷和永久磁钢，降低材料成本和劳动成本，减少了产品维护，保证了产品长寿命；效率由原系统的55%提高到75%；体积小、重量轻，操作容易；电机适用于各种尺寸的地板磨光机等诸多方面的优点。

开关磁阻电机自推出以来，电机结构特性优越，在某些场合具有其他电机不可比拟的优点，近20年来获得了国内外多方面的应用与关注，相信随着技术的发展，对开关磁阻电机噪声等缺点的抑制也会取得明显进步，开关磁阻电机的应用必将越来越广泛。

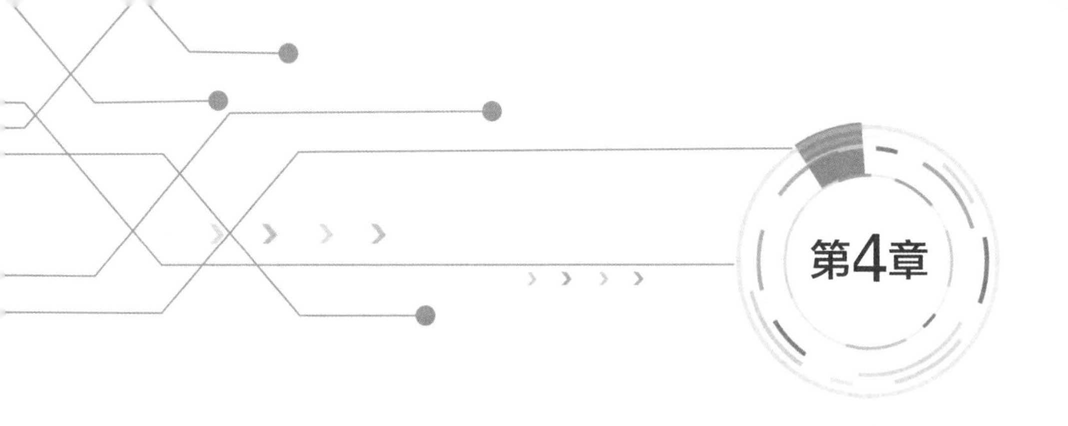

变 频 电 机

自1970年以来，随着电力电子技术的进步，变频调速技术迅速发展并得到了广泛应用，对于整个变频调速系统而言，其执行机构是变频电机。变频电机并不是在变频器驱动下的普通异步电机，它是用于变频传动系统并根据系统的特点和性能要求而特别设计的、具有良好匹配性、满足系统品质要求的一类交流电机的总称。变频电机由传统的笼型电机发展而来，将传统的电机风机改为独立出来的风机，并提高了电机绕组的绝缘耐电晕性能。

随着电力电子技术、微电子技术的发展，变频调速系统采用“专用变频感应电机＋变频器”的交流调速方式，以其卓越的性能和经济性，在调速领域引导了一场取代传统调速方式的更新换代的变革，使机械自动化程度和生产效率大为提高，节约能源，提高了产品合格率及产品质量，电源系统容量相应提高，设备小型化，正以很快的速度取代传统的机械调速和直流调速方案。

4.1 异步电机调速技术

电力拖动系统调速按照其供电种类的不同，可以分成直流调速系统和交流调速系统。长期以来，凡是需要调速范围广、速度控制精度高和动态响应性能好的场合，几乎全部采用直流调速系统。但是直流电机的电刷和换向器易磨损，需经常维护；换向器换向时会产生火花，使电机的最高速度受到限制，也使应用环境受到限制；而且直流电机结构复杂，制造困难，所用钢铁材料消耗大，制造成本高。由于换向的限制，欲制造大容量、高电压及高转速的直流电机工艺上比较困难。现阶段直流电机单机容量最大只能达到11MW左右，电压也只能达到1200V左右，因此，一些大容量的拖动系统不得不做成双电机、三电机甚至四电机结构，影响了直流电机的广泛应用。

20世纪50年代，电气传动领域就开始了一场重要的技术革命，即对一直以恒转速运行的交流电机进行速度控制，以取代结构复杂的直流电机。随着电力电子及半导体器件的发展，以及自动控制技术不断向电气传动领域的渗透，使这一革命逐步成为了现实。晶闸管元器件的出现，又给交流传动技术的发展开辟了广阔的前景，使得交流调速性能可以与直流调速相媲美，交流调速已逐步取代直流调速的地位。

交流电机的调速方式一般有以下三种：

(1) 变极调速。它是通过改变电机定子绕组的接线方式以改变电机极数来实现调速，这种调速方法是有级调速，不能平滑调速，一般用于金属切削机床，而且只适用于笼型电机。

(2) 改变电机转差率调速。第一可通过改变电机转子回路的电阻进行调速，此种调速方式效率不高，且不经济；第二可采用滑差调速电机进行调速，调速范围宽且能平滑调速，但这种调速装置结构复杂（一般由异步电机、滑差离合器和控制装置三部分组成），滑差调速电机是在主电机转速恒定不变的情况下调节励磁实现调速的，即便输出转速低，但主电机仍运行在额定转速，因此耗电较多，另外励磁和滑差部分也有效率问题和消耗问题。较好的转差率调速方式是串级调速，实质就是转子引入附加电动势，以改变它的大小来调速。

(3) 变频调速。通过改变电机定子的供电频率，以改变电机的同步转速达到调速的目的，其调速性能优越，调速范围宽，能实现无级调速。目前我国生产现场所使用的交流电机大多为非调速型，其耗能十分巨大。如采用变频调速，则可节约大量能源。这对提高经济效益具有十分重要的意义。

4.1.1 变频电机调速原理

由电机学相关知识，异步电机的转速为

$$n=\frac{60f_1}{p}(1-s) \tag{4-1}$$

式中：p为极对数；s为转差率；f_1为定子供电频率，Hz。

如忽略s的变化，则电机转速n随定子供电频率成正比变化，从而可实现对电机的变频调速。调速原理如图4-1所示。

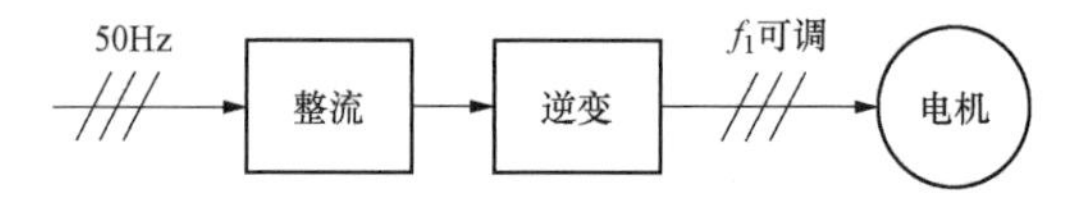

图4-1 交流异步电机变频调速原理框图

根据异步电机的工作原理，要想使电机获得良好的运行性能和负载能力，就必须保证其磁路工作点稳定不变，即保证每极磁通量 Φ_m 额定不变。这是因为若 Φ_m 太强，电机磁路饱和，励磁电流和励磁损耗及发热增大；若 Φ_m 太弱，电机输出功率不够，铁心不能被充分利用。

根据异步电机定子每相电动势有效值公式

$$E_1 = 4.44 f_1 W_1 K_{W1} \Phi_m \tag{4-2}$$

式中：W_1 为定子每相串联匝数；K_{W1} 为基波绕组系数；Φ_m 为每极气隙磁通量，Wb。

当电机参数一旦选定，结构参数确定，就有

$$\Phi_m \propto \frac{E_1}{f_1} \tag{4-3}$$

所以，只要合理控制 E_1 和 f_1，便可以达到控制磁通量 Φ_m 的目的。而改变电源频率 f_1，又可实现对电机转速的调节，且在很大的调速范围内获得较好的调速平滑性和机械特性。

在基频以下，要保持磁通量 Φ_m 额定不变，可近似采用 U_1/f_1 等于常数的办法，使电机作恒转矩运行，功率因数 $\cos\theta$ 基本保持不变。当运行频率超出基频时，受电机额定电压的限制，随着运行频率的升高，额定电压保持不变，则 U_1/f_1 下降，气隙磁通量随之减小，此时电机进入弱磁状态，转矩与频率近似成反比，电机作近似恒功率运行。

根据以上原理，只要合理地对电机的供电电压和频率加以协调控制，就可以达到异步电机变频调速的目的。变频调速技术按照变频器拓扑结构来区分可以分为两电平变频调速技术和多电平变频调速技术两大类。目前，无论从拓扑结构、理论研究还是实际应用，两电平变频调速技术都已经相当成熟。从控制策略上来讲，无论 VVVF（变压变频）、矢量控制还是直接转矩控制，都已在两电平变频调速技术中得到了成功的应用。随着现代控制理论与传统电机理论结合得日臻完善，新型电力电子器件和高性能处理器的应用，变频调速产品的性价比越来越高，小型化、高性能化、多功能化和无公害化成了变频调速技术的发展方向。

4.1.2　变频电机所面临的问题

电网提供的电源为交流电，异步电机使用的也是交流电，为了实现改变频率的目的，一般采用交—直—交主回路结构。变频调速系统中，根据直流环节的基本功能及滤波方式的不同，可分为电压型和电流型两种基本类型。中小型变频变压调速异步电机一般采用电压型变频器供电。应用交流变频调速技术的目的主要有以下三方面：一是节能；二是高精度的转矩转速控制；三是实现高速驱动。变频调速中变频电源供电的电动机与传统工频正弦波供电的电机的主要区别在于：一是从低频到高频的宽频范围内运行，二是电源波形是非正弦的。由于以上特点，带来以下一系列问题：

（1）损耗增加，效率降低。由于变频电源的输出中含有大量的高次谐波，这些谐波会产生相应的铜损耗和铁损耗，降低运行效率。即便是目前广泛采用的SPWM正弦脉宽调制技术，也只是抑制了低次谐波，降低了电机的脉动转矩，从而扩展了电机低速下的平稳运行范围。而高次谐波不仅没有降低，反而大大增加了。一般说来，与工频正弦电源供电相比，效率要下降1%～3%，功率因数下降4%～10%。

（2）产生电磁振动和噪声。由于一系列高次谐波的存在，还会产生电磁振动和噪声。如何降低振动和噪声，对正弦波供电的电机来讲已经是一个难题了。而对于由变频电源供电的电机来讲，由于电源的非正弦性，就使问题变得更为复杂和棘手。

（3）低速时出现低频脉动转矩，影响低速稳定运行。即使是采用正弦脉宽调制（SPWM）方式，但与工频正弦供电相比，仍然会出现一定程度的低次谐波，从而在低速运行时产生脉动转矩，影响电机低速稳定运行。

（4）出现浪涌电压和电晕现象，损害电机绝缘。电机运行时，外加电压经常与变频装置中元器件换流时产生的浪涌电压相迭加，有时浪涌电压较高，致使线圈受到反复的冲击，绝缘加速老化。此外，有时还伴有电晕现象产生，致使线圈对地绝缘损坏。

（5）产生轴电压和轴电流，缩短轴承寿命。轴电压的产生主要是由于磁路不平衡和静电感应现象的存在，这在普通电动机中并不严重，但在变频电源供电的电机中则较为突出。若轴电压过高，轴和轴承间油膜的润滑状态遭到破坏，轴承寿命将大大缩短。

（6）低速运行时散热效果降低。由于变频调速电机调速范围大，常常在低频率下低速运行。这时，由于转速很低，普通电机所采用的自扇冷却方式所提供的冷却风量已大大减小，散热效果大大降低，必须采用其他的冷却方式。

（7）容易产生共振干扰。一般来说，任何机械装置都会产生共振现象。但工频恒定转速运行的电机，要避免与50Hz的电频率响应的机械固有频率发生共振比较容易。而变频调速运行时的电机运行频率变化范围广，加之各个部件都有各自的固有频率，这就极易使它在某一频率下发生共振。

综上所述，异步电机在由变频电源供电运行时将会面临诸多的特殊问题，应进行变频调速异步电机的专门设计。

4.1.3　变频器应用中需注意的问题

1. 谐波电流

在变频调速异步电机中，定子、转子漏抗是限制谐波电流的主要因素，其数值决定了系统谐波电流的含量和负载变化时电压调节的范围。在给定电压下，异步电机的电流由等效电路的参数、转差率及定子电源频率决定，由于变频调速系统的基波电压通常运行于低转差率状态，而高次谐波电压则实际运行于堵转状态，因此谐波电流主要是由谐波电压的含量和定子、转子漏抗决定的。谐波电流的存在对变频电源和异步电机都是有害的。为了减小高次谐波电流，可以从变频器和电机设计两方面采取措施。

（1）在变频器方面，可采用较高的调制频率以提高谐波次数，从而减小谐波的幅值。但这要求采用快速开关器件，将增加变频器的成本。此外，开关过程中的损耗也将增加。

（2）在电机方面，主要是增大漏电抗。但是若漏抗过大，又会引起电机参数的配置不合理，使得电机体积增大，成本上升。同时，由于调压范围的增大，还会引起变频器成本上升。此外，当电机为转差率控制时，增加漏抗还会降低过载转矩倍数。

2. 轴电压

在一定条件下电机的转子轴与轴端之间，或轴与轴承（大地）之间会有轴电压产生。这种情况在工频电源供电时很少发生，但在变频电源供电情况下，由于高次谐波的影响，轴电压产生的机会则有增加的趋向。轴电压随着频率的增加而增加，轴与轴端间或轴与轴承之间的轴电压如超过允许值时，则油墨或润滑脂受损，最终使轴或轴承损伤。

（1）由于磁不对称产生轴电压。磁不对称引起的轴电压是因磁阻不对称引起交链交变磁通而产生的，它在轴与轴端之间引起轴电压。

（2）由于静电感应产生轴电压。由变频电源供电时，输出电压中的脉动电压通过静电感应会使电机轴与轴承之间产生轴电压。特别是在变频调速中采用脉冲电压控制时，电机的轴电压将显著增加。理论和实践证明，电机容量越大，轴电压的值也就越大，因此容量越大的电机，越要采取措施防止轴电压。由于转子笼条与轴之间、轴与轴承之间均存在分布电容，通过分布电容的分压作用，使轴对地间产生静电感应轴电压。

（3）变频电源供电时的轴电压。经理论分析及实践证明，变频电源供电时的轴电压有以下特点：与工频正弦供电时相比，轴与轴间的轴电压要大20%～50%；运行频率增加，轴与轴间的轴电压也增大；与正弦工频电源供电时一样，轴与轴间的轴电压基本与负载大小无关；与工频正弦电源供电相比，轴与大地之间的轴电压增大100%～200%。

抑制轴电压的措施如下：

（1）对由磁不对称引起的轴电压的消除，主要从工艺结构上着手，在组装上防止产生磁路的不对称，也可采取在结构上断开轴电流一部分回路的方法。

（2）对于轴与轴承之间的轴电压通常在轴承架内插入非磁性体，使磁路磁阻增加；或增加补偿绕组，以降低磁通势，减小磁通，防止轴电流。由于轴电流是在轴与轴承部分局部范围内循环的，因此加强轴承金属或轴承座的绝缘并不能防止轴电流产生。

（3）抑制变频电源中的高次谐波脉动成分。

（4）中大型电机采用旁路电容接地。

3. 浪涌电压

变频电源的输出电压在换流时将与产生的浪涌电压叠加，使电机绕组绝缘承受较高的电压。浪涌电压的反复冲击，加上浪涌电压引起的电晕放电，会使电机绝缘加速老化，寿命缩短。浪涌电压施加于线圈之间的负担并不均匀，电机出线端附近线圈电压分布集中，第一个线圈分担达60%。从变频电源内部来说，主要采取吸收或抑制的方法。通常采用吸收管、减振器及过电压削波器等对浪涌电压加以吸收或抑制。插入串联电抗器也是防止浪涌电压的一种方法。对电机内部来说，主要是在电机设计时强化电机绝缘，使其能最大限度地承受可能出现的浪涌电压。

此外，电力电子变频器运行时产生的副作用还有传导和辐射的电磁干扰、对电机的绝缘结构破坏严重、振动和噪声增大等一系列问题。变频电机内部磁通要设计成不饱和状态，防止输入非正弦电源产生高次谐波，使电机内部处于过饱和状态，温升加剧。对于变频电机，要在设计过程中综合考虑这些影响，采取合理的措施避免或减小谐波对变频电机造成的这些影响，以达到最佳的技术效果。

4.2 变频电机应用

21 世纪我国的节能总方针是坚持资源开发与节约并重、把节约放在首位，以尽可能少的资源消耗创造尽可能大的经济社会效益。电能作为非常宝贵的二次能源，使得节约用电成为我国节能减排工作的重要组成部分。

节约用电在当今社会具有重要的意义，耗电量的减少可以使发电、输电、变电、配电站需要的设备容量减少。同时，节约用电还可以减少用户的用电费用，降低生产成本，促进生产工艺和设备的改进，促进新技术的发展和企业管理水平的提高。我国仍有许多电机不调速运行，对部分电机进行变频节电改造，对节能降耗有着极其重要的意义。本节内容将简单介绍变频技术在几类电机负载上的应用。

4.2.1 风机类负载

风机类负载属于量大面广的设备，钢厂、电厂、有色、矿山、化工、纺织、化纤、水泥、造纸等行业应用较多。实际生产中的风机往往是全速运转的，而对于流量变化较大的风机，应该对其进行风量的调节，因为减少风机的风量就意味着减少电能的消耗。在电机不能调速时，往往采用调节风门的方法将送风风门开度关小，使风量减少，此时，管网阻力会增大，风机的轴功率变化非常小，节电效果不明显。随着变频调速技术的发展，近年来开始采用变频技术调节电机的转速，既可以达到节约用电的目的，同时又能够减少机械磨损，延长设备的使用寿命。

1. 风机变频调速节能原理

从流体力学原理可知，风机风量与电机转速相关：风机的风量与风机（电机）的转速的一次方成正比，风机的风压与风机（电机）的转速的二次方成正比，风机的轴功率等于风量与风压的乘积，故风机的轴功率与风机（电机）转速的三次方成正比，即风机的轴功率与供电频率的三次方成正比，根据上述原理可知，改变风机的转速就可以改变风机的轴功率。风机在不同频率下的节能效率见表 4 - 1 所列。

表 4 - 1　理想情况下风机功率与转速的关系

频率 f(Hz)	流量（%）	转速（%）	压力（扬程）（%）	功率（%）	节电效率（%）
50	100	100	100	100	0.00

续表

频率 f(Hz)	流量（%）	转速（%）	压力（扬程）（%）	功率（%）	节电效率（%）
45	90	90	81	72.9	27.1
40	80	80	64	51.2	48.8
35	70	70	49	34.3	65.7
30	60	60	36	21.6	78.4
25	50	50	25	12.5	87.5

由表 4-1 可见，当流量减少一半时，若采用变频调速，在理论上来说，仅需要额定功率的 12.5%，从而节约 87.5%的电能。这与采用传统的调节风门开度控制风量相比，节电效果有着显著的提高。

2. 风机变频调速的特点

（1）高效。采用变频调速直接调节风量，没有附加转差损耗，属于无级调速，调速范围广，精度高，容易实现协调控制和闭环控制，提高系统的工作效率。

（2）节能。对恒转矩负载，其节电效率 $N\%\approx\Delta N\%$；对恒功率负载主要是调速，而不是节能；对波动性负载节电效率 $N\%\approx2\delta$（δ 为单边波动系数）。

（3）延长电机和风机寿命。实现真正变频软启动，减少电机对电网的冲击和对电机本身的危害，提高电机的寿命和系统的寿命。

（4）提高风机运行质量。以往，风机总是处于工频 50Hz 满速下运行，其运行质量很低；采用变频调速后，随风量适时调节频率来调节转速，风机的运行质量得到显著提高。

3. 风机节电效率计算及示例

某工厂一台电机的效率为 98%，高压变频器的效率为 97%（含变压器），额定风量时的风机轴功率为 1000kW。

风机特性。风机风量 Q 为 0 时，压力（扬程）H 为 1.4pu（标幺值，以额定值为基准值），因此，可以设定曲线特性为 $H=1.4-0.4Q^2$。

年运行时间为 8000h，风机的运行模式为风量 100%，占年运行时间的 20%；风量 70%，占年运行时间的 50%；风量 50%，占年运行时间的 30%。

采用传统的变挡板调节控制风量时，假设 P_{100} 为 100%风量的功耗；P_{70} 为 70%风量的功耗；P_{50} 为 50%风量的功耗，由流体力学理论，电机

轴功率 P 和风量 Q、压力 H 之间的关系为

$$P = KHQ/\eta \tag{4-4}$$

式中：K 为常数；η 为效率。

其中，K 取 1，则有

$$P_{100} = 1000/0.98 = 1020(\text{kW})$$

$$P_{70} = 1000 \times 0.7 \times (1.4 - 0.4 \times 0.7^2)/0.98 = 860(\text{kW})$$

$$P_{50} = 1000 \times 0.5 \times (1.4 - 0.4 \times 0.5^2)/0.98 = 663(\text{kW})$$

年耗电量为

$$1020 \times 8000 \times 0.2 + 860 \times 8000 \times 0.5 + 663 \times 8000 \times 0.3 = 6663200(\text{kW} \cdot \text{h})$$

假设电费以 0.67 元/kW·h 计算，年耗电成本为

$$6663200 \times 0.67 = 4464344(\text{元})$$

当采用变频调节控制风量时，假设 P'_{100} 为 100%风量的功耗；P'_{70} 为 70%风量的功耗；P'_{50} 为 50%风量的功耗，则

$$P'_{100} = 1000/0.98/0.97 = 1052(\text{kW})$$

$$P'_{70} = 1000 \times 0.7^3/0.98/0.97 = 360(\text{kW})$$

$$P'_{50} = 1000 \times 0.5^3/0.98/0.97 = 131(\text{kW})$$

年耗电量为

$$1052 \times 8000 \times 0.2 + 360 \times 8000 \times 0.5 + 131 \times 8000 \times 0.3 = 3437600(\text{kW} \cdot \text{h})$$

假设电费以 0.67 元/kW·h 计算，年耗电成本为

$$3437600 \times 0.67 = 2303192(\text{元})$$

一年所节省的电费为

$$4464344 - 2303192 = 2161152(\text{元})$$

一年所节省的电量为

$$6663200 - 3437600 = 3225600(\text{kW} \cdot \text{h})$$

节电率为

$$3225600/6663200 \times 100\% = 48.41\%$$

综上所述，在对风机实施变频节能技术改造后，在控制运行的基础上，年平均综合节电率可以达到 48.41%。

4.2.2　泵类负载

泵是输送液体或使液体增压的机械，主要用来输送水、油、酸碱液、乳化液、悬乳液和液态金属等液体，也可输送液、气混合物及含悬浮固体物的液体。它将原动机的机械能或其他外部能量传送给液体，使液体能量增加。泵类设备在生产领域有广阔的应用，如提水泵站、水池储罐给排系统、工业水（油）循环系统、热交换系统均使用离心泵、轴流泵、

齿轮泵、柱塞泵等设备。在使用电机调速之前，一般根据不同的生产需求往往采用调整阀、回流阀、截止阀等节流设备进行流量、压力、水位等信号的控制。这样，不仅造成大量的能源浪费，管路、阀门等密封性能的破坏；还加速了泵腔、阀体的磨损和汽蚀，严重时损坏设备、影响生产、危及产品质量。而变频调速技术的应用将有助于解决此类问题。

1. 水泵类负载节能原理

（1）变频节能。和风机的变频节能原理一样，由流体力学可知

$$P = Q \times H \tag{4-5}$$

式中：P 为功率；Q 为流量；H 为压力。

流量 Q 与转速 N 的一次方成正比，压力 H 与转速 N 的二次方成正比，功率 P 与转速 N 的三次方成正比，如果水泵的效率一定，当要求调节流量下降时，转速 N 可成比例的下降，而此时轴输出功率 P 成三次方关系下降。即水泵电机的耗电功率与转速近似成三次方比的关系。例如：一台水泵电机功率为 55kW，当转速下降到原转速的 4/5 时，其耗电功率为 28.16kW，省电 48.8%，当转速下降到原转速的 1/2 时，其耗电功率为 6.875kW，省电 87.5%。

（2）功率因数补偿功能。无功功率不但增加线损和设备的发热，更主要的是功率因数的降低导致电网有功功率的降低，大量的无功电能消耗在线路当中，设备使用效率低下，浪费严重，由式 $P=S\cos\varphi$，$Q=S\sin\varphi$（其中，S 为视在功率，P 为有功功率，Q 为无功功率，$\cos\varphi$ 为功率因数）可知，$\cos\varphi$ 越大，有功功率 P 越大，普通水泵电机的功率因数为 0.6～0.7，使用变频调速装置后，由于变频器内部滤波电容的作用，$\cos\varphi\approx1$，从而减少了无功损耗，增加了电网的有功功率。

（3）软启动节能。电机直接启动时启动电流等于 4～7 倍额定电流，这样会对机电设备和供电电网造成严重的冲击，而且还会对电网容量要求过高，启动时产生的大电流和振动时对挡板和阀门的损害极大，对设备、管路的使用寿命极为不利。而使用变频节能装置后，利用变频器的软启动功能将使启动电流从零开始，最大值也不超过额定电流，减轻了对电网的冲击和对供电容量的要求，延长了设备和阀门的使用寿命，节省了设备的维护费用。

2. 节能分析

以水位控制为例，水位控制是将水位限制在一定控制范围内的控制，其应用范围较广，部分供水系统的供水方式是先用水泵将水“泵”入一

个位置较高的储水器中（水池、水箱等）然后向低水位的用户供水。这时，需对储水器中的水位进行控制。

水位控制时，供水管路与用水管路（从而供水流量 Q_G 与用水流量 Q_U）之间并无直接联系。用水流量 Q_U 的大小只能间接地影响泵水系统的工作时间，而不影响供水流量 Q_G 的大小。此外，在水位控制的供水系统中，阀门通常是完全打开的，所以不存在调节阀门开度的问题。

通常，在储水器中设定一个上限水位 h_H 和一个下限水位 h_L，当水位低于下限水位 h_L 时，启动水泵，向储水器内供水；当水位达到上限水位 h_H 时，则关闭水泵，停止供水。因此，水泵每次启动后的任务便是向储水器内提供一定容积（上限水位与下限水位之间）的水。

在分析变频调速水位控制的节能问题时，应该以在不同的转速下提供相同容积的水作为比较的基础。设 V 为下限水位与上限水位之间水的容积，Q_1 为转速等于 n_1 时的流量，t_1 为以流量 Q_1 供满容积 V 的水所需的时间；Q_2 为转速等于 n_2 时的流量，t_2 为以流量 Q_2 供满容积 V 的水所需的时间。则

$$V = Q_1 t_1 = Q_2 t_2 \tag{4-6}$$

设电机在额定转速为 n_N，供水流量为额定流量 Q_N，则供满容积 V 的水所需要的时间为 $t=1\text{h}$，消耗的电功率为额定功率 P_N，则供满容积 V 的水消耗的电能为

$$W = P_N \times 1 \tag{4-7}$$

如果将电机的转速下降为 $n'=0.8n_N$，则供水流量为

$$Q' = 0.8Q_N \tag{4-8}$$

供满容积 V 的水所需的时间为

$$t' = 1/0.8\text{h} = 1.25\text{h} \tag{4-9}$$

消耗电功率为

$$P' = (0.8)^3 P_N = 0.512P_N \tag{4-10}$$

供满容积 V 的水消耗的电能为

$$W' = 0.512P_N \times 1.25 = 0.64P_N \tag{4-11}$$

两者相比较，可节约电能

$$\Delta W = W - W' = 0.36P_N \tag{4-12}$$

由式（4-12）可见，节能为 36%。

除此之外，还有在全速运行时，由于启动比较频繁、启动电流大而引起的功率损耗以及对设备的冲击等，在采用变频器调速时均可避免。可见，水位控制采用变频调速后，节能效果相当可观。

某炼油厂从1990年开始先后在蒸馏、裂解、催化、加氢、糠醛、酮苯等20多条生产线上使用161台变频调速装置。变频器总功率达8091kW。1990年10月至1992年2月对其中30台泵进行测试，在同样工艺条件下，采用调节阀控制电耗为999.9kW，而采用变频调速电耗为396.7kW，节电603.2kW，节电率60.3%。采用变频控制时，电机和泵的转速下降，轴承等机械部件磨损降低，泵端密封系统不易损坏，机泵故障率降低，维修工作量大为减少。许多自来水公司的水泵，化工和化肥行业的化工泵、往复泵，有色金属等行业的泥浆泵采用变频调速，均产生非常好的效果。

4.2.3 大型窑炉煅烧炉类负载

冶金、建材、烧碱等大型工业转窑（转炉）以前大部分采用直流、整流子电机、滑差电机、串极调速或中频机组调速。由于这些调速方式或有滑环，或效率低，近年来，不少单位采用交流变频控制，效果良好。如碱厂生产中，轻灰煅烧炉是纯碱生产关键设备，属恒转矩负载，启动非常困难，要求必须启动转矩大，运行稳定并可靠。目前交流异步电机匀速调节方法中，适用于轻灰煅烧炉调速的是变频调速和滑差电机调速。变频调速节能，运行可靠，但一次性投资很大，相当于滑差电机的5倍。滑差电机调速一次性投资低，运行也可靠，但低速运行时能量损耗大，效率低，粉尘及空气湿度也影响其正常运行。

这两种调速系统在各碱厂的轻灰煅烧炉的调速系统中都有应用，下面进行两种调速系统的节能分析。

电机拖动轻灰煅烧炉恒转矩负载运行时功率平衡关系

$$P_{\mathrm{m}} = P_{\Omega} + P_{\mathrm{s}} \tag{4-13}$$

$$P_{\Omega} = (1-s)P_{\mathrm{m}} \tag{4-14}$$

$$P_{\mathrm{s}} = sP_{\mathrm{m}} \tag{4-15}$$

式中：P_{m}为电机电磁功率；s为电机转差率；P_{Ω}为机械负载功率；P_{s}为电机转差损耗功率。

当电机采用变频调速时，转差率s很小，在不同的转速下转差率s基本保持不变，故电机转差损耗功率P_{s}较小，可忽略不计，电机电磁功率主要由机械负载功率P_{Ω}决定。

电机采用滑差电机调速系统时，转差损耗P_{s}随转速的降低而增加，电机电磁功率由机械负载功率P_{Ω}和电机转差损耗功率P_{s}两部分组成。当拖动负载相同时采用变频调速系统的机械负载功率P_{Ω}和采用滑差电机调速系统时的机械负载功率P_{Ω}是相等的，故采用滑差电机调速系统多消耗

电机转差损耗功率 P_s

$$P_s = M_3(n_2 - n_3)/9550 \tag{4-16}$$

式中：M_3为电磁耦合器从动轴的转矩（负载转矩），N·m，恒转矩负载时 M_3不变，如果带额定负载 $M_3 = 9550P_e/n_e$，N·m；P_e为电机的额定功率；n_e为电机的额定转速；n_2为电磁耦合器主动轴的转速，r/min；n_3为电磁耦合器从动轴的转速，r/min。

以某厂四台轻灰煅烧炉为例，煅烧工序的轻灰煅烧炉直径 3.6m、长 30m、重 250000kg，炉体额定转速 4.4r/min、正常转速 3.3r/min，减速机变比 336∶1，驱动电机 170kW、转速 1480r/min。其中，三台正常工作生产，电机转速 1054r/min 左右；一台热备用，电机转速303r/min，一般情况下电机处于额定负载。如果采用滑差电机调速系统时，工作在热备状态的煅烧炉电机转差损耗为

$$\begin{aligned} P_s &= M_3(n_2 - n_3)/9550 \\ &= 9550 \times 170/1480 \times (1480 - 303)/9550 = 135.2(\text{kW}) \end{aligned}$$

工作在正常生产状态的煅烧炉电机转差损耗为

$$\begin{aligned} P'_s &= M_3(n_2 - n'_3)/9550 \\ &= 9550 \times 170/1480 \times (1480 - 1054)/9550 = 48.9(\text{kW}) \end{aligned}$$

四台轻灰煅烧炉电机转差损耗为

$$\sum P = P_s + P'_s = 135.2 + 3 \times 48.9 = 281.9(\text{kW})$$

该厂采用了变频调速系统驱动轻灰煅烧炉比采用滑差电机调速系统一年按正常运行 340 天计算节电

$$\text{年节电量} = 281.9 \times 24 \times 340 = 2.3 \times 10^6(\text{kW} \cdot \text{h})$$

以上的计算是按产量最高、运行稳定时计算的。如果产量低、运行不稳定则电机运行速度更低，采用变频调速时节电量更高。通过以上计算分析可以看到，如果把滑差电机都改为变频调速电机，年节电量相当可观。

4.2.4　转炉类负载

转炉在钢铁生产中起着承上启下的重要作用。高炉产生的铁水兑入转炉后，通过投加辅料并吹入适量的氧气将转炉内铁水中多余的碳及其他杂质去除，从而得到温度、含碳量符合标准的钢水，为后续的连铸生产提供合格原料。交流变频调速在转炉炼钢控制系统中，主要应用于转炉倾动、氧枪升降、一次除尘的风机运行、散状料给料机下料及运输车辆的行走等生产过程，近几年来也逐步在炼钢车间大型吊车的行走控制

中得到了广泛应用。

转炉倾动和氧枪升降属于重载启动或满载启动，故要求电机在启动时要有足够大的启动转矩和足够大的过载能力。恒磁通变频调速在低频时（低速时）可通过人为地提高电压来保证电机具有最大恒转矩调速特性，因而可以满足重载启动要求。另外由于氧枪和转炉倾动均属于位能负载，故有发电制动工作状态，变频器可通过增加制动电阻提供电能回馈通路。变频调速系统完全具备了用于转炉倾动和氧枪升降这种位能负载上的可能性。

转炉倾动的变频调速控制系统是转炉控制系统中变频技术应用的重点，由于负载的特性，此部分技术难度较大，同时，也是转炉本体控制系统中投资最大的部分。目前，炼钢厂转炉倾动传动系统通常采用模拟量逻辑无环流直流传动和交流变频调速传动两种方法实现。以往由于所要求的电机速度和转矩控制精度较高，一直是采用直流电机驱动的传统控制系统。随着近几年交流技术的不断发展，其控制水平达到并超过传统直流调速系统的性能要求，且变频器在零速时仍能产生满转矩。

交流变频器的使用除可大量节约电能外，还能极大地提高转炉生产的安全可靠性。转炉类负载用交流变频替代直流机组简单可靠，运行稳定。如承钢于 1986 年建成投产，该厂有 3 座 20t 顶底复合吹转炉和 2 台方坯连铸机，设计时采用了当时国内外的一些新工艺、新设备。电控系统是当时国内比较先进的模拟量恒磁通逻辑无环流直流拖动系统。该厂建成后使承钢的炼钢生产能力由原来的 10 万 t 猛增到 70 万 t。1994 年 5 月，意外事故造成 3 座 20t 转炉全部停产。在这种情况下，为恢复生产，在有关专家的指导下，承钢率先在钢铁冶金转炉上大胆采用了具有最大转矩限定功能的全数字式交流变频调速技术，用以取代原来的直流拖动系统，并获得了成功。

调试运行结果表明，新采用的交流变频调速系统具有完全可以与原直流系统相媲美的平滑调速特性，完全满足工艺要求。而且，调速装置体积较小、功能全、集成度高。操作人员的操作习惯没有改变，但由于装备水平提高，装置集成度高，自诊断和保护功能可靠，转炉、氧枪主传动系统引起的热停工减少 90%以上，年增产 1.5 万 t 钢，节电 22 万 kW·h，直接经济效益 231 万元。为钢厂以后稳定生产打下坚实的基础。原十多人的直流控制系统的维修班人员全部转行。

交流变频调速以其优异的调速和启动、制动性能，高效率、高功率因数和节能效果，广泛的适用范围及其他许多优点被公认为最有发展前途的调速方式，所以，交流变频技术在转炉倾动系统中的应用已经成为一种趋势。

4.2.5　搅拌机类负载

在食品、化工和医药等行业，为了将多种组分的物质混合均匀，通常需要使用搅拌机对其进行一定时间的搅拌。食品混合搅拌机是食品机械中应用最多的一种，广泛用于食品、化工等企业中。对于食品类生产机械，一般有如下的要求：重量轻，体积小，便于操作和维护，安全性好，价格低。近年来，食品机械的拖动系统越来越多地采用了变频调速技术，其优越性在于增加产量，降低成本；提高产品质量；安全性能有保障。接下来以面粉搅拌机为例，简单介绍变频电机在此类负载中的应用。

面粉搅拌机的工作过程十分复杂，其负载变化大，特别是面团的流变特性，如弹性、黏性、塑性及粘弹性的变化，这就要求搅拌机的电机驱动要有良好的负载特性。从面粉搅拌机的工作特性来看，面粉搅拌机电机的选择要求一是电机能长期过载，且过载能力强；二是电机功率变化大，选择电机功率也要偏大。根据以上要求，在过去的生产过程中，一般采用的都是串励直流电机，但串励直流电机有一个致命的弱点：电机需要定期维护，并经常更换碳刷，这就带来了额外时间和费用的增高。因此，串励直流电机逐渐被交流电机所取代。然而传统的交流电机，即便有足够大的容量，从多年实际应用经验中发现，由于受技术的限制，仍暴露出以下几点不足：

（1）在搅拌过程中，由于面粉黏性变化大，常出现搅拌电机过载情况，表现为电机过热，甚至烧毁。

（2）在搅拌过程中，被搅拌的面粉温度会不断升高，传统的面粉搅拌机由于不具备调速性能，温升没法控制，影响面粉搅拌质量。

（3）传统的面粉搅拌机由于没有良好的负载特性，不能满足面食加工的多样性。

（4）搅拌过程中，负载变化大。轻载时电机容量过大而造成电能浪费，而过载时，发热造成功耗增加。

采用变频电机和智能控制方式的合理使用可以很好地解决上述问题。首先，通过智能控制方式，可以保证电机的调速性能与负载匹配，提高电机的运行性能，实现节能减排；其次，通过变频器控制变频电机的转速，可以控制被搅拌食品的温升，保证食品搅拌质量；第三，自动控制技术的使用能够实现搅拌过程中的智能控制，满足面食加工的多样性；

四是运用计算机技术和现代检测技术检测面团搅拌过程中的特征量变化，可以判断面团搅拌质量，智能控制面团搅拌完成时间，减少不必要的电能损耗，实现高效节能。

4.2.6 破碎机类负载

原料（黏土、页岩、煤矸石等）的破碎在现代化生产中常常用到，工农业生产的不断发展和进步，使得企业对破碎系统的可靠性和设备自动控制性能的要求日益增加。锤式破碎机是利用高速回转的锤头冲击矿石，使矿石沿其自然裂隙、层理面和节理面等脆弱部分而破裂。它适应于脆性、中硬、含水量不大的物料的破碎。在建材、矿山企业中，它主要用来破碎石灰石、煤、矿石、页岩、白垩、石膏及石棉矿石等。锤式破碎机一般锤头重，锤数少，转速较慢。有上格板、蓖条以及采用锤盘结构的锤式破碎机，可进入较大粒径的物料，宜作为中碎或者一定范围的粗碎；反之，则宜于作中、细碎。首先，它具有很高的粉碎比（一般为10～25，个别可达到50），这是它最大的特点。其次，它的结构简单，体型紧凑，机体重量轻，操作维修容易。最后，它的产品粒径小而均匀，过粉碎少。生产能力大，单位产品的能量消耗低。

某选矿厂现有破碎系统如图4-2所示，破碎作业采用两端破碎，矿石经过颚式破碎机破碎，经预先筛分后抛出废石然后进入岩石中碎进行二次粉碎，然后再经过干式磁选机分离出铁矿石和废石；预先筛分筛下物料经细碎后的矿石再检查筛分，筛下物与预选筛分合并为合格粉矿，

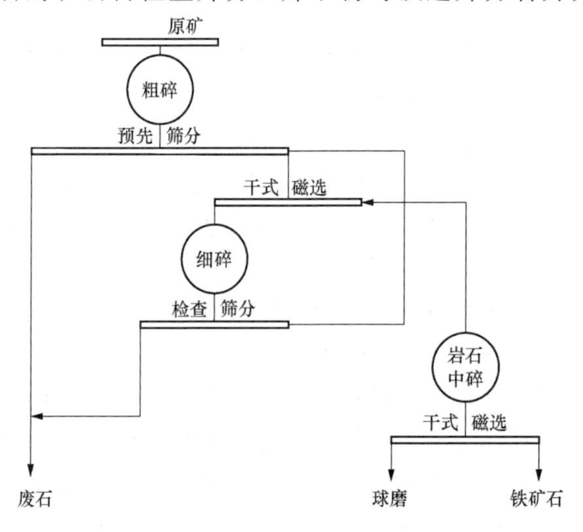

图4-2 破碎系统图

进入球磨，筛上物返回干式磁选，然后继续循环。

该矿厂为建设成为低碳运行的生态矿山，积极推行节能减排、降本增效和深挖潜力等发展可持续矿山的举措，把岩石中碎后的废石混合尾矿添加凝固剂搅拌均匀后用于井下废弃巷道的填充。为了满足工作需求，将其中的岩石中碎复摆颚式破碎机改造为可逆锤式破碎机，改造后矿石出现过粉碎现象、格板架经常破碎、电机启动电流过高等一系列故障，严重影响了生产，阻碍了工程的顺利进行。

经过论证、分析，把该可逆锤式破碎机改造成了新型破碎机，主要对破碎机的三个方面进行的改造，分别是对格板架和翻斗板进行改进、变频调速的应用以及对下料漏斗的改进。采用变频调速后，首先，电机的节能效果明显，节电率可达到20%～30%。其次，变频调速很容易实现电机的正转、反转，只需要改变变频器内部逆变管的开关顺序，即可实现输出换相，也不存在因换相不当而烧毁电机的问题。再次，电机实现了软启动、停止。变频调速系统启动大都是从低速开始，频率较低。加速、减速时间可以任意设定，故加速、减速时间比较平缓，启动电流较小，可以进行较高频率的启停。最后，实现了破碎机的电动制动，变频调速系统制动时，通过直流制动功能，需要制动时，变频器给电机加上一个直流电压，进行制动，无须另加制动控制电路。

改造后变频电机端平均工作电流由 180A 降至 140A，按日开车时间 20h，年开车总天数 350 天计算，旧、新破碎机年耗电量分别 38.3 万 kW·h 和 29.79 万 kW·h，年节约成本 4.26 万元。

变频调速技术已经广泛应用到电气驱动环节中，如空气压缩机、起重机、注塑机、电梯、拉丝机等各类设备中，在供电要求和供电可行性满足要求的前提下，选用变频电机驱动方案具有电机调速范围宽、效率高、节能效果明显等特点。如风机、泵类负载在采用变频调速后可以节省大量的电能，所需的投资在较短的时间内就可以收回，目前在这一领域的应用最广泛。以节能为目的的变频器的应用，在最近几十年来发展非常迅速，据有关方面统计，我国已经进行变频改造的风机、泵类负载的容量占比尚不高，还有很大的改造空间。

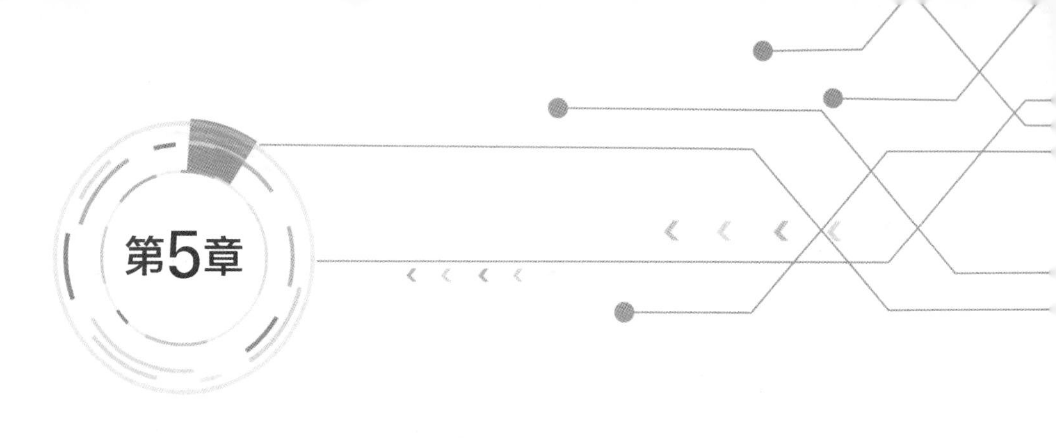

电机启动技术与装置

5.1 电机启动技术原理

随着国民经济的快速发展，我国的用电量不断增长，2015 年底累计发电装机已超过 14 亿 kW，同时，对用电质量和电机节能也提出了越来越高的要求。电机消耗的电能占到了全国消耗总电能的 60%～70%。由于异步电机具有运行可靠、价格便宜、维护方便等特点，得到了广泛应用，成为电力系统的主要负荷之一。但在工业生产中，由于所使用的电机功率很大，若采用直接启动方式，启动电流通常会达到额定电流值的 4～7 倍。特别是针对 6kV 及以上的高压大容量电机，如此大的启动电流会造成电机本身启动困难，同时引起电网电压急剧下降，影响其他设备的运行。电机软启动技术的研究与广泛应用有助于解决电机的启动问题。

软启动一般分为降压软启动和变频软启动两大类。由于变频装置价格昂贵，主要用于电机调速领域，因此目前市场上的软启动器大多采用降压软启动方式。电机软启动技术的研发及应用，一直为学术界和工业界所关注，并与电力电子技术和控制理论的发展密切相关，涉及大功率半导体器件的选用、控制方式选择和控制算法的改进等。市场上流行的软启动器有很多种，软启动原理和控制策略也不尽相同，了解各种电机软启动器的优缺点，并从中选择最佳设备对电机和配电网的稳定运行都有极大意义。

5.1.1 三相笼型异步电机的启动

1. 电机启动的机械特性与电流特性

当异步电机加上三相对称电压，若电磁转矩大于负载转矩，电机就开始转动起来，并加速到某一转速下稳定运行。若在额定电压下直接启动异步电机，启动瞬间气隙主磁通 Φ_1 减小到额定值的 1/2，转子功率因

数 $\cos\varphi_2$很低，根据 $T=C_{Tj}\Phi_1 I_2\cos\varphi_2$，势必增大启动电流 I_s（也称作堵转电流），但此时启动转矩 T_s并不大（如图5-1所示）。例如，普通笼型三相异步电机，$I_s=(4\sim7)I_N$，$T_s=(0.9\sim1.3)T_N$；Y系列中小型三相异步电机，$I_s=(5\sim7)I_N$，$T_s=(1.4\sim2.2)T_N$。

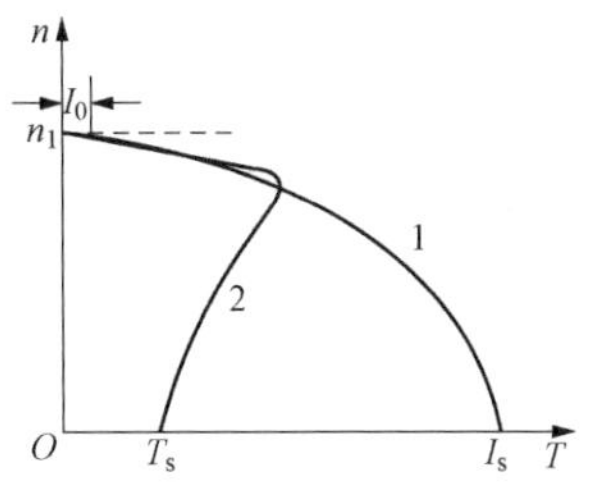

图5-1　笼型异步电机直接启动时的机械特性与电流特性

2. 启动过程技术参数

（1）启动电流 I_s。对于普通笼型异步电机，启动电流很大，即 $k_I=I_s/I_N$，k_I通常为4～7，甚至达到8～12。一般而言，由于启动时间很短，异步电机本身是可以承受短时间过大电流的，但会造成不良影响，即冲击电网引起电网电压降低，电机容量越大，影响越大，电网电压降低可能达到15%以上，不仅造成被启动电机本身的启动转矩减小，甚至无法启动，同时，还影响其他用电设备的正常运行，例如，造成电灯不亮、接触器释放、数控设备工作出现异常、带重载运行的电机停转等，以及变电站欠电压保护动作，发生停电事故；频繁启动的电机出现过热，影响其使用寿命；启动瞬间负载冲击，电机绕组（特别是端部）受到大的电动力作用发生变形。

因此，需要减小启动过程的启动电流。降低 I_s的方法包括降低电源电压、定子串接电抗或电阻、转子串电阻、软启动等。

（2）启动转矩 T_s。普通笼型异步电机启动转矩的倍数 $K_s=T_s/T_N$，K_s通常为1～2。根据异步电机启动时电磁转矩计算公式 $T=C_{Tj}\Phi_1 I_2\cos\varphi_2$，可见启动时转差率 $s=1$，转子功率因数角 $\varphi_2=\arctan\frac{sx_2'}{r_2'}$最大，$\cos\varphi_2$最低，为0.3左右，转子电流有功分量 $I_2\cos\varphi_2$不大；由于启动电流很大，定子绕组漏阻抗压降增大，造成定子电势减小，因此，主磁通量 Φ_1也减少，启动时的 Φ_1是额定值时的一半。

由于异步电机本身的启动转矩不大，因此，必须选择合适的启动方式来改善其启动性能。

3. 启动要求

电机启动转矩、启动电流是衡量电机启动性能的主要技术指标。生产机械对三相异步电机启动性能的具体要求为：

（1）启动转矩足够大，$T_s=(1.4\sim2.2)T_N$，$T_s\geq1.1T_L$，以保证生产机械的正常启动。

(2) 启动电流尽可能小，$I_s=(5\sim7)I_N$；启动设备操作简便、经济；启动过程消耗的能量小、功率损耗小。

4. *启动方式*

如表 5-1 所列，三相笼型异步电机的启动方式分为传统启动方式和软启动方式两类。

表 5-1　　　　三相笼型异步电机启动方式比较

技术参数	传统启动方式（有级调节启动方式）				软启动方式
	直接启动	自耦变压器启动	定子串电抗器启动	星/三角降压启动	
启动电流/直接启动电流	1	0.3～0.6	0.58～0.70	0.33	设定，最大 0.9
启动转矩/直接启动转矩	1	0.3～0.64	0.33～0.49	0.33	设定，最大 0.8
转矩级数	1	4、3、2	3、2	2	连续无级
接到电机的线数	3	3	3	6	3
线电流过载倍数	$5I_N$	$(1.5\sim3.2)I_N$	$(3\sim3.5)I_N$	$1.65I_N$	$(1\sim5)I_N$

(1) 传统启动方式，包括直接启动、自耦变压器启动、串联电抗器启动、延边三角形启动和星/三角降压启动等，也称作有级调节启动方式。这些方法控制线路简单、启动电流减小，但是，启动转矩也同时减小，且在切换瞬间产生二次冲击电流，产生动态转矩引起机械振动，对电机转子、轴连接器、中间齿轮以及负载等都是非常有害的。

直接启动，在额定电压下启动，涉及电机与变压器的容量比、电机与变压器间的线路长度、其他负载对电压稳定性的要求、启动是否频繁以及拖动系统的转动惯量大小等。

自耦变压器启动，降低电机定子电压到直接启动的 K_J 倍，此时，冲击电流为直接启动的 K_J^2 倍、堵转转矩为直接启动的 K_J^2 倍，非常灵活；自耦变压器降压启动能够有效减少启动电流，但存在滑动触点电弧烧损、碳刷磨损、局部匝间短路、切换时大电流冲击等问题，在实际应用中受到限制。此外，自耦变压器还有体积大、成本高、消耗金属材料多的缺点，启动设备价格昂贵，不适合频繁启动。

定子回路串电抗器启动，降低了启动电流且不消耗电能，但是，启动转矩同时也下降很多、启动设备价格昂贵，在串定值电抗启动时，系统适应性较差，因此这种启动方式已经很少使用。

星/三角降压启动，适用于正常运行时定子绕组采用三角形接法的三相笼型异步电机，启动设备简单、价格低，但不能调节电压，仅适用于运行时定子绕组为三角形接法的异步电机，同时，启动转矩小，适用于空载或轻载启动。高压电机通常额定运行于星形连接，因此星/角变换的方法基本不用于高压电机的启动。

（2）软启动方式最早于 20 世纪 50 年代提出，软启动设备于 70 年代末到 80 年代初投入市场应用，通过调压装置在规定启动时间内连续、平滑地提高启动电压到额定值。固态软启动器主电路采用反并联 SCR 模块，通过控制导通角大小调节电机启动电流，如大小、启动方式，减小启动功率损耗。该启动方式的不足为启动过程会产生谐波，影响电网电能质量。

5.1.2　其他电机的启动

1. 高启动转矩异步电机

三相异步电机采用降压启动方式，虽然减小了启动电流，但同时也减小了启动转矩，影响启动性能。为了改善异步电机的启动性能，还可以通过在异步电机转子绕组和转子槽形结构上进行改进设计，获得高启动转矩，例如，高转差率异步电机、深槽式异步电机和双笼型异步电机等。

（1）高转差率异步电机。增加电机转差率的方式很多。例如，笼型异步电机的转子绕组选用电阻率较高的导体，转子绕组电阻变大，直接启动时启动转矩加大、启动电流减小，但同时也引起电机机械特性变软，且额定负载下转差率较大，造成电机转子铜损耗增大、发热增加，电机效率降低。

如图 5-2 所示为各种异步电机的机械特性。其中，高转差率异步电机适合拖动飞轮矩较大、不均匀冲击负载及反转次数较多的机械设备，如锤击机、剪切机、冲压机以及小型运输机械等；起重、冶金用三相异步电机适用于频繁启动和制动的起重、冶金设备；力矩异步电机的最大转矩约在 $s=1$ 处，转速随负载大小变化，能够在堵转至接近同步转速的范围内稳定运行，适合用于恒张力、恒线速传动设备，如卷起机，该电机的缺点是运行效率较低。

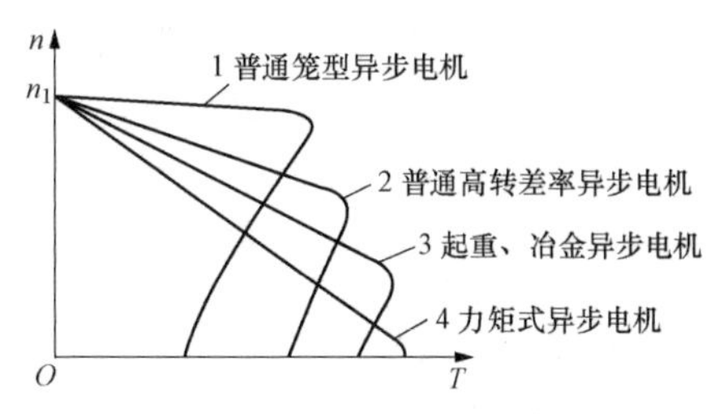

图 5-2　各种异步电机的机械特性

（2）深槽式异步电机。如图

5-3所示深槽式异步电机的转子槽形窄、深，当转子导条中有电流流过时，槽中漏磁通分布如图5-3（a）所示，可见，槽底部分导体的磁通比槽口部分导体的要多。

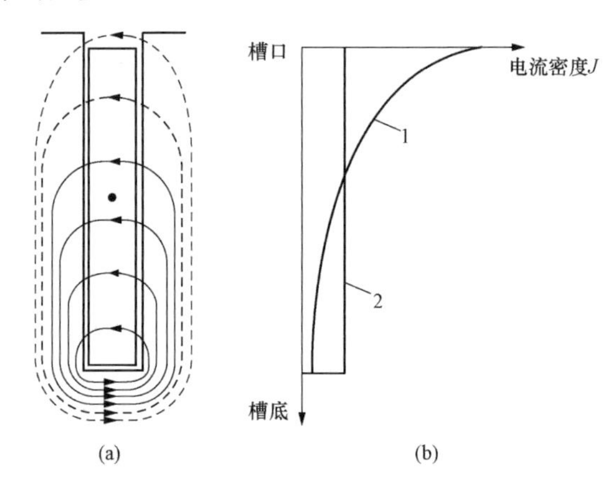

图5-3　深槽式异步电机

（a）槽漏磁通；（b）电流密度

1—启动时导条电流密度；2—正常运行时导条电流密度

电机启动时，$s=1$，转子电流频率 $f_2=sf_1=f_1$，转子电流频率与电源频率一致，转子漏电抗较大，漏磁通也以此频率交变变化，此时槽底部分的漏电抗变大、槽口部分的漏电抗变小，转子漏阻抗比转子电阻大，在感应电动势作用下，转子电流大小取决于转子漏电抗。由于槽底与槽口漏电抗相差甚远，槽导体中电流分布极不均匀，电流集中在槽口部分，出现电流的集肤效应（或趋表效应）现象[见图5-3（b）中曲线1]。

电机正常运行时 s 很小，转子电流频率 $f_2=sf_1$ 也很低，转子漏电抗很小，在感应电动势作用下，转子电流大小取决于转子电阻，槽导体中电流分布均匀，集肤效应不明显[见图5-3（b）中曲线2]。

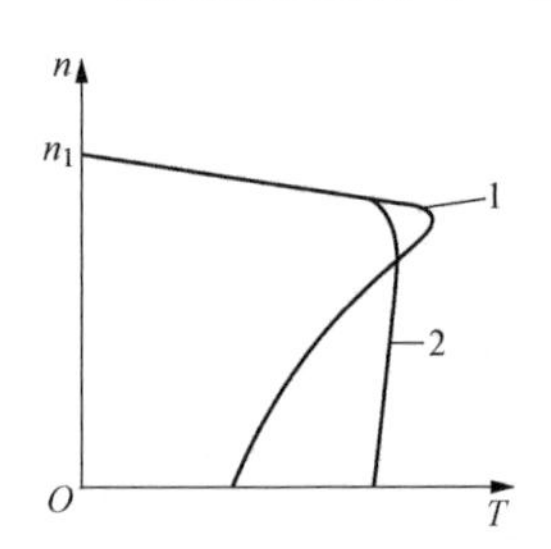

图5-4　深槽式笼型异步电机机械特性

1—普通笼型异步电机；2—深槽式异步电机

如图5-4所示，深槽式异步电机刚启动时，集肤效应使得导条内电流相对集中在槽口，相当于减少了导条的有效截面积，转子阻抗增大；随着转速 n 的提高，集肤效应逐渐减弱，转子阻抗逐渐减小，自动变回到正常运行值。可见，深槽式笼型异步电机的特点为启动时转子阻抗加大、运行时恢复正常值，增加了电机启动转矩，正常运行时转差率不大，电机效率并未降低；同时，其转子槽漏抗较大、功率因数稍低、最大转矩倍数稍小。

（3）双笼型异步电机。如图 5 - 5 所示双笼型异步电机的转子上装有两套并联的笼型。其中，外笼导条截面积小，采用电阻率较高的黄铜制成，电阻较大；内笼导条截面积大，采用电阻率较低的紫铜制成，电阻较小。电机运行时，导条内有交流电流通过，内笼漏磁链多、漏电抗较大；外笼漏磁链少、漏电抗较小。

1）电机启动时，转子电流频率较高，电流的分配主要取决于电抗。由于内笼电抗大、电流小，外笼电抗小、电流大，此时外笼对于电机的启动起重要作用，故称作启动笼，其机械特性如图 5 - 5（b）中曲线 1 所示。

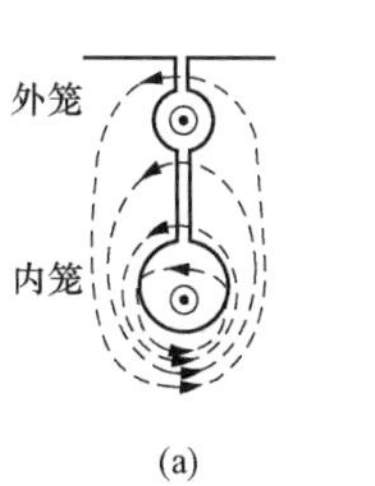

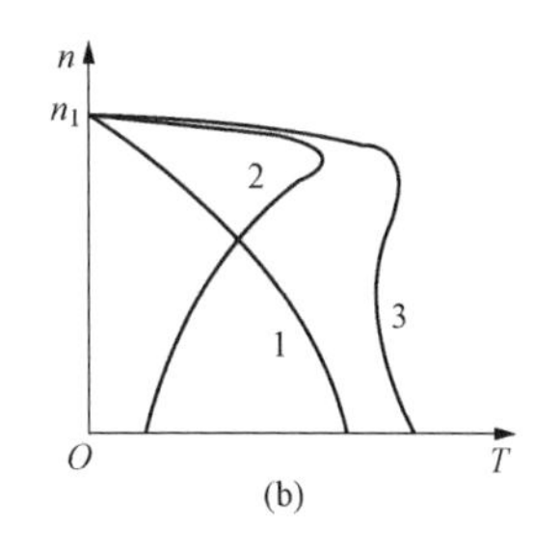

图 5 - 5　双笼型异步电机

（a）转子槽与槽漏磁通；（b）机械特性

1—外笼（启动笼）；2—内笼（运行笼）；3—双笼

2）正常运行时，转子电流频率很低，电流分配取决于电阻，因内笼电阻小、电流大，外笼电阻大、电流小，此时，内笼起主要作用，称作运行笼，其机械特性曲线如图 5 - 5（b）中曲线 2 所示。

图 5 - 5（b）中曲线 3 所示为双笼型异步电机的机械特性，启动转矩增大，但是，相比普通异步电机转子漏电抗大、功率因数稍低、效率几乎一样，适用于高转速大容量电机，如压缩机、粉碎机、小型起重机、柱塞式水泵等。不足是电机的功率因数降低了。

表 5 - 2 列举了相同容量的高启动转矩笼型电机与普通笼型电机的主要技术参数。

表 5 - 2　高启动转矩笼型异步电机与普通笼型异步电机主要技术参数

笼型异步电机类型	主要技术参数				
	P_N(kW)	P	U(V)	$\cos\varphi$	η(%)
普通笼型异步电机	10	4	380	0.87	88
双笼型异步电机	10	4	380	0.86	87
高转差率异步电机	10	4	380		79
起重、冶金专用异步电机	10	4	380	0.78	83

2. 绕线式异步电机的启动

绕线式三相异步电机的转子回路可以通过串接三相对称电阻来增大电机的启动转矩 T_s。调节串接电阻 r_s的大小，使得 $T_s=T_m$，启动转矩达到最大值 T_m；同时，启动电流明显减小。在启动结束后，再切除串接电阻，电机的效率不受影响。绕线式三相异步电机适用于重载和频繁启动的生产机械上。绕线式三相异步电机主要有两种串接电阻启动方式。

（1）转子串接电阻启动。分级启动，逐级切换电阻。图 5-6 所示为绕线式三相异步电机转子串接电阻分级启动接线图与机械特性，启动过程如下：

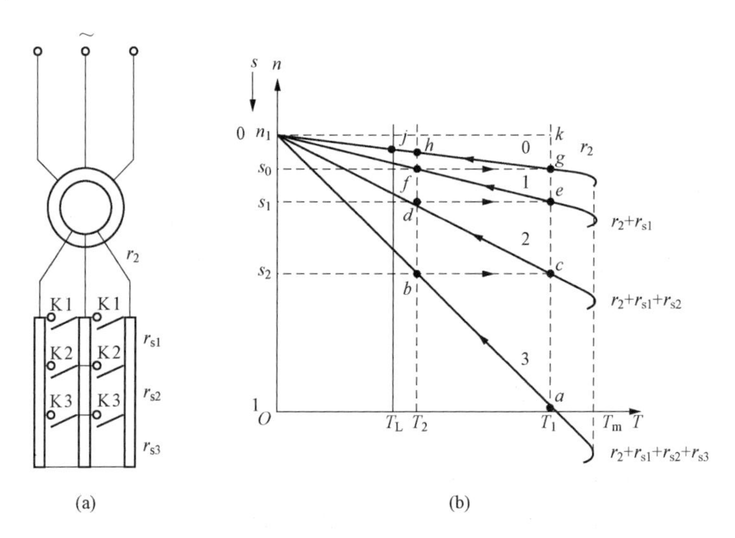

图 5-6　绕线式异步电机转子串电阻分级启动

（a）接线图；（b）机械特性

1）启动时，接触器触点 K1、K2、K3 断开，电机定子接额定电压，转子每相串接启动电阻（$r_{s1}+r_{s2}+r_{s3}$），电机开始启动，启动点为曲线 3 的 a 点，启动转矩 $T_1<T_m$。

2）转速上升到 b 点，此时 $T=T_2$，$T>T_L$，为了加快启动过程，接触器触点 K3 闭合，切除电阻 r_{s3}，忽略电机电磁惯性、考虑拖动系统机械惯性，则电机运行点由 b 变到机械特性曲线 2 上的 c 点，此时，$T=T_1$。

3）转速继续上升到 d 点，此时 $T=T_2$，接触器触点 K2 闭合，切除电阻 r_{s2}，忽略电机电磁惯性、考虑拖动系统机械惯性，则电机运行点由 d 变到机械特性曲线 1 上的 e 点，此时，$T=T_1$。

4）转速继续上升到f点，此时 $T=T_2$，接触器触点K1闭合，切除电阻 r_{s1}，忽略电机电磁惯性、考虑拖动系统机械惯性，则电机运行点由f变到机械特性曲线0上的g点，此时，$T=T_1$。

5）转速继续上升，经过h点最后稳定运行在j点，此时，$T=T_L$。

至此，转子回路串接电阻分三级切除，称作三级启动。其中，T_1 为最大启动转矩、T_2 为最小启动转矩或切换转矩。

（2）转子串接频敏变阻器启动。频敏变阻器是一个三相铁心线圈，该铁心由实心铁板或钢板叠成，板的厚度在30～50mm之间，每一相的等效电路与变压器空载运行时的等效电路一致。启动时，绕线式三相异步电机转子串接频敏变阻器，启动结束后，再切除该频敏变阻器，电机正常运行。频敏变阻器的阻值随电机转子转速升高而自动减小的特性，可用于限制启动电流、增大启动转矩，保证电机平稳启动。

忽略转子绕组漏阻抗，频敏变阻器的励磁阻抗 Z_P 由励磁电阻 r_P 与励磁电抗 X_P 串联组成，即 $Z_P=r_P+jX_P$。频敏变阻器与一般的励磁变压器不一样，具有以下特点：在高频时，如50Hz，励磁电阻 r_P 比励磁电抗 X_P 大（$r_P>X_P$），同时，频敏变阻器的励磁阻抗比普通变压器的励磁阻抗小得多，因此，该频敏变阻器串接在转子回路，既能够限制启动电流，又不至于因启动电流过小而造成启动转矩降低很多。

1）电机转子串接频敏变阻器，启动时 $s=1$，转子回路电流的频率 $f_2=sf_1=f_1$。因 $r_P>X_P$，表明转子回路主要串入了电阻，且 $r_P\gg r_2$，使得转子回路功率因数大大提高，限制了启动电流、转矩增大，但因存在 X_P，电机最大转矩稍有下降。

2）启动过程：转速升高，转子回路电流频率 sf_1 逐渐减小，r_P、Z_P 减小，电磁转矩保持较大值。启动结束后，sf_2、Z_p 很小，频敏变阻器不起作用。

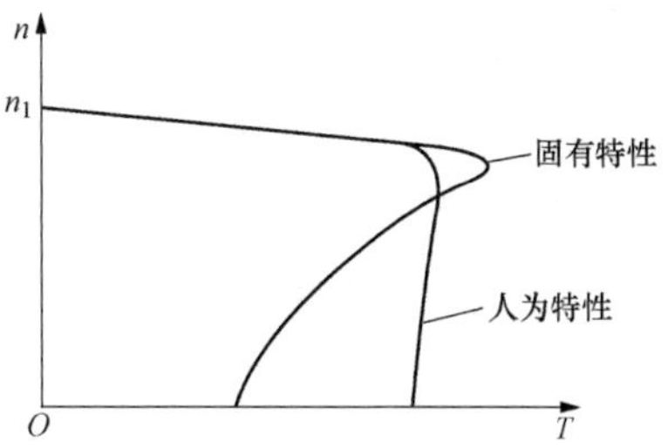

图5-7　转子串接频敏变阻器启动的机械特性

如图5-7所示，根据频敏变阻器在50Hz时 r_P 较大、1～3Hz时 $Z_P\approx0$，有关参数随频率变化，可以获得启动转矩接近最大转矩的人为机械特性。

3. 同步电机的启动

（1）辅助电机启动法。采用同极数异步电机作为辅助电机，容量为主机的5%～15%，或采用直流励磁机作为辅机。启动过程为启动辅机、拖动主机接近同步转速，采用自整步法将同步机投入电网，切除辅机。

（2）异步启动法。在转子磁极上装有与笼型绕组相似的启动绕组。当同步电机定子绕组接到电源上时，启动绕组就会产生启动转矩，使电机能自启动，该过程与异步电机的启动过程完全一样。当启动过程的转速在达到同步转速的95%时，励磁绕组通直流电流，转子则自动牵入同步，以同步转速运行。

启动同步电机时，励磁绕组不能开路，也不能短路，往往需要在其励磁绕组串入5～10倍励磁绕组电阻的附加电阻；启动到接近同步转速时，再把所串的电阻去除，通以直流电，电机自动牵入同步，完成启动的全过程。

（3）变频启动法。采用变频电源，刚启动时，转子先加励磁电流，定子通低频三相电流，转速低；逐渐增大定子电源频率，转速增加，达到额定转速，启动结束。

5.2 电机软启动方式及特点

5.2.1 电机软启动方式

1. 分类

采用软启动使得电机由静止状态过渡到稳定运行状态，常用的软启动方式包括标准软启动（如恒电流启动、斜坡电压启动）、带突跳启动的软启动、双斜坡启动、一拖多启动，以及这些方式的交替或组合等，开环软启动也是一种软启动方式。其中，全压启动时控制器如同固态接触器一样工作，电机受到全额冲击电流、达到堵转转矩；限流启动适合应用于要求限制电机在加速期间电流冲击的场所；突跳启动，针对快速启动时，提供一个附加的脉冲转矩，以克服摩擦负载所产生的静摩擦阻力。

根据启动是否平滑，软启动可分为有级调节方式和无级调节方式。早期的软启动器结构简单，一般采用有级调节方式，由于分级切除串联器件时会产生二次冲击电流，电机不能频繁启动，并且系统不能形成闭环控制，存在启动不平稳、控制效果差等问题，有级调节方式逐渐被液体电阻软启动、SCR软启动等无级调节方式取代，只应用于某些特定场合。

2. 液体电阻软启动

（1）工作原理。液体电阻软启动与传统定子串电阻启动相似，它在电机的定子回路串入液体电阻，电机启动过程中通过改变极板的距离，相应地改变极板间液体电阻，调节电机的电压，从而实现电机的无级降压启动。

液体电阻是一种由电解液形成的电阻，导电的本质是离子导电，阻值正比于相对的两块电极板之间的距离、反比于电解液的电导率。极板距离、电导率都是便于控制的，同时，液阻的热容量大。液阻的阻值可以无级控制、热容量大，恰恰是软启动所需要的，再加上具有成本低的优势，使得液体电阻软启动器得到广泛应用。

液体电阻软启动器可以串在绕线电机转子回路实现重载软启动，具有售价低廉（约为固态软启动装置的 1/8～1/6），在软启动过程中不产生高次谐波等特点。如上海某公司生产的 GZYQ－20000 高压交流电机液态软启动装置，能够对启动过程进行计算机模拟仿真，对启动时间、电流、网压降进行闭环控制，初始液阻值可根据不同工况进行调整及自动校正。

（2）特点。由于控制方便、液阻容量大、价格低廉、不产生高次谐波和能够实现无级调节等优点，液体电阻软启动器得到了广泛的应用。但是，实际应用也存在以下不足：

1）液体电阻箱容积大，其根源在于阻性限流，减小容积引起温升加大。对于大容量电机，每次启动后电解液通常会有 10～30℃的温升，使软启动的重复性差。

2）控制功能低下，启动时间、停止时间、初始电压、限压范围等主要控制参数均不能方便地调节。如，移动极板需要有一套伺服机构，移动速度较慢，难以实现启动方式的多样化；此外，保护功能不全，无自检、过载保护、电流不平衡、断相等保护功能。

3）维护困难，须经常维护，添加液体以保持液位。在高压回路里加水作业有很大危险性。电极板长期浸泡于电解液中，表面会有一定的锈蚀，需要做表面处理。

4）安全性差。这是该装置最大的隐患，一旦维护不及时，致使液阻液位过低，启动时有可能引起装置爆炸，爆炸后引起高压接地，给人员、设备带来灾难性的后果。在启动时有噪声及电动力致使振动，特别是在极板运行中易造成导电水飞溅，安全性差。在高压启动回路中，用传动电机及传动机构控制极板运行，一旦控制失灵，后果比较严重。

5）无法利用功率电子器件的开关控制特性，只能把电机启动时的全部电压降在液体电阻的溶液中，如果启动 1MW 电机，则启动过程中液体电阻消耗的平均功率可达几百千瓦，如此大的功率最终转化为热量，能够使溶液汽化，同时也需要占用很大的空间。如果要再次启动，就需等溶液温度降低，需要等待很长时间，装置无法频繁启动。

6）水电阻还有寿命短、环境适应性差的缺点，由于存在需要机械调节的移动极板，降低了装置的可靠性，需经常维护，低温溶液易结冰从而影响使用等。

7）对环境温度要求高，液阻软启动装置不适合于置放在易结冰的现场。

8）该装置串联在电机的定子绕组上，要承受高电压，高电压增加了电液箱内液面、温度等参数测量和显示的难度。同时，还要求液体电阻有较高的阻值，而过分稀释电解液会导致电阻率温度稳定性的下降，只能通过加长导电通道路径，减小导电截面积的方法来实现高阻值，这使得软启动装置的体积增大。

9）在启动过程中，当大电流通过电阻液时，会使电阻液温度上升，启动时能量消耗大。液体电阻软启动装置与固态软启动器均采用降压不降频方式，因转矩与电压的平方成正比，因此，这两种启动器的启动转矩较小。

3. 热变液阻软启动

(1) 工作原理。热变液态电阻（液阻）实质上是一种包含特殊液体材料的电解质水溶液，随着电阻体温度的逐步升高，电阻值逐步降低，呈现出明显的负温度电阻系数特性。热变电阻器由三相平衡的具有负温度特性的电阻组成。电机启动时，将该电阻器串入电机的三相定子回路中，电机定子电流流过热变电阻器致使电阻体发热，温度逐步升高，电阻逐步降低，电机端电压逐步升高，启动转矩逐步增加，从而实现电机在较小的启动电流下平稳平滑启动。

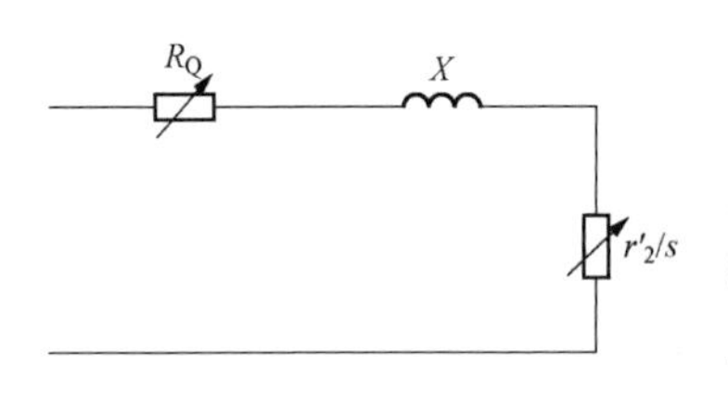

图 5-8　电机等效电路图

如图 5-8 所示，电机在启动过程中，其等效电抗值 X 不变，电机等效电阻 r_2'/s 随转差率 s 的减少而增大。在电机启动瞬间，$s=1$，而 X 和 r_2' 都非常小，因此直接启动时电流很大（5～7 倍电机额定电流）。当在电机定子回路串一热变电阻 R_Q 时，电机等效电阻 r_2'/s 是随着转差率 s 的减少而增大，而热变电阻 R_Q 则随着通电发热阻值逐步降低，回路总电阻在电机工作区间 $(0.1<s\leqslant 1)$ 近似不变，保证电机以恒电流启动，且启动电流小（电机额定电流的 2.5～3.5 倍），对电网影响很小，启动时电网压降在 10%以内，启动平稳，对机械设备无冲击，相对地延长机械设备的使用寿命。

（2）特点。热变液阻软启动器将热变液态电阻串入电机的三相定子回路中，当电机刚启动时，产生较大的定子电流，定子内部温度逐渐升高，热变液态电阻本身的负温度电阻系数特性导致其阻值逐渐降低，电机端电压和启动转矩逐渐增加，从而实现电机在较小的启动电流下平稳启动。因此，这种软启动器结构简单，不需要传动装置，维护方便，提高了设备的可靠性。

1）热变液阻软启动器通过液阻本身在软启动过程中的温升，借助电解液电导率与温度的正相关性，实现无极板伺服机构的软启动，但对使用环境温度要求高，软启动重复性差。

2）电极无须移动，因而减免了移动电极的伺服机构，减免了伺服机构可能带来的不安全。但是，需要采取防范蒸汽散发的措施。

3）无法进行实时控制，更谈不上闭环控制。

4）无法根据一次软启动的效果来对装置进行再调整，仅仅能够调整极间距离、电解质浓度、液面高度，但调整裕度相当有限。

5）具有一切液态软启动装置的共性，如发热量大、体积大，不能做到免维护。

6）对环境尤其是温度变化的耐受能力较差，难于保证不同环境温度下软启动性能的一致性。

7）软启动功能单一，适用范围受到一定的限制，如不能实现软停止、不能实现带电流突跳软启动。

8）恒加速度，启动平滑平稳。热变电阻具有较大的热容性特性，且加速转矩接近不变，从而使电机启动过程无机械冲击且为近似恒加速启动。在电机启动瞬间，因存在较大热变电阻，使电机启动转矩比“自然特性”时的转矩小，适用于水泥厂大型风机、空压机、水泵等静态阻力比较小的机械负载。

9）结构简单，维护方便，造价低廉。与液体变阻器相比，结构较为简单，没有传动机构，提高了可靠性，维护方便。与高压变频器、高压固态软启动器相比，价格低廉，只有同性能进口设备的1/10～1/8。

10）对电网和负载适应性好，不受电网电压波动和负载变动的影响。当因电网电压低和负载较重等原因造成电机输出力矩相对不足时，电阻会进一步降低，从而逐步提高电机端电压，使电机输出功率增加，确保一次启动成功。

11）与电抗器、自耦变压器等降压启动方式相比，启动时的功率因数高。

12）与高压变频器、高压固态软启动器相比，无电磁污染。

4. 开关变压器式软启动

（1）工作原理。用开关变压器来隔离高压和低压，把开关变压器的高压侧绕组串联在高压电机定子回路中，开关变压器的低压侧绕组与SCR和控制系统相连，通过改变其低压侧绕组上的电压来调节其高压侧绕组上的电压，从而达到无级改变高压电机定子端电压的目的，以实现高压笼型电机的软启动。通过变压器的降压原理，避免了SCR的直接串联。通过变压器把SCR上的电压降低了n倍，但根据变压器原理，SCR上承载的电流就要增加n倍，在容量稍大的电机上，就需要并联SCR，此种方式并没有减小SCR容量（承载电压、电流），且多了一只开关变压器。

基于限流变压器的高压电机软启动器电路结构框图如图5-9所示，大容量高压异步电机主电路串联一个特制的三相限流变压器，限流变压器的每相次绕组（低压绕组）与一对反并联的大功率SCR相连接。低压绕组的SCR导通前限流变压器工作在空载状态，其励磁阻抗很大，电源电压基本上都降落在变压器的高压绕组上。启动时通过控制SCR触发角来控制高压绕组的电压达到连续改变电机端电压的目的，从而实现异步电机的软启动。由于限流变压器的低压侧电压较低，不必采用SCR串联技术，解决了SCR的耐压限制。

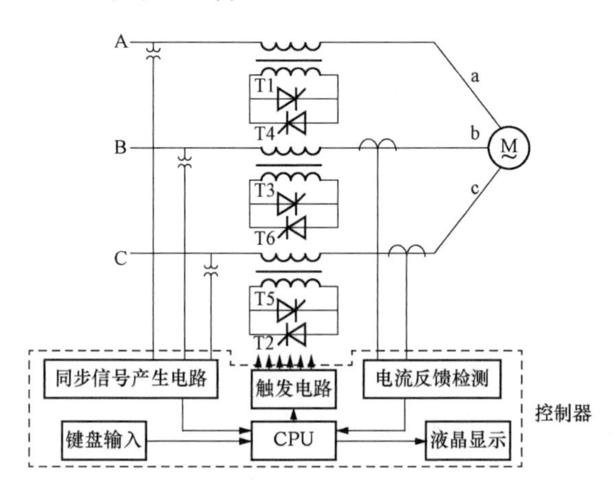

图5-9　基于限流变压器的高压电机软启动器电路结构框图

（2）开关变压器式软启动器控制系统。如图5-10所示，隔离开关GK1、真空开关ZK1和电机为原系统，隔离开关GK2、GK3、真空开关

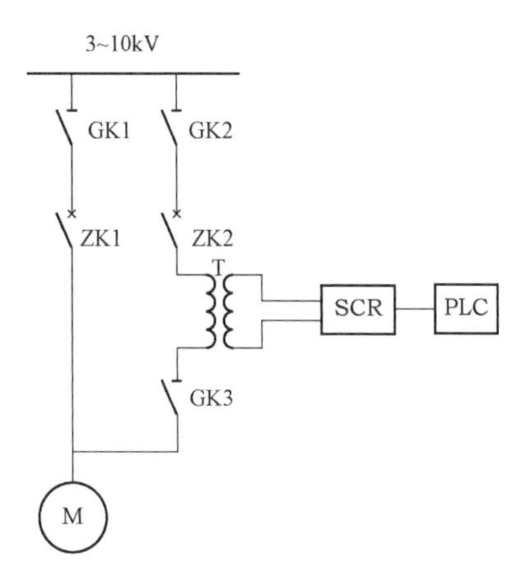

图 5-10　开关变压器式高压电机软启动系统结构示意图

ZK2、开关变压器 T、SCR 以及 PLC 构成软启动系统。当电机启动时，首先检查隔离开关 GK1、GK2、GK3 是否合上，在确认全部闭合情况下，按下“启动”按钮，真空开关 ZK2 闭合，软启动回路接入，开关变压器 T 与电机串联接在电源上，PLC 控制 SCR 的导通角，使开关变压器 T 两端的电压由大到小变化，电机转速逐渐上升。当达到额定转速时，真空开关 ZK1 闭合，电机接入原系统，真空开关 ZK2 断开，软启动回路脱离，电机以额定转速运转，进入正常工作状态。此时，可手动拉开隔离开关 GK2、GK3，以使开关变压器 T 上无高电压。当要停止电机时，首先合上隔离开关 GK2、GK3，按下“停止”按钮，PLC 首先使真空开关 ZK2 闭合，然后断开真空开关 ZK1，软停止回路接入，PLC 使电机的端电压逐步下降，直至电压为零，断开真空开关 ZK2，软停止结束。

（3）特点。

1）这种启动方式启动时能量损耗小，只有很小的铜损耗和铁损耗，具有较高的响应速度和控制精度，可连续多次启动，同时，由于变压器总是工作在开关状态，所以损耗很小。

2）虽然开关变压器降低了 SCR 电压，避免了 SCR 串联的问题，但 SCR 上承载的电流增大了，其容量并没有减少。因此选择 SCR 时，其容量要与变压器相等，提高了软启动器的成本。

3）体积小，土建投资少，总造价低，安装改造方便。启动装置投入时，不需改变原电路，调试时间短。

4）与高压变频器、高压固态软启动装置相比，技术成熟，可靠性高，检修周期长。开关变压器低压侧的电压很低，不必采用电力电子器件串联，而低压控制技术已十分成熟，因而该设备是一种高可靠性设备。

5）“一拖多”性能优势明显，只要最大电机的容量不超过软启动装置的容量即可，不必像液体变阻器那样要考虑对不同电机的兼容性（如绕线型电机需考虑转子电压和转子电流的比值，笼型电机需考虑定子电压和定子电流）。

6）开关变压器式高压电机软启动装置价格稍贵，是液体变阻器软启动装置（含高压热变电阻软启动装置）的 2 倍左右。

5. *电抗器软启动*

（1）工作原理。通过将可控电抗器串入主回路，借助可控电抗器的降压作用使 SCR 的工作电压等级下降；利用可控电抗器的一、二次侧电流成比例的关系，通过控制二次侧电流使得主回路电流可控，达到平稳电机启动的目的，启动时间可控制在几秒与几十秒之间。在整个启动过程中，控制回路通过控制 SCR 的触发角来控制可调电抗器低压侧两端电流，使得可调电抗器高压侧两端流过的电流得到有效控制，借此来控制电机的启动电流，实现电机的软启动。

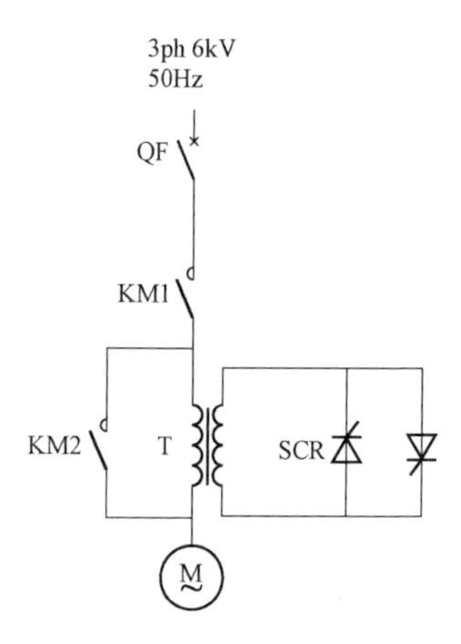

图 5 - 11　主回路示意图

图 5 - 11 所示为电抗器软启动主回路示意图，其中，高压进线侧包括保护断路器 QF、接触器 KM1、可控电抗器 T、电机 M，可控电抗器二次侧回路包括控制设定、控制器、触发变压器、可控电抗器 T；运行主回路包括断路器 QF、接触器 KM1、控制接触器 KM2、电机 M。

（2）特点。

1）在电机主回路中串接可控电抗器，SCR 则工作在可控电抗器的低压侧，既能够对启动电流实现无级、精确的控制，又实现了产品的可靠安全、性能稳定，避免了传统 SCR 高压软启动产品中每个高压桥臂上都有三到四个 SCR 串联，涉及的同步触发问题，以及 SCR 的耐压均匀性问题。

2）具有启动电流小、启动速度平稳可靠、机械无振动、对电网冲击小等优点，且启动曲线可根据现场实际工况调整。

3）一旦控制系统出现故障，可以转换成电抗器软启动方式运行，这是其他高端软启动产品所不具有的。

6. *磁控软启动*

（1）工作原理。磁控软启动是从电抗器软启动衍生出来的，用电抗器串在电机定子侧实现降压是两者的共同点，磁控软启动的主要特点是用电抗值可平滑控制的饱和电抗器取代电抗值固定的电抗器。

磁控软启动装置的工作原理如图 5 - 12 所示，采用以电机交流电流闭环为外环、饱和电抗器直流励磁电流闭环为内环的双环控制系统。在电机软启动过程中，通过反馈自动控制饱和电抗器直流绕组电流，改变铁心的饱和程度，调节交流绕组的电抗值，实现电机恒流软启动。与 SCR 软启动装置不同，在这里耐高压和流通大电流都由饱和电抗器完成。

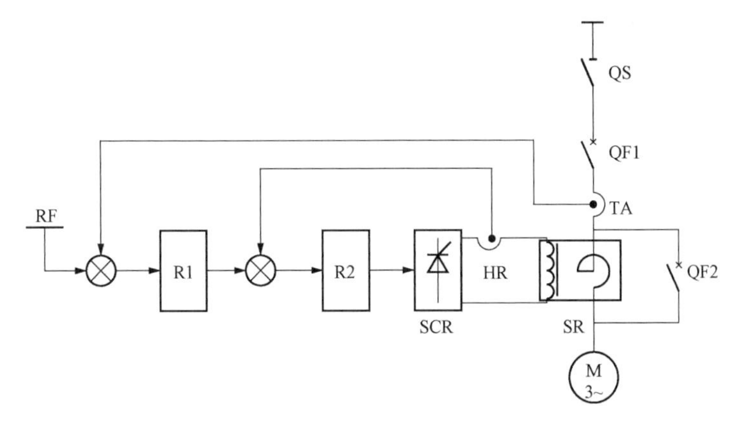

图 5 - 12　磁控软启动装置工作原理

RF—电机电流启动倍数；R_1—电机电流调节器；R_2—励磁电流调节器；SCR—三相全控桥；HR—霍尔元件；SR—饱和电抗器；TA—电流互感器；QF1、QF2—真空断路器

磁控软启动装置主要由饱和电抗器和励磁两部分组成，其中，饱和电抗器由铁心和绕组组成，绕组分为交流绕组和直流绕组；励磁部分的主回路是三相全控桥整流电路，调节器由控制器及脉冲放大板组成。

（2）特点。

1）启动平滑。该装置利用饱和电抗器实现了闭环控制，使电机恒流、启动平滑，减小了电网压降，大大减小了对风机机械传动系统的冲击，同时，消除了转矩浪涌，避免了启动后短接时二次冲击电流。

2）启动参数便于调整。通过简易的参数设定，可使电机启动电流倍数连续可调。

3）启动的连续性。根据装置的结构特点及原理，可实现连续启动 3 次，且热态、冷态的启动曲线一致。

4）通过磁放大原理，在饱和电抗器的控制线圈中加入较小的控制电流，使电抗器的饱和程度有所改变，从而改变串入电抗器的电机的启动电流。利用磁放大原理，达到以较小的功率控制较大功率的目的，特点为电感的体积和成本比变压器有所降低。

5）磁控软启动是从电抗器软启动衍生出来的，用三相电抗器串在电机定子实现降压。磁饱和软启动不同于电抗器软启动，主要区别在于其电抗值是可控的，即启动开始时电抗器的电抗值较大，在软启动过程中，通过反馈调节使电抗值逐渐减小，直至软启动完成后被旁路。

6）电抗值的变化是通过控制直流励磁电流，改变铁心的饱和度实现的，所以叫做磁控软启动。因为磁饱和电抗器的输出功率比控制功率大几十倍，亦称作“磁放大器”，但不具有零输入对应零输出的特点。

7）磁饱和电抗器有三对交流绕组（每相一对）和三相共有的一个直流励磁绕组。在交流绕组里流过的是电机定子电流，势必在直流励磁绕组上感应出电势，影响励磁回路的运行，因此，需要采用一对交流绕阻抵消这种影响。

8）电抗值的调节是静止、无接触、非机械式的，其工作原理与 SCR 软启动完全相同，能够实现软停止，具有 SCR 软启动所具有的几乎全部功能。

9）高压磁控软启动装置是将三相磁饱和电抗器串接在电机定子回路中，通过 SCR 控制磁饱和电抗器，改变铁心的磁饱和度，实现对高压、大容量电机的降压（限流）软启动。启动开始时电抗器的电抗值较大，在软启动过程中，通过反馈调节使电抗值逐渐减小，软启动完成后被旁路。高压磁饱和电抗器在原理和结构上与低压（380V）磁饱和电抗器一样，只是在某些方面采取了一些特殊处理。将三相磁饱和电抗器（三对交流绕组、每相一对）合为一个整体，共用一个直流励磁绕组，通过 SCR 控制直流励磁电流，改变其电抗值，利用可编程序控制器，实现对磁饱和电抗器的闭环控制，使启动电流更加平稳。该装置具有可靠性高、成本低、结构紧凑、占地面积小等优点。

10）存在不足，包括启控电压高，有较大的电流冲击，体积较大；饱和电抗器具有较大的磁惯性（0.1s 量级），磁控软启动器的响应速度比较慢，比 SCR 软启动慢一个数量级，噪声大；磁控软启动装置的辅助电源功率相对较大，因而噪声较大，同时，还会产生一定的高次谐波。磁控软启动器的调节范围有限，电机的启动电压不能控制得太低。

7. TCS 降补软启动

（1）工作原理。大容量电机在启动过程中会消耗大量无功功率（例如，在启动过程中功率因数可低至 0.1 以下），引起电网电压的波动。TCS 降补软启动器通过在电机端并联一个无功发生器提供电机启动所需的无功功率，减小电机的启动电流，其结构图如图 5-13 所示。当电机通过该装置接入电源时，电机端电压被控制在需要的范围内，电机启动时所需要的无功功率主要由降补固态软启动装置中的无功发生器提供，从而最大限度的降低了对系统容量的需求，降低了电机启动时对电网电压的影响，解决了电网压降和电机启动转矩的矛盾。

（2）特点。

1）启动回路电流一般可控制在 1.5～2.0 倍的额定电流，最小为额定电流。

2）启动时电网的压降一般在 5%～10%之间。

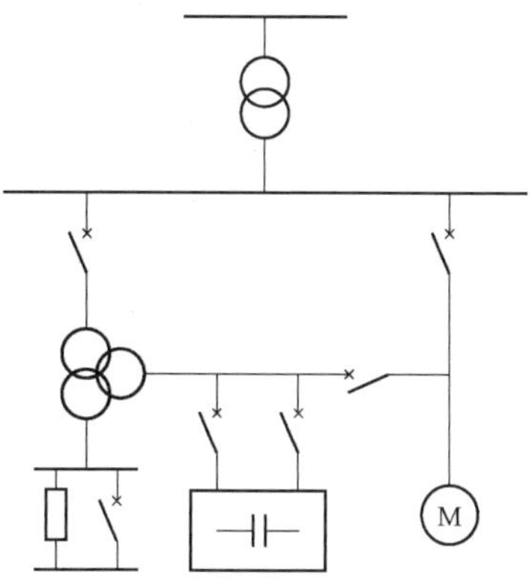

图 5-13　TCS 降补软启动结构原理图

3）对电网容量要求低，显著减小变压器安装容量，利于大幅度降低一次设备的投资。

4）启动转矩大，可满足不同负载的要求。

5）可连续启动，重复精度高。

6）无谐波，电网波动小，基本不影响电能质量，无附加有功损耗。

7）全密封，不受环境限制，安全可靠，寿命长，基本免维护。

8. 变频调压软启动

变频器主要用于电机调速，能对电压和频率进行连续调节。采用变频器控制的电机具有良好的动态、静态性能，能够完成软启动器的所有功能，并且具有功率因数高、启动电流小的优点。与各种降压软启动器相比，变频调压软启动具有明显的技术先进性，但价格过于昂贵，因此很少单独用于电机软启动中。

9. SCR 固态软启动

随着电力电子技术、计算机技术和现代控制理论的发展，SCR 固态软启动器的性能越来越优越，不仅有效解决了电机启动过程中电流冲击和转矩冲击的问题，还具有很强的适应性，可以根据负载变化调整启动参数，从而达到最佳的控制效果。SCR 固态软启动器常采用如图 5-14 所示三相交流调压电路，在电源和异步电机 M 之间接入三对反并联 SCR 调压电路，通过改变 SCR 的导通角来调节输出电压，通过平稳提升电机的启动电流来减少冲击。

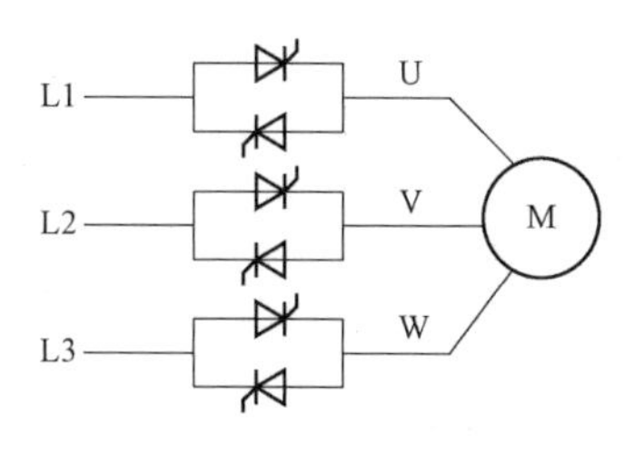

图 5-14　SCR 三相交流调压电路

由于受到SCR电压和容量限制，SCR软启动器主要应用在低压电机领域。在中高压领域，一般采用SCR串联的方式来解决耐压问题。但是，SCR串联启动方式对元器件参数的一致性要求比较高，而且设备的价格比较昂贵，一旦元器件损坏，用户很难修复。因此，SCR串联启动在高压电机软启动方面的应用比较少，只有国外SOLCON、GE、ABB、SIEMENS、MOTORTRONICS、BENSHAW等公司生产这种装置。近年来，我国在高压SCR串联技术上也取得了飞跃式发展，国内如索肯和平（上海）电气有限公司（HPMV系列）、上海雷诺尔电气有限公司（RNM系列）、上海山宇电子设备有限公司（SYMV系列）等相继研发出高压大功率SCR固态软启动产品，其中，上海雷诺尔电气有限公司研发的RNMZ中高压抽出式固态软启动装置最高额定电压可达11kV，最大容量达4.4MW；上海山宇电子设备有限公司的SYMV系列中高压固态软启动器产品额定电压分别为3.3kV、6kV、10kV，能满足1.11MW、2.23MW、5.3MW电机软启动要求。

5.2.2 电机软启动特点

1. 电机降压软启动

降压、限流软启动方式利于减小电机直接启动引起的电网电压降，不影响共网其他电气设备的正常运行；减小电机的冲击电流，避免电机局部温升过大、寿命降低；减小机械冲击力和传动机械（轴、啮合齿轮等）磨损；减少电磁干扰，不影响电气仪表正常运行。磁饱和软启动方式适用于启动笼型转子异步电机、同步电机；针对高压、大容量电机，性价比更高。但是，该方式不适合启动绕线转子异步电机。表5-3列举了多种电机降压软启动方式及其特点。

表5-3　电机降压软启动方式及特点

		启动方式			
		电抗器	液阻	磁控	SCR串联
特点	软启动基本性能	一级降压软启动，无法实现恒流软启动，对负载个性的适应性差，易损坏	靠电极板移动实现无级降压软启动，调节快速性差，属于开环控制，有一定的维护工作量	通过磁控实现软启动，调节快速性较好，闭环控制，有一定的维护工作量	用微电子通过SCR实现软启动，调节快速性好，是毫秒级的，闭环控制，启动方式的菜单化

续表

		启动方式			
		电抗器	液阻	磁控	SCR 串联
特点	控制方式		开环/闭环	闭环	闭环
	启动曲线		恒流启动	恒流、突跳启动	电压斜坡、恒流启动
	软停止	不能	困难	较容易	容易
	电机综合保护	无	基本功能	基本功能	强
	高次谐波	较小	小	较大	小
	价格比	0.4～0.6	1	1～2	2～5
	体积比	0.2～0.4	1	0.4～0.8	～0.1
	噪声	中	小	较大	小
	电流二次冲击	较大	小	小	无
	与电机转子绕组串接	不可以	可以	不可以	不可以
	维护工作量	小	较大	小	小
	启动完成后旁路	是	是	是	是
	环境温度要求	较低	较高	较低	低
	环境耐受力	较强	较弱	较强	强

2. 电机软启动与变频启动的区别

（1）软启动器与变频器是两种完全不同用途的产品。其中，变频器适合用于需要调速的地方，变频器可以输出变化的电压和频率，变频器具备所有软启动器功能，但其价格比软启动器贵得多，结构也复杂得多；软启动器实际上是个调压器，用于电机启动，软启动器仅仅输出变化的电压，但不能输出变化的频率。

（2）有的软启动器装有旁路接触器，大多数软启动器在 SCR 两侧有旁路接触器触头，其优点为在电机运行时可以避免软启动器产生的谐波；软启动器的 SCR 仅在启动、停车时工作，可以避免因长期运行引起 SCR 发热，有利于延长 SCR 的使用寿命；一旦软启动器发生故障，可由旁路接触器作为应急备用。

5.3 电机固态软启动技术

5.3.1 电机固态软启动器工作原理

电机固态软启动器集电机软启动、软停车、轻载节能和多种保护功能于一体，主要由串联于电源与被控电机之间的三相反并联 SCR 及其电子控制电路构成，通过参数设定，CPU 控制 SCR 的导通角，从而控制软启动器的输出电压和电流，在解决实际生产中遇到困难的同时，还能够保护电机及其负载，延长维护周期，提高生产效率，具有体积小、效率高、免维护等特点。

1970 年，英国人发明了采用 SCR 三相交流调压电路对电机进行软启动控制的技术，国外开始推广应用 SCR 交流调压技术制作的软启动器，后来还采用功率因数控制技术。1977 年，美国航天局（NASA）Frank Nole 工程师获得了一项节电器专利，称为“功率因数控制器”，经过不断改进，采用电流闭环的反馈控制技术使该节电器效果进一步提高，例如，空载时电机节电率大大提高，并正式命名为“节电器”（POWER SAVER）。后来，又采用了微机数字控制技术代替模拟控制电路，使软启动器功能进一步完善，并发展成为当前的智能化软启动器。以色列 SOLCON、美国摩托托尼 MOTORTRONICS、美国罗宾康 ROBICON、美国 AB、英国 CT 公司、法国 TE 公司、欧洲 ABB 公司等公司生产的中高压大功率软启动装置最具有代表性，处于国际领先水平，国外先进国家 3～10kV 的电机启动主要采用 SCR 调压软启动器，采用 SCR 串联技术，通过光纤传输控制信号，控制 SCR 组串，确保其同时导通、断开，从而控制电机的启动过程。

直到 20 世纪 90 年代初，SCR 软启动器开始在我国大量推广，保有量也在逐年增长。如天津电气传动设计研究所、武汉电力电子仪器厂、西安西普电力电子有限公司、湖南开利机电产品事业有限公司等都在开发生产电机软启动器，生产高压、大功率 SCR 固态软启动产品的厂家也有不少，如，索肯和平（上海）电气有限公司（HPMV 系列）、九洲电气（Power Easy 系列）、株洲时代集团公司（TGQ - 1 系列）、西安启能高端电器有限公司（KGQF 系列）、上海聚友电气科技发展有限公司（GRQ 系列）、上海华欣民福自控设备有限公司（QJG - 400/6R 系列）、上海雷诺尔电气有限公司（RNM 系列）、上海山宇电子设备有限公司（SYMV 系列）、唐山开诚电器有限责任公司（GRQ - 6000 系列）、上海一开集团智能电气有限公司（LXMGR 系列）、长沙奥托自动化技术有限公司（QB - H系列）、哈尔滨帕特尔科技有限公司等也推出了相应的软启动器产品，加快了国产高压大功率 SCR 固态软启动产品在我国各个行业的推广速度。国内低压 380V 电机启动 90%以上已经采用 SCR 调压软启动器。

固态软启动器的发展方向包括采用集成移相调控晶闸管（SCR）模块，将复杂的移相控制电路与 SCR 管芯集成为一体，组成一个完整的电力移相调控开环系统；采用离散频率控制法提高启动转矩，即可以像变频器一样实现变频启动，使电机低速启动、启动电流小、启动转矩大，在满负荷的情况下实现软启动；满足中高压、大功率电机启动要求，实现软启动器智能化。

1. SCR 调压电路

SCR 的控制方式有两种：一是相位控制，即通过控制 SCR 的导通角来调压，主要用于交流调压、调速，控制 SCR 在每个电源电压波形周期的选定时刻将负载与电源接通，再根据选定时刻的不同，得到不同的输出负载电压，满足调压要求；二是周波控制，在一定的时间内，控制 SCR 导通的工频周期数来达到调压的目的。

SCR 软启动器常采用如图 5 - 15 所示三相交流调压电路，在电源和异步电机之间接入三对反并联 SCR 调压电路，作为交流电压控制器。以电阻负载为例，采用星形连接方式，没有中线，若要负载流过电流，至少要有两相构成通路，要求采用大于 60°的宽脉冲或双脉冲的触发电路；为保证输出电压三相对称并有一定的调节范围，要求 SCR 的触发信号除了必须与相应的交流电源有一致的相序外，各触发信号之间还必须严格地保持一定的相位关系。针对该调压电路，要求 A、B、C 三相电路中正向 SCR T1、T3、T5 的触发信号相位互差 120°，反向 SCR T4、T6、T2 的触发信号相位也互差 120°，而同一相中反并联的两个正、反向 SCR 的触发脉冲相位应互差 180°，即各 SCR 触发脉冲的序列应按 T1、T2、T3、T4、T5、T6 次序，相邻两个 SCR 的触发信号相位差为 60°。

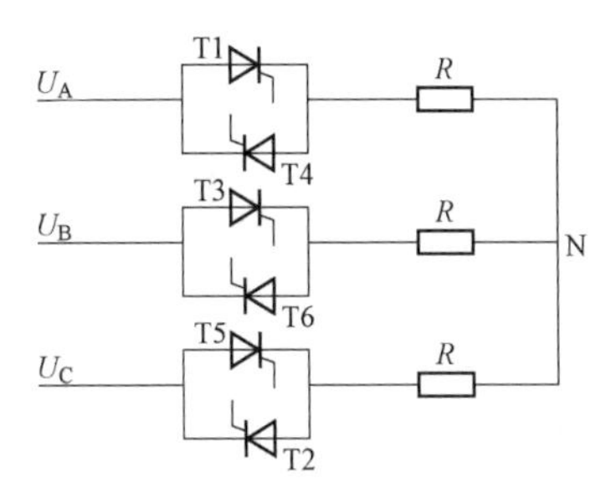

图 5 - 15 三相交流调压电路

（1）$\alpha=0°$。为了使负载能得到全电压，SCR 应能全导通，故选用电源相应波形起始点作为控制角 $\alpha=0°$的时刻，该点作为触发角 α 的基准点（如图 5 - 16 所示）。设 U 为线电压有效值，则三相线电压分别为

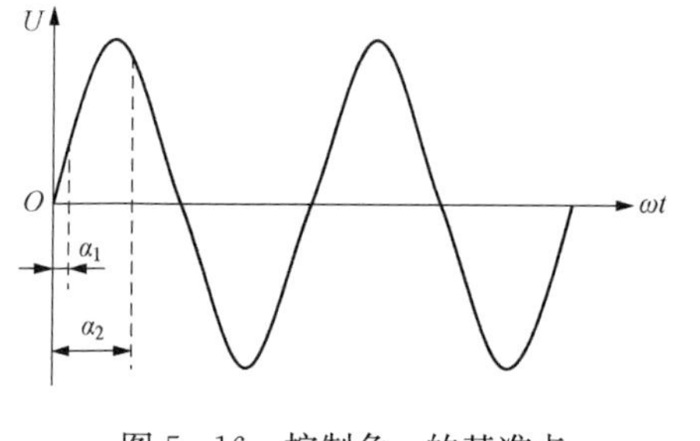

图 5-16　控制角 α 的基准点

$$U_{AB}=\sqrt{2}U\sin\omega t$$

$$U_{BC}=\sqrt{2}U\sin\left(\omega t-\frac{2\pi}{3}\right) \quad (5-1)$$

$$U_{CA}=\sqrt{2}U\sin\left(\omega t-\frac{4\pi}{3}\right)$$

三相相电压为

$$U_{AN}=\sqrt{\frac{2}{3}}U\sin\left(\omega t-\frac{\pi}{6}\right)$$

$$U_{BN}=\sqrt{\frac{2}{3}}U\sin\left(\omega t-\frac{5\pi}{6}\right) \quad (5-2)$$

$$U_{CN}=\sqrt{\frac{2}{3}}U\sin\left(\omega t-\frac{3\pi}{2}\right)$$

（2）$\alpha\neq0°$。当 α 为其他角度时，出现两种不同的工作方式。

方式 1：同一时刻三相均有 SCR 导通（即每一相均有一只 SCR 导通），三相电压、电流及所有 SCR 的 α 都是对称的，三相电源中点 N 与三相负载中点电位相等。

方式 2：同一时刻只有两相 SCR 导通，其余一相的两只 SCR 都不导电，所以电流只能在导电的两相间构成回路，电流通过两相负载电阻。

1）当 $0°\leqslant\alpha<60°$ 时，三相导通和两相导通情况交替出现。三相导通时，每相电阻电压为相电压；两相导通时，导通相电阻电压为导通两相线电压的一半，不导通相电阻电压为零。

2）当 $60°\leqslant\alpha<90°$ 时，由于任何瞬时都是两相导通，所以导通相电阻电压为导通两相线电压的一半，不导通相电阻电压为零。

3）当 $90°\leqslant\alpha<150°$ 时，在一区段内三个元件均不导通，这就是三相不导通的情况。在这一段区间内，会出现两相导通或者三相都不通的情况。两相导通时负载输出电压如前所述；三相都不通时，则三相负载电压都为零。

4）$\alpha\geqslant150°$ 时，触发脉冲不起作用，SCR 不导通。所以，三相交流调压电路电阻负载时触发角最大移相角范围为 150°。

由以上分析可知：交流调压输出的负载电压和电流波形都不是正弦波，且随着 α 增大，负载电压相应变小，负载电流开始出现断续。当负载为电感性时，交流调压输出的波形不仅与 α 有关，且还与负载的阻抗角 φ 有关，这时负载电流和电压波形也不再同相，其移相角范围为 0°～150°。

2. 特点

（1）电力半导体开关是无电弧开关，无级调节电流，连续稳定调节电机的启动，而传统启动的调节是分挡的，属于有级调节范畴。

（2）无冲击电流。软启动器在启动电机时，是通过逐渐增大 SCR 导通角，从而使启动电流以一定的斜率上升至设定值，控制电机启动电流在设定值内，冲击转矩和冲击电流小，可以控制转矩平滑上升，保护传动机械、设备和人员，对电网无冲击。

（3）恒流启动。启动过程中引入电流负反馈，启动电流上升至设定值后，使电机启动平稳；根据负载情况及电网继电保护特性选择，可自由地无级调整至最佳启动电流，节省电能。

（4）采用微机控制，可在启动前对主回路进行故障诊断，且数字化的控制具有较稳定的静态特性，不易受温度、电源电压及时间变化等因素的影响，提高了系统的可靠性，有助于系统维护。

（5）软启动器还能实现直接计算机通信控制，为自动化控制奠定良好基础。

（6）减少启动转矩冲击，可以提供平滑、无级电机加速，从而使齿轮、联轴结和皮带的磨损减少到最低程度。

（7）不受电网电压波动的影响。由于软启动以电流为设定值，电网电压上下波动时，通过增减 SCR 的导通角，调节电机的端电压，仍可维持启动电流为恒值，保证电机正常启动。

（8）可平滑调节。针对不同负载对电机的要求，可以无级调整启动电流设定值，改变电机启动时间，实现最佳启动时间控制。

（9）可实现软停车。

5.3.2　电机固态软启动方式

1. 电机固态软启动方式分类

电机固态软启动方式主要分为变频软启动、降压软启动两大类，其特点为：

（1）变频软启动，采用高压变频器直接启动高压电机具有良好的静、动态启动性能，如启动电流小（可限制在 1.5 倍电机额定电流以下）、基本无谐波、对电机无冲击，启动转矩可达电机额定转矩的 1.5 倍，且在此范围内可随意调节，实现恒转矩启动，但价格却是降压软启动的数倍。因此，现阶段在不需要调速的场合应用量很小，主要应用在降压软启动无法完成的特定场合。

（2）降压软启动，也称限流软启动，主要在电机定子回路通过串入有限流作用的电力器件实现降压或限流软启动，实现无级调节。软启动器控制精确、有效，实现恒电流启动、线性电压斜坡启动等，解决了启动过程中的电气及机械冲击问题，缺点是故障率高，设备的安装环境、操作维护要求都较高，价格较贵（约为高压变频器的60%），且一旦软启动产品出现故障电机就会直接启动，例如，高压固态软启动器的每一相导电支路均由多个SCR串联而成，每只SCR的失效均会影响整个装置的正常运行。

2. 电机固态软启动过程

（1）电压斜坡启动。电压斜坡控制是一种最早应用的启动方式，属于开环控制。图5-17为电压斜坡启动时软启动器输出电压有效值曲线。电机启动后，软启动器输出电压快速升至初始电压U_c，然后按设定的斜坡曲线逐渐上升，把电机定子电流I_s限定在允许范围内，最后达到稳定值U_e。作为一种开环控制，电压斜坡控制易受负载和电源变化的影响，无法获得期望的启动效果。电压斜坡启动主要用在重载启动，缺点是启动转矩小，且转矩特性呈抛物线型上升，对启动不利；启动时间长，对电机不利。此外，由于没有直接限流控制，启动时仍会产生较大的电流冲击。因此，这种控制方式现在已很少应用在软启动器中。

改进方法是采用图5-18所示双斜坡启动，输出电压先迅速升至U_1（U_1为电机启动所需的最小转矩所对应的电压值），然后再按设定的斜率逐渐升高电压，直至额定电压U_n，初始电压和电压上升率可根据负载特性调整。这种启动方式的特点是启动电流相对较大，启动时间较短，适用于重载启动的电机。

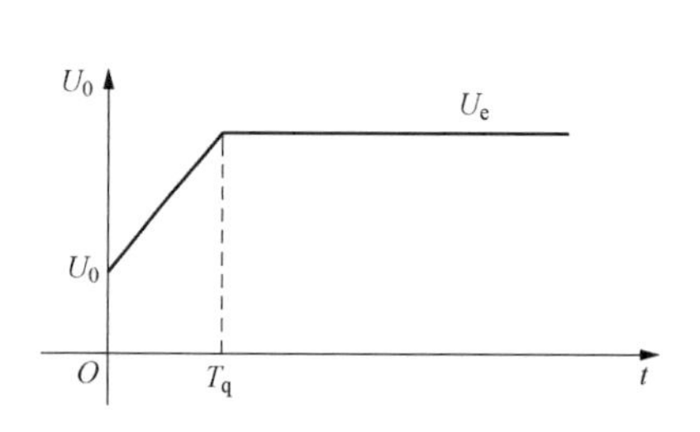

图5-17　电压斜坡软启动电压曲线

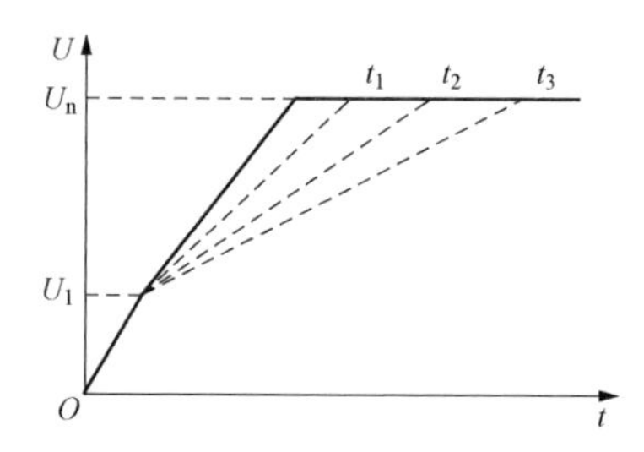

图5-18　电压双斜坡启动

（2）限流启动。限流启动在电机的启动过程中限制其启动电流不超过某设定值，主要用在轻载启动的降压启动，其输出电压从0开始迅速增长，直到其输出电流达到预先设定的电流限值，然后保持输出电流小于某设定值的条件下逐渐升高电压，直到额定电压。特点为启动电流小，且可按需要调整启动电流设定值，对电网电压影响小。

采用电压、电流闭环控制方式，可以获得更好的启动性能，其中电流限幅控制最具代表性。在启动过程中，软启动器不断调整输出电流，使之按图 5 - 19 所示的电流曲线变化。

在电机启动初期，软启动器逐渐增加输出电流，当电流到达设定值后保持恒定，然后电压逐渐升高，直到额定电压。电流限幅控制可以始终保持较小的启动电流，同时可按需要调整电流设定值，有很强的适用性，因此得到了广泛应用。但是，采用这种控制方式无法知道启动压降，不能充分利用压降空间，损失了启动转矩，导致启动时间相对较长。

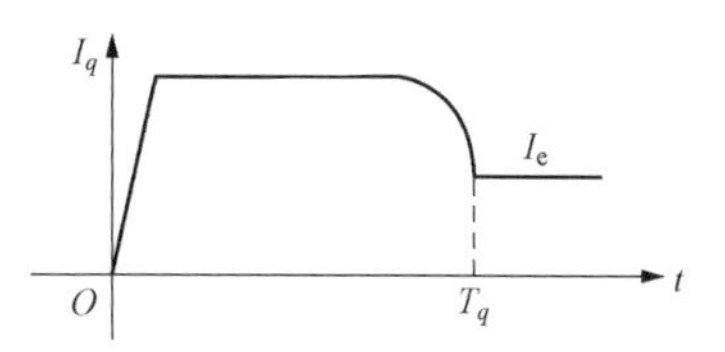

图 5 - 19　电流限幅控制软启动电流曲线

1）电流限幅开环控制。通过计算负载的各种参数，如加速、减速时间，斜坡电压的起始值、斜坡时间，启动电流的限制值等参数，再根据计算得到的参数来控制启动过程，使电机的端电压和电流按照设定的曲线逐步增加，限制电机的启动电流，确保电机的转速逐渐平滑地上升至额定值，实现电机的软启动。为了克服电机的静摩擦转矩，通常在开始启动时给电机施加一个突变的电压，然后再按一定的斜率逐渐增加电机端电压，通过控制电压变化来限制启动电流。

2）电流限幅及恒流闭环控制。采用闭环限流启动时控制系统的动态结构如图 5 - 20 所示。

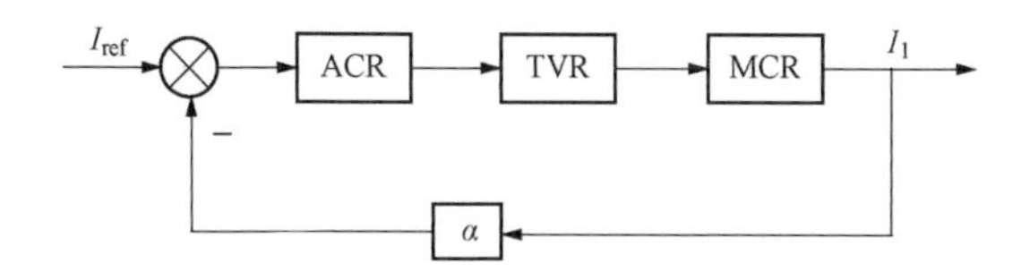

图 5 - 20　恒流控制的系统动态结构图

其中，I_{ref}为设定的恒流值；ACR 为电流调节器环节，为改善系统的静动态性能，采用 PID 控制，传递函数为$\frac{k_1(\tau_1 s+1)\times(\tau_2 s+1)}{\tau s}$，在数字控制系统中，一般采用增量式 PID 控制算法，以去除累计误差；TVR 为调压电路，包括移相触发器和 SCR，可以近似为一阶惯性模型，传递函数为$\frac{k_2}{\tau_3 s+1}$；MCR 为异步电机定子电流相对于定子电压的特性传递函数，由于不同负载下电机的动态过程为非线性方程组，用解析法求解非常困难，故这里采用基于稳态特性基础上的小偏差线性化法，此方法在实现上不是很复杂，同时，能够有效地模拟实际的工作过程；α 为反馈环节，在实际应用中，一般有硬件或软件形成的比例或滤波环节，传递函数可视为$\frac{k_f}{\tau_f s+1}$。

在软启动的控制中，为了得到稳定的启动特性多采用闭环控制。采用的控制量包括功率因数、输入电流和输入功率等。电流控制策略为：根据预先设定的电流值在启动过程中进行恒流控制，一般限制电机的启动电流在 2～5 倍额定电流范围内可调。在启动瞬间，根据设定的电流从 CPU 的存储器中查到相应的最佳开关时刻，经过一个周期后，比较设定电流和反馈电流，并且根据比较结果适当调整触发脉冲的触发角，从而保持启动过程中电机电流的恒定。

为了保证启动过程的稳定运行，允许电流在一定范围内波动，当电流超过这个范围时通过调整 SCR 的触发角来调整电流，使电流保持在允许的范围内。例如，设电机的额定电流为 I_N，设定的软启动恒流值是 $K_I I_N$，恒流软启动控制中允许电流变化的范围为 $0.95K_I I_N \sim 1.05K_I I_N$，如果电流在这个范围内，则不作调整，SCR 触发角保持不变；如果电流超过 $1.05K_I I_N$，则 SCR 触发角每周期增大 α_1；如果电流小于 $0.95K_I I_N$，则 SCR 触发角每周期减小 α_2，而 α_1、α_2 由模糊控制器根据系统当前的电流误差和误差变化率产生。实际系统中，为了避免电流在调整的过程中产生大范围波动，取 α_1、α_2的绝对值∈［0，1.5°］，这样既保证了定子电流及时逼近电流的限定值，又保持了当电流在限定值附近时系统的稳定性。当电机启动临近结束时，定子电流下降较快，此时触发角的调整幅度是 0.5°/10ms，直到触发角达到 0°，完成电机的软启动过程。

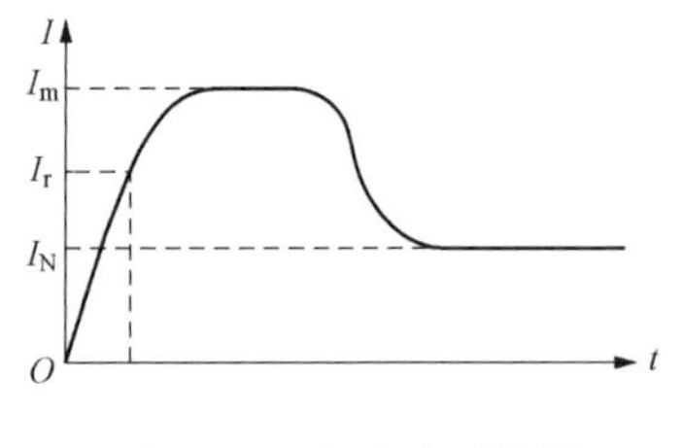

图 5-21　电流阶跃控制软启动电流曲线

如图 5-21 所示为突跳控制启动时电机电流曲线。电机启动时，电流在很短的时间内迅速上升到设定值，再继续启动。通过调节启动电流的设定值，可以使电机快速启动，这种启动方式产生的冲击电流太大，一般仅应用于要求快速启动的系统。

(3) 转矩控制启动。

1) 图 5-22 所示转矩控制启动方式主要用于重载启动，将电机的启动转矩 T 由小到大线性提高，优点是启动平滑、柔性好，对拖动系统有更好的保护，利于保护拖动系统、延长拖动系统的使用寿命，同时，降低电机启动时对电网的冲击，是最优的重载启动方式。但转矩控制启动方式也存在启动时间较长等不足。

2）启动转矩脉动控制。对电机电流特性研究表明，通过增大 SCR 的触发角可以减少电机的启动电流，从而有效限制启动时的冲击电流，降低电磁转矩的脉动幅度。当 SCR 正常对称触发时，通过增大 SCR 的触发角可以降低启动转矩的脉动幅度，但不能消除启动转矩的脉动。研究结果表明电机启动转矩的脉动主要是由第一个电源周期三相分量接通电机的开关时刻决定的。因此，对于高压电机软启动时选择三相接通电源的开关时刻可以得到理想的启动转矩特性。最佳开关时刻和电机所带的负载无关，可以得到限流变压器低压绕组的 SCR 最佳初始导通角的优化组合策略。

3）转矩加突跳控制启动。如图 5 - 23 所示转矩加突跳控制启动方式与转矩控制启动方式类似，也是用在重载启动，不同的是在启动的瞬间用突跳转矩克服电机静转矩，使电机启动。然后，再采取与转矩控制相同的方式，让转矩按某一规律平滑提高。该方式利于缩短启动时间，但是，突跳会给电网发送尖脉冲，干扰其他负载，实际应用时要特别注意。

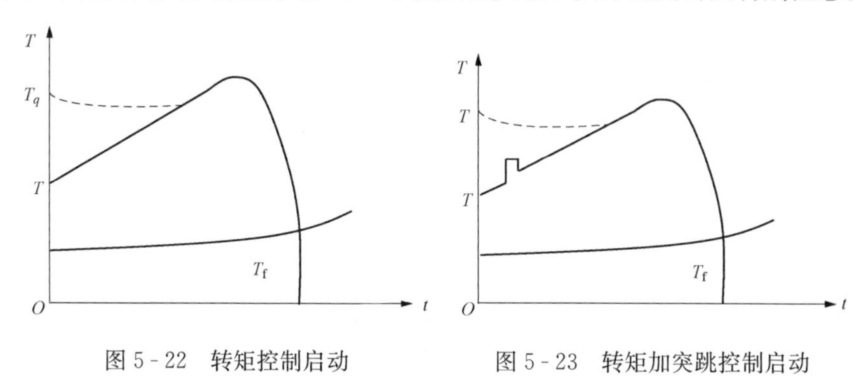

图 5 - 22　转矩控制启动　　　图 5 - 23　转矩加突跳控制启动

5.3.3　电机固态软启动器

1. 固态软启动器的构成

采用光纤触发技术控制大功率 SCR 组件，通过改变 SCR 导通角，实现电机电压的平稳升降和无触点通断。利用高压光纤反馈技术，多 SCR 串联触发均压、均流技术，以及电子电压变送器 EVT 取代传统变压器式高压互感器，具有体积小、重量轻、速度快、抗干扰、无相移、能够实施低压测试等特点。

（1）主控制器。涉及光纤发射反馈回路、光纤输出温度检测回路、模拟输出单元、RS485接口总线控制单元及电机电子差动保护器。如图5-24所示基于光纤的触发电路/温度保护电路，其中，三相触发控制脉冲通过光纤分别传到三相触发驱动电器，而位于散热器上的温控开关信号经过转换成光信号后再反馈到控制器部分。

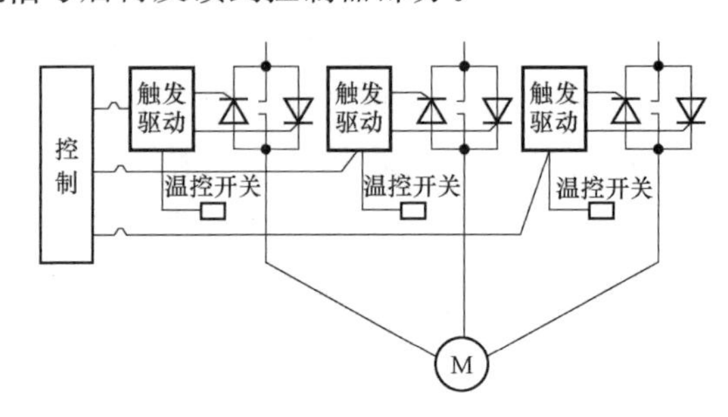

图5-24　基于光纤的触发电路/温度保护电路结构示意图

如图5-25所示触发电路电源，提供触发驱动部分的电压可根据触发脉冲的强弱进行调整，从而使每个触发单元上的电源电压保持稳定，且每个触发单元的电源的供应相互隔离。

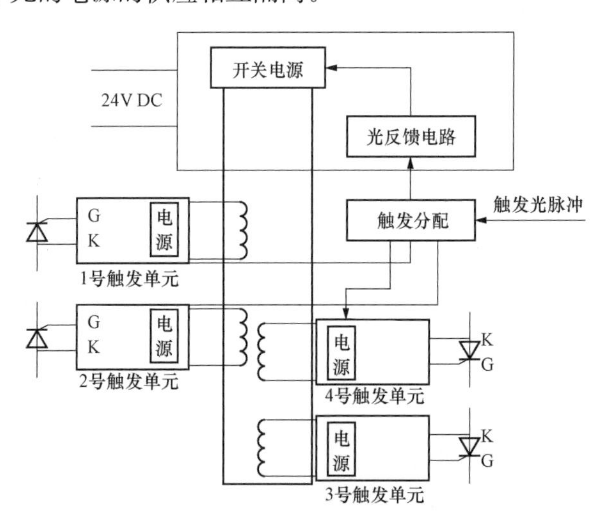

图5-25　触发电路电源

（2）电子电压变送器。该装置可将三相电压（一次电压）通过调制后，利用光纤传输到接收端，然后再通过接收端解调后形成3×120V的二次电压，送到软启动器控制部分（如图5-26所示），特点为通过更换分压电阻可方便地更改电子电压变送器一次电压测量范围，甚至还可以通过采取短接分压电阻的方法，将高压电子电压变送器临时更改为低压电子电压变送器（3×380V/3×120V），为高压兆瓦级固态软启动装置在低压环境下进行测试提供条件；高低压部分隔离，由于高压电子电压变送器、高压测量（调制）部分位于高压室，而解调部分位于低压室，两者之间采用光纤隔离方式，使得电子电压变送器的安全性能得以提高。

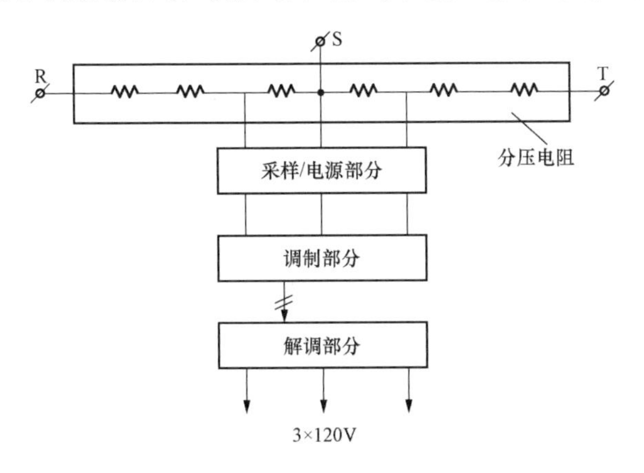

图 5－26　电子电压变送器构成

（3）其他。高压主真空接触、高压旁路真空接触，环型电流互感器，SCR 串并联组合技术，均压回路、吸收回路。

（4）主电路单元。包括三相电源、三相反并联 SCR、三相异步电机，采用三相交流调压电路，在功率器件的选择上，有两种选择方案：一是采用 6 只普通的 SCR，连接成三对反并联电路；二是采用三只双向 SCR 电路。

1）双向 SCR 由于只有一个门极，且正负脉冲均能触发，所以能使主电路大大简化，触发电路设计也比较灵活。

2）双向 SCR 在交流电路中使用时，必须承受正反两个半波电流和电压。它在一个方向导电虽已结束，但在管芯硅片各层中的载流子还没有恢复到阻断状态时，就立即承受反向电压，这些载流子电流有可能成为 SCR 反向工作时的触发电流，造成其误导通。

3）双向 SCR 门极电路灵敏度比较低，管子的关断时间比较长。

4）选择单向 SCR，则主电路需要 6 只 SCR，电路比较复杂，好处是单向 SCR 可靠性好，关断问题比较简单。

（5）控制单元。

1）同步信号电路。同步就是通过供给各触发单元不同相位的交流电压，使得各触发器分别在各 SCR 需要触发脉冲的时刻输出触发脉冲，从而保证各 SCR 可以按顺序进行触发。因为软启动器必须在一个电压周期内控制 SCR 的导通角，即通过确定电压波形的过零点，延时一段时间后输出触发信号来控制其导通角。而电压波形的过零点通过同步信号电路检测获得。同步电路使三相交流调压主回路各个 SCR 的触发脉冲与其阳极电压保持严格的同步相位关系。

2）相序检测电路。相序检测在软启动器装置中是不可缺少的。由上述同步信号电路的设计可知，同步信号只有一路，其他脉冲信号都以此信号为基准，因此为了起到相序自适应的作用，只有确定相序，才能正确地发出脉冲来控制 SCR 的导通顺序。

3）电流检测电路。在限流启动方式中要采用电流闭环，所以在硬件设计中要有电流检测电路，以电机定子电流作为反馈信号。电流检测电路的设计，采用两路电流检测电路来检测电机定子电流，第三相定子电流利用软件来实现，这样就减少了系统的外围硬件电路，节省了成本。

图 5-27 所示为某 6～10kV 固态软启动器高压主回路电路原理图。

2. 固态软启动器运行模式

固态软启动器具有以下 4 种运行模式，即：

（1）跨越运行模式。SCR 处于全导通状态，电机工作于全压方式，电压谐波分量可以完全忽略，这种方式常用于短时重复工作的电机。

（2）接触器旁路工作模式。在电机达到满速运行时，用旁路接触器取代已完成启动任务的软启动器，利于降低 SCR 的热损耗，提高系统的效率。在这种工作模式下，有可能用一台软启动器启动多台电机。

（3）轻载节能运行模式。在不使用旁路接触器情况下，当电机负荷较轻时，软启动器自动降低施加于电机定子上的端电压，减少了电机电流的励磁分量，利于提高电机的功率因数。

（4）调压调速模式。通过改变导通角控制电机电压，改变电机转速。由于频率不变，电压降低时会引起电机中磁场饱和，因此这种方式调速效果有限。

3. 固态软启动器实现的功能

（1）启动电压在 35%～65%（甚至 20%～95%）额定电压间可调，相应的启动转矩为 10%～36%（或 4%～90%）的直接启动转矩。

（2）脉冲突跳启动方式，针对某些负载，如皮带输送机和搅拌机等，

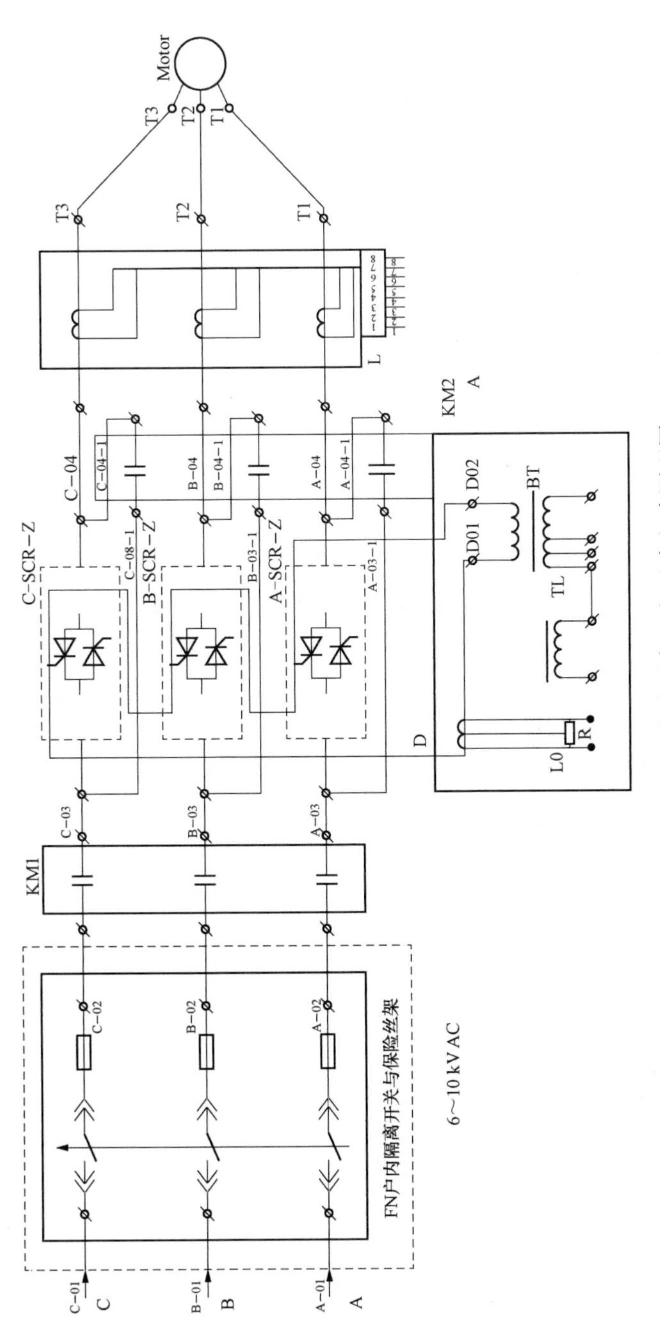

图 5-27　固态软启动器高压主回路电路原理图

KM1—进线真空接触器；KM2—旁路真空接触器；SCR—晶闸管

静阻力矩比较大，必须施加一个短时的大启动力矩，以克服大的静摩擦力。软启动器设置脉冲突跳启动功能，可以短时输出最大达95%的额定电压（相当于90%直接启动转矩），可调时间为0～400ms。

(3) 加速斜坡控制，电机开始转动后，电机电压线性增大，加速时间可在一定范围内（如1～999s）调节，还提供电流限幅（如200%～500%电机额定电流可调）的启动加速方式，使电机线性加速到额定转速。

(4) 四种运行模式：跨越运行模式，接触器旁路工作模式，节能运行模式和调压调速模式。

(5) 多种停机方式：自由停车，直接切断电源，电机自由停车；软停机，在有些场合，并不希望电机突然停止，如皮带运输机、升降机等，采用软停机方式，在接收停机信号后，电机端电压逐渐减小，转速下降斜坡时间可调（如1～999s）；泵停机或非线性软制动，适用于惯性力矩较小的泵的驱动，通过将离心泵的特性曲线事先存储在设备中，使得软启动器在电机启动和停止过程中，实时检测电机的负载电流，并可根据泵的负载状况及速度调节其输出电压，使软启动器的输出转矩特性与泵的特性曲线最佳配合，从而消除“水锤效应”；直流制动，通过向电机输入直流电流，加快制动，制动时间可在0～99s间选择，适合应用于惯性力矩大的负载或需快速停机的场合。

软启动过程描述参数与软启动装置评价指标如表5-4所列。

表5-4　软启动过程描述参数与软启动装置评价指标

序号	项　目	属性	
		过程描述参数	装置评分项目
1	软启动能否完成以及启动（完成）时间	√	
2	软启动过程中的电机最大电流（%）	√	
3	软启动过程中的最大电网电压降（%）	√	
4	软启动过程中电机有否机电共振等异常现象	√	
5	软启动过程中电流的高次谐波含量（%）	√	
6	软启动装置的价格（常以单位容量的人民币表示）		√
7	软启动装置允许的连续启动次数		√
8	软启动装置占用的空间大小		√
9	软启动装置限流器件开度的易控性，如调节是否平滑、快速		√

续表

序号	项　　目	属性	
		过程描述参数	装置评分项目
10	软启动装置对使用环境要求的裕度		√
11	软启动装置的启动重复性（相连两次软启动“过程描述参数”的守恒性）		√
12	软启动装置所提供的启动和停止方式的多样性		√
13	软启动装置所具备的对于装置本身以及电机综合保护功能的完备性（包括过电流、过载、欠相、启动超时、接地等，包括故障提示和显示、诊断、记忆等）		√
14	软启动装置在启动过程中的噪声大小		√
15	软启动装置所需要的辅助电源功率的大小		√

表 5-5 列举了国内外典型高压大功率 SCR 软启动器产品技术参数与功能特点，以上海某企业产品为例，主要特点如下：

(1) 采用电子电压变送器取代传统的变压器式高压互感器，取得同步电压，实现光纤隔离同步触发，具有体积小、重量轻、速度快、抗干扰、无相移等特点，并能够进行低压测试，精确控制电机启动过程。

(2) 采用高压光纤反馈、光纤触发技术，以及多 SCR 串联触发均压、均流技术，控制大功率 SCR 组，并通过改变 SCR 的导通角实现电机电压的平稳升降和无触点通断。

(3) 软件控制在同一初始电压下的多条启动、停止曲线（如 12 条），实现转矩控制，并具有双重参数调整功能。

(4) 多种电机保护功能，在保护自身装置安全的同时，还具有电机多种保护功能，如平衡保护、接地保护、I^2t 过载保护和大电流保护。

表 5-5　　国内外典型产品技术参数与功能对比

序号	项　　目	索肯和平（上海）电气有限公司	以色列 SOLCON	摩托托尼 MOTORT-RONICS	罗宾康 ROBICON	九洲电气
1	电子电压变送器	有	有	有	无	无
2	同一初始电压下的启动、停止曲线（条）	12	12	无	无	无

续表

序号	项目	索肯和平（上海）电气有限公司	以色列 SOLCON	摩托托尼 MOTORT-RONICS	罗宾康 ROBICON	九洲电气
3	双重参数调整功能	有	有	有	有	有
4	速度反馈控制功能	有	有	无	无	无
5	门禁连锁保护	有	有	有	无	无
6	电子保险	有	有	有	无	无
7	数据统计功能	有	有	有	无	无
8	柴油发电机供电	有	有	无	无	有
9	正比于电机电流的模拟输出功能	有	有	有	有	有
10	人机界面（LCD 液晶显示）语言文字种类	中、英、法、德、西班牙、俄	英、法、德、西班牙	英	英	英
11	现场总线功能	有	有	有	有	有
12	多种电机保护功能	有	有	有	有	无接地保护
13	多 SCR 控制方式	是	是	是	是	是
14	泵停机功能	有	有	无	无	无
15	最高工作电压（kV）	15	15	15	15	10
16	最大功率（MW）	20	20	20	10	12

（5）包括控制变压器、控制模块、晶闸管 SCR 模块、电动机保护模块、通信模块，通常采用三室隔离设置形式，分别为功率组件室、主控继电室、主回路连接室。

1）断路器。进线柜上的断路器开关允许电机带负载启动，具有负载短路时切断电源和带负载停机的能力。

2）软启动柜。软启动部分由网侧真空接触器、旁路真空接触器、晶闸管高压组件、RC 吸收网络、触发电路和控制部分组件。软启动器使电机启动完毕后，驱动真空旁路接触器使其闭合；通过 RC 吸收网络，提供瞬间电压保护电路，以减少 dV/dt 冲击电压，防止晶闸管元件的损坏；触发电路提供 2A 以上的强触发脉冲，保证串联的晶闸管动态均压，触发电路和晶闸管通过光纤和变压器与控制板隔离；晶闸管 SCR 高压组件由多个晶闸管串联组成（见表 5-6 所列）。

表 5-6　　晶闸管 SCR 组串数

序号	电压（kV）	SCR 串联对数（只）	SCR 总数（只）	峰值电压（kV）
1	2.3	1	6	6.5
2	3.3/4.16	2	12	13
3	6.6	3	18	19.5
4	10～15	5	30	39

（6）具有负反馈功能，采用动态模糊控制，能够根据负载转矩的大小，自动调整电机的启动时间、启动转矩，实现电机平滑加速。一旦电机转速达到额定工作转速时，旁路接触器自动吸合，解决了人为设定的启动曲线与负载转矩曲线不匹配的难题。

4. 软启动方法及其特点

表 5-7 列举了各种软启动方法及其特点，小结如下：

表 5-7　　软启动方法及其特点

性能	变频	液阻	磁控	开关变压器	SCR 串联
最大容量（MW）	50	18	15	50	8
基本性能和特征	限流不牺牲转矩，可调速运行，节能	离子导电，动极板，阻值由极板间距控制	微电子—饱和电抗器，调节快	微电子—限流变压器，调节快	多只 SCR 串联调压，调节快
控制方式	开环/闭环	开环/闭环	闭环	闭环	闭环
启动曲线		恒流启动	斜波电流启动；恒流启动；突跳启动	斜坡电压启动；恒流启动	斜坡电压启动；恒流启动；恒压启动
实现软停	容易	较难	较容易	容易	容易
能量损耗	最小	最大	小	小	小
可靠性	较低	低	高	最高	较高
高次谐波	可消除	无	较大	大	大
环境温度（℃）	0～40	0～40	－30～40	－30～40	0～40

续表

性能	变频	液阻	磁控	开关变压器	SCR 串联
维护量	较小	小	较大	小	较小
体积	大	大	较大	小	小
元/kW	1000 以上	20～40	30～60	60～200	200～500
供应厂家	国外、国内	国内	国内	国内	国外、国内

（1）变频启动。变频器用于交流电机启动，启动电流小、启动力矩大、调速曲线平滑、调速范围大，运行平稳，启动速度快，是交流电机最理想的启动方式。但是，高压变频器更适用于需调速的电机系统，且价格昂贵，单纯用作软启动装置使用不经济。

（2）液阻式降压软启动。

1）液阻软启动。液阻是一种由电解液形成的电阻，其导电本质是离子导电。电解液中有两个导电极板，即固定极板和动极板，伺服系统控制动极板的距离来改变启动电阻值。

2）热变电阻软启动。与液阻的主要区别在于电极不动，热变电阻呈现明显的负温度特性。

液阻式软启动装置的不足是电机启动时，液体电阻发热，要消耗一定的电能，且不适合频繁启动场合。但因其投资少、性能好（无极控制，热容量大），不会产生谐波影响电网，适用于高压大功率电机和重载启动。

（3）磁饱和电抗软启动。磁饱和电抗器的等效电抗值是可控的，利用铁心的饱和特性，通过改变直流励磁来改变其电抗参数，进行电流闭环控制，且可实现软停车。与高压 SCR 软启动相比，存在不足是控制快速性比较差，噪声较大，也会产生一定的高次谐波。

（4）开关变压器软启动。用开关变压器隔离高压和低压，通过改变其低压绕组上电压来改变高压绕组上的电压，从而达到改变电机端电压，以实现软启动的目的。不必采用 SCR 串联技术，可靠性大大提高，且谐波很小。此外，电压电流可全范围调节，可构成闭环控制，时间常数小，反应迅速。

（5）SCR 串联软启动。在高压电网和电机之间接入反并联 SCR 调压电路，通过控制 SCR 的触发角进行斩波，起到调压作用。由于单只 SCR 耐压值有限，所以采用串联技术，例如，在设计 6kV 高压软启动装置的时候，功率单元常采用 3 只 SCR 串联的方式提高耐压值。该系统对均压电路、触发电路的性能要求较高，对元器件参数的一致性要求比较高。可实现输出电压连续可调，能完全免除对电网和电机及机械设备的冲击。

可见，SCR 软启动器具有体积小、实现软起停容易、能量损耗小、启动方式多样化等特点。同时，多个 SCR 串联，需要解决同步触发、均压、均流等关键技术。

5. 固态软启动器应用效果

（1）解决启动问题。针对电机在启动时存在机械冲击问题，采用软启动器启动电机，使电机逐渐增加输出力矩以克服静阻力矩，解决了直接启动电机输出转矩过大、对传动机构及负载的冲击的问题，如带式输送机，可明显解决输送带启动时的抖动现象，防止皮带撕裂，为正常运行和减少维修提供保障；针对电机启动时存在电网冲击问题，采用软启动器启动大型电机可降低启动电流、减少电网压降，解决直接启动电网压降过大，造成其他设备跳闸的问题。电机在直接启动时电流可以达到额定电流的 5～7 倍，电网压降可能达到 15%以上，这时候可能影响同一母线上的其他设备正常运行。往往需要先启动大功率电机，然后再启动小功率负载。但大功率电机在运行中跳闸停车的话，只能把其他负载也停掉，保证充足的容量后才能启动大功率电机。这样就造成了生产的不能连续，特别是对于化工系统等连续性生产系统会造成重大的经济损失。软启动器具有限制电流的功能，启动电流可以限制在 2～5 倍的额定电流，避免母线压降过大，确保在其他负载运行的情况下启动电机，保证生产不受影响。

（2）解决停车问题。针对停车时的水锤问题，电机停机时，传统控制方式为通过瞬间停电完成的。但有许多应用场合，不允许电机瞬间关机，例如：高层建筑、大楼的水泵系统，如果瞬间停机，会产生巨大的“水锤”效应，使管道、甚至水泵遭到损坏。为减少和防止“水锤”效应，需要电机逐渐停机，即软停车，采用软启动器能满足这一要求。在泵站中，应用软停车技术可避免泵站的“拍门”损坏，减少维修费用和维修工作量。软启动器中的软停车功能是，SCR 在得到停机指令后，从全导通逐渐地减小导通角，经过一定时间过渡到全关闭的过程。停车的时间根据实际需要可调整。

（3）解决电机保护问题。软启动器可以提供先进的电子保护功能。

1）过载保护功能，软启动器引进了电流控制环，因而随时跟踪检测电机电流的变化状况。通过增加过载电流的设定和反时限控制模式，进行过载保护，使得在电机出现过载时，关断 SCR 并发出报警信号。

2）缺相保护功能，工作时，软启动器随时检测三相线电流变化，一旦发生断流，即刻能够进行“缺相保护”。

3）过热保护功能，通过软启动器内部热继电器检测 SCR 散热器的温度，一旦散热器温度超过允许值后自动关断 SCR，并发出报警信号。

4）其他功能，通过电子电路的组合，还可在系统中实现其他多种连锁保护。

（4）解决低负荷工作下的节能问题。笼型异步电机是感性负载，运行过程中定子线圈绕组的电流滞后于电压，如电机工作电压不变，处于轻载时，功率因数低；处于重载时，功率因数高。软启动器能实现在轻载时，通过降低电机端电压，提高功率因数，减少电机的铜损耗、铁损耗，达到轻载节能的目的；重载时，则提高电机端电压，确保电机正常运行。

5.4 电机软启动技术应用

5.4.1 概述

图 5-28 所示为某软启动器实际应用接线图。中高压、大功率软启动器应用领域包括水电/市政、石油/化工、矿业、轻工业/造纸、冶金钢铁、港务码头、大型煤矿、污水处理场、发电厂的泵机、风机、压缩机、碾磨机、传送带等设备。

1. 输送带应用

高压固态启动器在某电厂皮带机上的应用，解决了该皮带由于斜度大、负载重造成的经常撕裂问题。在使用软启动器之前，该皮带每年大约撕裂 1～2 次，每次影响生产大约 5 天，且对整台机组安全运行造成隐患，每年直接花费的费用高达数万元。采用软启动器之后没有出现过皮带撕裂问题，不仅每年节省了数万元开支，更重要的是保证了生产的安全。

2. 大功率电机应用

在某石化公司风机上的应用解决了电机功率大、启动时电网压降大等问题。在使用软启动器之前，该电机启动时电网压降大约 20%。每次启动之前需要将该段负载转到另外一段母线，该母线只保留该电机才可以正常启动。如果运行中跳闸重新启动时间太长，价值数十万的催化剂就白白浪费了。采用软启动器之后，启动电流限制在 2.6 倍额定电流之

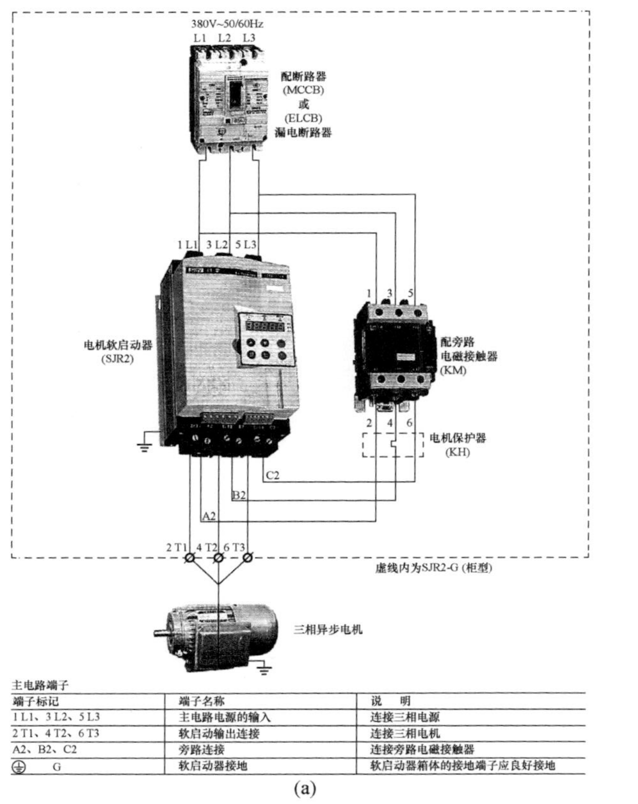

主电路端子

端子标记	端子名称	说　明
1 L1、3 L2、5 L3	主电路电源的输入	连接三相电源
2 T1、4 T2、6 T3	软启动输出连接	连接三相电机
A2、B2、C2	旁路连接	连接旁路电磁接触器
⏚　G	软启动器接地	软启动器箱体的接地端子应良好接地

(a)

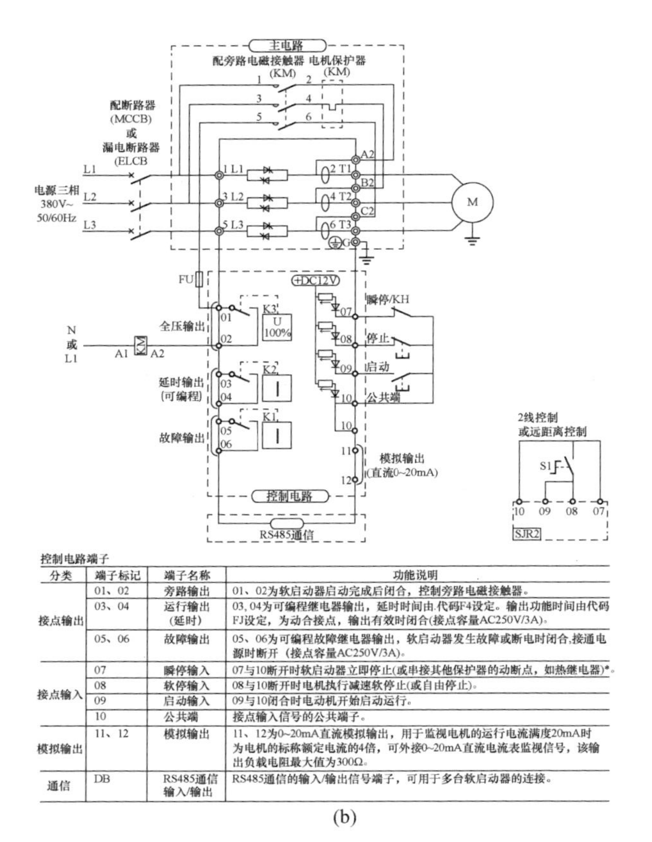

控制电路端子

分类	端子标记	端子名称	功能说明
接点输出	01、02	旁路输出	01、02为软启动器启动完成后闭合，控制旁路电磁接触器。
	03、04	运行输出（延时）	03, 04为可编程继电器输出，延时时间由.代码F4设定。输出功能时间由代码FJ设定，为动合接点，输出有效时闭合(接点容量AC250V/3A)。
	05、06	故障输出	05、06为可编程故障继电器输出，软启动器发生故障或断电时闭合,接通电源时断开（接点容量AC250V/3A)。
接点输入	07	瞬停输入	07与10断开时软启动器立即停止(或串接其他保护器的动断点，如热继电器)*。
	08	软停输入	08与10断开时电机执行减速软停止(或自由停止)。
	09	启动输入	09与10闭合时电动机开始启动运行。
	10	公共端	接点输入信号的公共端子。
模拟输出	11、12	模拟输出	11、12为0~20mA直流模拟输出，用于监视电机的运行电流满度20mA时为电机的标称额定电流的4倍，可外接0~20mA直流电流表监视信号，该输出负载电阻最大值为300Ω。
通信	DB	RS485通信输入/输出	RS485通信的输入/输出信号端子，可用于多台软启动器的连接。

(b)

图5-28　软启动器实际应用接线图

（a）主电路连接图；（b）基本配线图

内，压降12%。保证了生产的连续性。

3. 小容量变压器环境的应用

在某供热站水泵上的应用解决了该电网变压器容量小，无法直接启动电机的问题。该供热站有3台水泵电机、2台变压器，其中，一台变压器带2台电机，另一台变压器带一台电机。电机功率750kW，变压器容量1000VA，如果不采用软启动器电机无法启动。

5.4.2 应用举例

1. 开关变压器式电机软启动器应用

如图5-29所示，某800kW开关变压器式高压电机软启动装置采用"一拖二"方案成功地实现了某油田钻井机组2台高压电机的软启动，其中1台为280kW/6kV钻机电机，另1台为780kW/6kV泥浆泵电机。泥浆泵电机启动时间为45.2s，电机额定电流89A，启动过程中的最大电流169.8A，为电机额定电流的1.9倍。启动电流中虽含有一定的高次谐波，而电压总谐波畸变率只有2.72%，不会对系统造成大的影响。

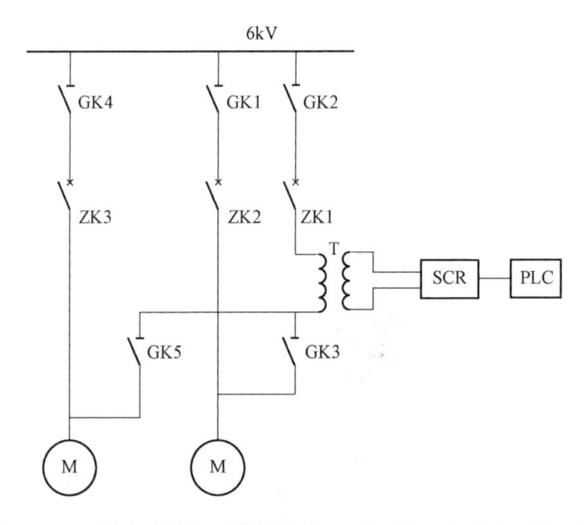

图5-29 采用开关变压器技术实现"一拖二"软启动主回路

2. 热变液阻启动器应用

根据控制电机特点，热变液阻启动器有四种控制方案（如图5-30所示）。

(1) 方案A，高压热变电阻通过高压开关柜（启动控制柜）接入电机启动回路，高压电携带点少、安全，保护方式可采用纵差，适用于2MW

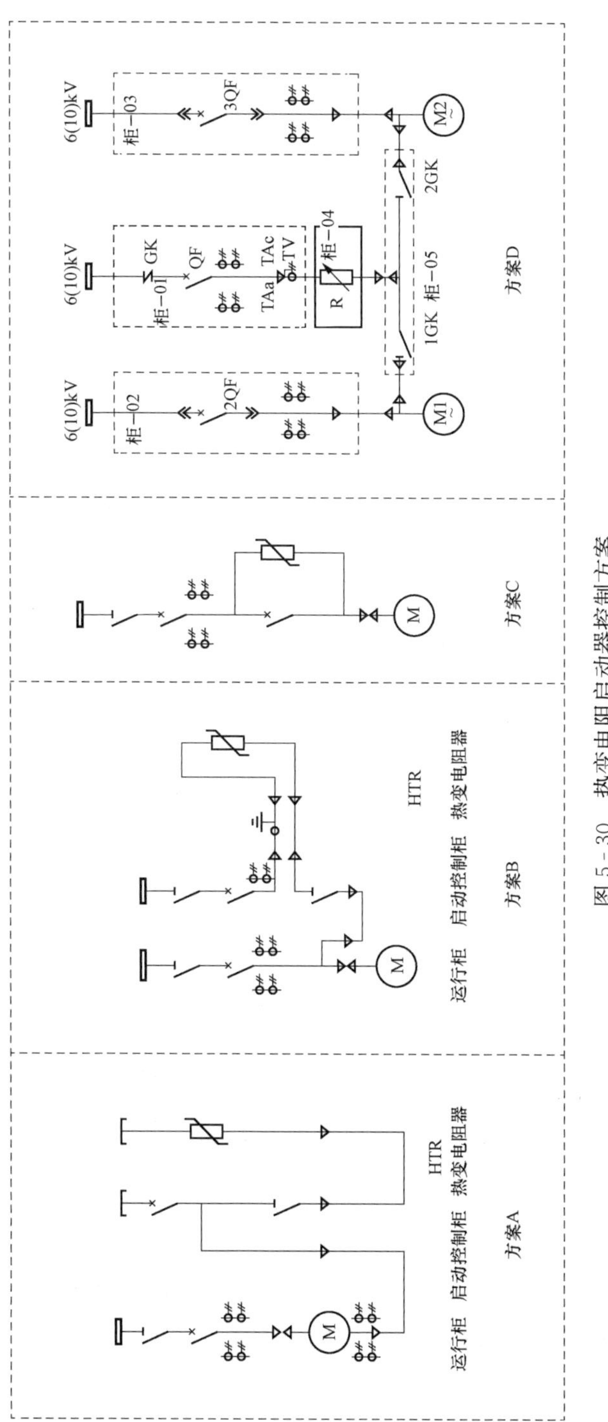

图5-30 热变电阻启动器控制方案

以上、且中性点可打开的电机。

(2) 方案B，高压热变电阻通过高压开关柜（启动控制柜）接入电机启动回路，且高压电携带点多，但电机保护最方便，启动与运行可以分开考虑。

(3) 方案C简单、投资少，适用于2MW以下的电机，但热变电阻长期带电，应考虑加强防护。

(4) 方案D适用于“一拖多”方案。

3. 磁控软启动应用

天津某企业生产的高压大容量磁控软启动装置RQD-D7型磁控软启动装置在山东某钢铁公司炼铁厂高炉的3号风机2MW/6kV异步电机上实现了恒流软启动，启动电流为3.2倍额定电流，启动时间为34s，在新上的458m^{3}高炉配套风机的7.66MW/6kV主电机配备软启动装置（见表5-8所列）。

表5-8 RQD-D7型磁控软启动装置在山东某钢铁公司炼铁厂应用情况

序号	容量（MW）	电压（kV）	数量	负载类型	应用场所	投运时间
1	2	6	1	风机	高炉风机	2002.5
2	2	6	1	风机	高炉风机	2003.1
3	7	6	1	风机	高炉风机	2003.12
4	3.2	6	1	风机	主抽风机	2003.12
5	2.5	6	1	风机	高炉风机	2003.11
6	1.306	6	1	压缩机	制氧	2003.12
7	2.5	6	1	压缩机	制氧	2003.11
8	5.2	6	1	压缩机	制氧	2003.12
9	8	6	1	风机	高炉风机	2004.12（安装时间）
10	7.66	6	1	风机	高炉风机	2005.1

4. 固态软启动器在高压水除鳞系统中的应用

(1) 应用背景

在轧钢生产过程中，板坯、方坯等在加热炉中加热都会发生氧化，并生成很厚的氧化铁皮附着在钢铁材料表面上。另外，钢铁在轧制过程中，还会发生二次氧化，形成薄薄的二次氧化铁皮。在轧辊的辗压作用下，一部分氧化铁皮被破碎成小片状自动脱落，另一部分则被压入金属表面，形成夹渣、麻点、疤痕等，成为影响轧材表面质量的重要因素之一。

为了改善成品质量，目前在钢铁轧制中广泛采用在线高压水除鳞系统，根据不同钢种，需采用不同的除鳞水压。高压水除鳞系统利用高压水喷出时产生的冲刷力和冷却力，轧材的基体材料和氧化铁皮层因冷却收缩率不同而产生的剪切力，以及水渗入基体材料和氧化铁皮之间产生的蒸汽膨胀爆裂，使氧化铁皮破碎成小碎片并与基体表面迅速脱离，同时高压水按设定方向冲掉氧化铁皮。但是，由于高压水除鳞系统使用的是高速大流量的高压离心泵，空转时电能消耗较大，而除鳞时间只占轧制时间的 15～20%，因此，如果让高压离心泵都工作，并且大部分时间处于空转状态，那么大部分（可能达到 70%）的电能将被浪费掉。

可见，高压水除鳞装置是提高轧材质量的一项关键设备，但是其中高压离心水泵的耗能很大，采用高压变频器对其进行节能改造但价格昂贵。

（2）方案分析

为降低高压离心泵高速空转的能量消耗，可供选择的方案如下：

1）采用可变速的高压水除鳞泵。例如在电机与高压离心泵之间加设调速型液力耦合器，或者采用高压变频器驱动电动机等方法调节水泵转速，根据蓄能器液位（或压力）调节高压离心泵转速，以改变输出流量和压力。当蓄能器液位达到上工作液位或压力达到压力上限时，离心泵降速运行；当蓄能器液位达到下工作液位或压力达到压力下限时，离心泵升速运行。由此达到节能目的。例如，某新轧钢中板厂就采用该调速节能的方法，节能效果达到 35%左右。

2）高压离心泵开停控制。虽然节能效果好，但因电机直接接至电网或从电网断开，不仅会对电网造成很大的冲击，而且会对水泵和管路系统造成很大冲击，影响设备的寿命。

3）固态软启动器控制。利用 1 台固态软启动器轮流对 4 台高压离心水泵进行启动控制。

（3）方案实施。某钢铁集团 2032 热轧板带除鳞系统采用 1 台美国某公司的 MVRSM36 - 10kV - 4000kW 固态软启动器，根据需要轮流对 4 台高压离心水泵进行启动控制。

某钢铁集团 2032 热轧板带除鳞系统设备配置见表 5 - 9，图5 - 31所示为该系统的工艺流程，低压水管道经自清过滤器进入高压电机拖动的高压离心除鳞泵，输出高压水至蓄能器，最低液面阀开启，待蓄能器压力与泵出口压力平衡后，即可待命开启高压管道喷射阀除鳞，正常高压除鳞管道压力保持在21～23MPa。当压力低于报警范围（蓄能器液位达到下工作液位时），就立刻启动另外1台泵增加压力。

表5-9　　2032热轧板带除鳞系统设备配置

序号	设 备	数量（台，只）	备 注
1	高压离心除鳞泵组	4	由高压电机拖动
2	高压蓄能器	2	水罐、气罐各1个
3	高压空压机	2	
4	自清洗过滤器	2	
5	电动输出阀	4	
6	蓄能器（水罐）电动闸阀	1	
7	最低液面阀	1	
8	最小流量阀	4	
9	除鳞阀（喷射阀）	6	
10	轧线检修电动闸阀	6	与6台除鳞阀相对应

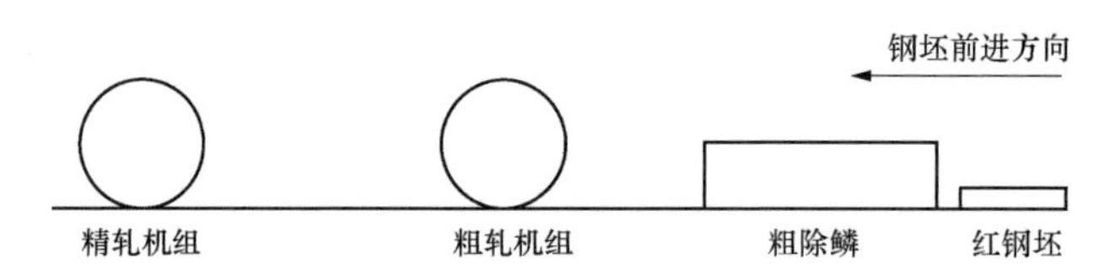

图5-31　热轧厂高压水除鳞工艺流程

采用1台美国某公司的MVRSM36-10kV-4000kW固态软启动器轮流启动4台高压离心水泵。其中，该高压离心泵控制系统共由16台控制柜组成，通过二段10kV电源供电；HSS、HSS2柜为中压固态软启动器柜；HSSPWR、HSSPWR2分别为固态软启动器HSS和HSS2的进线断路器柜。每台电动机配有2台真空断路器柜来控制，其中1台（HSSQHQ1、HSSQHQ2、HSSQHQ3、HSSQHQ4）是电机与固态软启动器接通和断开的断路器柜，另1台（HSSQH1、HSSQH2、HSSQH3、HSSQH4）是电机接到电源的断路器柜（旁路断路器柜）。LQH1为2台固态软启动器的联络柜，LQH2为二段10kV电源的联络柜。

通常，每段10kV母线各有1台固态软启动器轮流启动2台水泵。当有一段母线失电或者 1 台固态软启动器出现故障需检修时，则可合上联络断路器 LQH1 或 LQH2，便可用另一段正常的母线或者另 1 台工作正常的固态软启动器来控制全部 4 台水泵，变成 1 台固态软启动器轮流控制 4 台水泵的系统。

配置 1 台固态软启动器（HSS 柜），其型号为 MVRSM36 - 10kV - 4000kW；另再配 1 台固态软启动器（HSS2 柜）组成 2 台固态软启动器轮流控制 4 台水泵的系统，利于提高整个系统的可靠性。

高压水除鳞系统设有 PLC 控制装置。PLC 控制系统可根据除鳞管道压力，输出控制信号来启动或断开高压除鳞水泵，并且可使几台水泵有大致相同的工作概率，避免设备疲劳，提高设备的使用寿命。高压除磷系统采用固态软启动器，性价比高于高压变频装置。在设备维护方面，基本达到免维护，且设备运行稳定可靠，启动电流能设定在 0%～160% 的范围内，可以频繁无冲击启动。在节电方面，该高压除鳞系统采用 2 个高压蓄能器（1 个水罐，1 个气罐）平衡水压，根据流量和压力的要求通过 PLC 对电机的投入或退出进行控制，经过实际运行，表明能够减少 1 台电机长期空转运行，全年节电达 1728 万 kW·h，其高压除磷系统节电率达到 28%～35%。同时，在节能的同时，不会对电网、水泵和管路系统造成很大冲击，利于提高设备寿命、大大降低成本。

5. 热变电阻器启动器应用

实际使用中，热变电阻器适用于不频繁启动场所，使用完毕后应完全从电力线路中脱开，防止长期带电；电机启动过程中的保护整定应能覆盖启动时间，推荐采用定时限过电流保护；热变电阻体顶部进出线端以高压电缆与外部连接。

山西某钢铁公司炼铁二厂 1080m^3 高炉鼓风机，所配 T13500 - 4 同步电机，额定功率 13.5MW，额定电压 10kV，额定电流 888A，额定转速 1500r/min，堵转电流倍数为 5.96，启动转矩倍数为 2.35，折合到电机转子轴机组转动惯量 GD2 为 23100kg·m^2、静阻力矩为 2500N·m、空载力矩为 22000N·m，10kV 母线最小短路容量为 240MVA。采用高压热变电阻启动器一次试机获得成功，启动电流为 2206A，不到电机额定电流的 2.5 倍，电机启动时间为 23.12s，引起 10kV 母线压降小于 8%，电阻温升 10℃。启动平稳，无冲击、无啸叫声。再如，辽宁某炼铁公司在 Y900 - 4 型 6kV、4260kW、458A 高压笼型电机上安装了 1 台高压热变电阻启动器，带风机一次试机获得成功，母线压降小于 5%，启动平稳，无冲击。

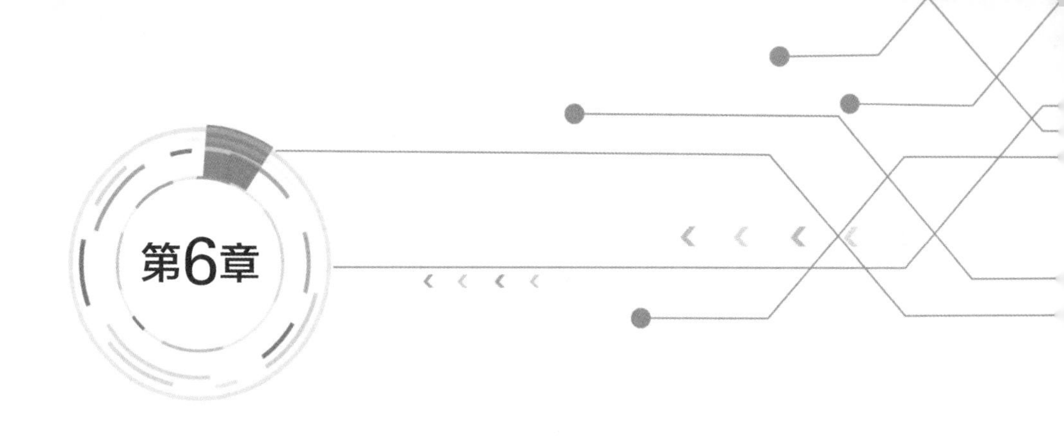

高压变频技术

6.1 引言

电机广泛应用于工农业生产、军事、科技和生活等领域。按照输入电源的不同，可以将电机分为直流电机和交流电机两类。其中，直流电机具有调速性能好、易于快速启动和停车等特点，但换向器和电刷使其应用受到限制；交流电机，尤其是笼型异步电机，因结构简单、制造容易、耐用、价格便宜等优点而应用最为广泛。

在很多情况下并不需要电机工作在额定工况，例如：发电厂的风机常年处于额定功率运行，并通过挡板、阀门或者液力耦合器等装置调节输出风量，实际输出量仅仅为额定工况的 50%～70%甚至更低，造成巨大的能源浪费。电机运行时的轴功率与转速成一定的比例关系。因此，当电机的转速降低时，其轴功率也随之下降，消耗的电能也相应减少。特别是驱动风机、水泵等大功率电机，其轴功率与电机转速的三次方成正比，当转速降低时，其消耗的电能可以大幅减少，节能效果显著。由于电机的转速与输入电源频率成正比，因此只要调节输入电源的频率就能够控制电机的转速，达到调速节能的目的。

6.1.1 电机调速

交流电机调速的主要方式分为频率调节、磁极对数调节、转差率调节，具体分为图 6-1 所示较为常用的八种调速技术，主要分为高效调速和低效调速两大类。

（1）高效调速。特点为不增加转差损耗，在调节电机转速时转差率基本不变，不增加转差损失，或将转差功率以电能形式回馈电网，或以机械能形式回馈电机轴。

（2）低效调速。特点为在调节电机转速时存在附加转差损失，在相

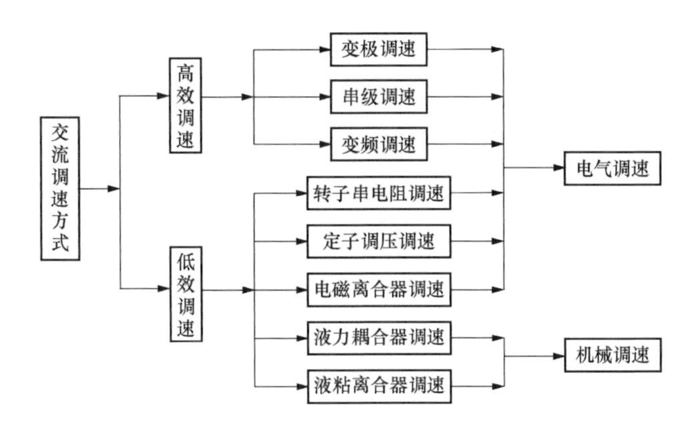

图 6-1　电机常用调速技术

同调速工况下其节能效果低于不存在转差损耗的调速方式。

其中，变极调速和滑差调速（也称作电磁离合器调速）方式适用于笼型异步电机；串级调速和转子串电阻调速适用于绕线型异步电机；定子调压调速和变频调速既适用于笼型异步电机，也适用于绕线型异步电机；变频调速和机械调速既适用于异步电机，又适用于同步电机。常用调速方式性能见表 6-1 所列。

表 6-1　　常用调速方式性能

性能	调速方式			
	液力耦合器	串级调速（包括内反馈）	变极调速	变频调速
功率因数	低	低	一般	高
电网干扰	无	较大	无	稍有
调速范围	一般	窄	100，50，0	100～0
电机要求	无	绕线型	极数可变	无
维护保养	较难	较难	最易	易
可靠性	一般	一般	可靠	可靠
性能	一般	良好	一般	最好
初投资	省	较贵	最省	较贵

表 6-2 列举了各种电机调速方案及其特点。其中，电力电子技术的出现与发展使得采用变频调速器实现电机调速节能成为可能，且随着全

控型电力电子器件向着高频、高压、大功率方向的发展，变频调速器也向着高压大功率方向发展。高压大功率变频调速器具有启动电流小、功率因数高、调速特性优良、节能效果明显和易于实现自动控制等优点，从本质上改变了利用挡板、阀门或者液力耦合器等装置进行电动机输出量调节的手段，极大地提高了电动机的生产效率和控制能力、降低了电能的消耗。此外，还具有电动机软启动功能，在实现大转矩输出的同时，还能有效地控制启动电流，减小电动机启动时的过电流冲击。

6.1.2　变频器分类

按照技术原理，中高压变频器总体分为电压源型和电流源型两大类，其中，电压源型变频器包括移相变压器（或无移相变压器），直流环节采用大容量电容器滤波、储能，输入/输出增加滤波器，元器件少、电路拓扑简单。各种高压变频器的类型及特点见表 6-3 所列。

表 6-2　调速方案比较

序号	调速方案		调速范围	调速精度	低速特性	响应速度	备注
1	直流电机		宽（1∶5000）	高	好	慢	磁链、转矩电流独立控制
2	交流电机	变压变频控制 VVVF	窄（1∶10）	低	差	较慢	1）保持特定压频比以获得恒定磁通；2）磁链、电流存在耦合；3）低速时输出转矩受限制，动态性能较差
3	交流电机	矢量控制 VC	较宽（1∶20～200）	较高	较好（连续）	较快	1）测量、控制异步电机定子电流矢量，基于磁场定向原理分别控制异步电机的励磁电流、转矩电流，以控制电机转矩；2）分解定子电流矢量为励磁电流、转矩电流，分别控制两个分量间的幅值、相位；3）调节连续、平滑；4）磁链、转矩解耦；5）分为基于转差频率控制、无速度传感器、有速度传感器的矢量控制方式三种

续表

序号	调速方案		调速范围	调速精度	低速特性	响应速度	备注
4	交流电机	直接转矩控制 DTC	较窄（1∶15～150）	较高	较差（脉动）	快	1）控制定子磁链；2）在定子静止坐标系下检测定子电压、电流，计算、控制电机的磁链、转矩；3）磁链、转矩采用 bang - bang 控制，无须旋转坐标变换，动态响应快；4）滞环控制引起磁链、转矩脉动，且开关频率不是常数，造成低速、零速性能差，电流、转矩脉动大、开关频率不定、高采样频率；5）DTC - SVM 改进方案，采用 PI 替代滞环控制器，计算定子电压矢量，因 PI 取平均值，定子电压矢量经过 PWM 技术合成（SVPWM），谐波被滤除掉了，同时，不采用 bang - bang 控制，利用矢量控制连续平滑的特点，转矩、磁链误差经 PID 调节，再采用 SVPWM 控制逆变器，利于提高电机动、静态速度精度，综合了 DTC、矢量控制的特点，满足高性能控制要求
5		交流伺服控制	很快（1∶10000～100000）	很高	很好	很快	位置、速度闭环控制

表 6 - 3　　高压变频器的类型及特点

特性	类　　型							
	单元串联多电平	三电平	电流源型	高低高	电压浮动钳位	电网反馈或内反馈串级	高高	交交
输入谐波	低	较高	较高	较高	较高	低	高	—
输出谐波	低	较高	低	较低	较高	低	高	—
冗余设计	容易	难	难	难	难	难	难	难
开关频率	高	较低	低	高	低	高	低	—

续表

特性	类型							
	单元串联多电平	三电平	电流源型	高低高	电压浮动钳位	电网反馈或内反馈串级	高高	交交
效率	较高	高	高	低	高	低	高	高
功率因数	高	高	较低	较低	高	较低	高	较低
调频范围	宽	宽	宽	宽	宽	小	宽	小
适用电机	各种交流电机	各种交流电机	各种交流电机	各种交流电机	各种交流电机	绕线转子电机	各种交流电机	各种交流电机
输出 dV/dt	低	较高	低	较低	较高	低	高	低
响应速度	高	高	低	高	高	高	高	高
功率器件	IGBT	IGBT IGCT	GTO SGCT	IGBT	IGBT IGCT	IGBT	IGBT IGCT	SCR
器件数量	多	较多	较多	少	较多	少	较少	少
器件不串联时输出电压	6000V 10000V	4600V	4600V	6000V 10000V	6000V	6000V 10000V	2300V	3000V
其他	单元一致，维护简单	—	大容量电感	输入、输出均有变压器	—	控制功率小，无输入变压器	无变压器	无变压器

1. 交—直—交电压源型变频器

如图 6-2 所示为三电平交—直—交电压源型变频器原理图，整流器将交流整流成为直流，经过滤波，最后再利用逆变器将直流电逆变成交流电供给负载。

该变频器的特点为电容滤波、整流器为电压源，同时，逆变输出电压波形为矩形波、负载（电机）电流为近似正弦波。

针对短路等过电流采取的保护措施包括切除（或断电）故障设备。由于整流桥输出的电压极性是固定的，制动过程回馈的交流电需要在整流侧再反并联一组逆变桥，实现可再生电能回馈交流电网。

如图 6-3 所示为采用移相整流串联叠加输出技术的电压源型变频器，其中间直流环节采用大容量电容器作为滤波及储能元件。

研究表明，由于 IGBT 开关频率高、开关速度快，通过在每组变流单元内增设 LRC 装置，由于电感选用超微晶铁心，控制 dV/dt 的值由 1500V/μs 降低为 500V/μs，利于保护电机的绝缘性能、降低高次谐波和

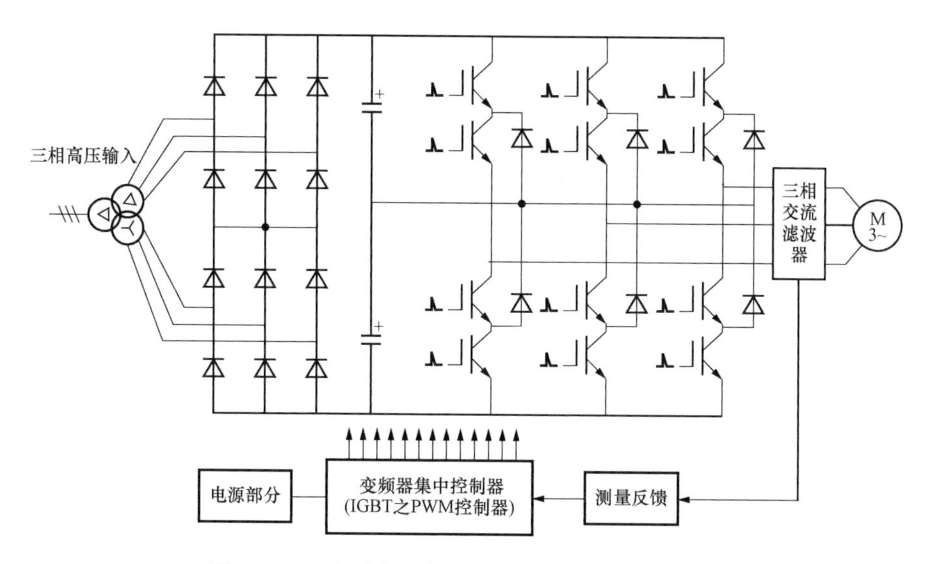

图 6-2　三电平交—直—交电压源型变频器原理图

减少电机损耗。

因常规电解电容器电容量大，但耐压低（如 500V），需要串联应用，存在均压问题，损耗大、发热严重，局部击穿不会自愈而引起炸壳，此外还存在寿命短（5 年需更换）、恢复成本高等不足。无极性电容耐压高达 1800V、容量大（50～60μF），寄生电感小、具有自愈能力，可靠性增强。

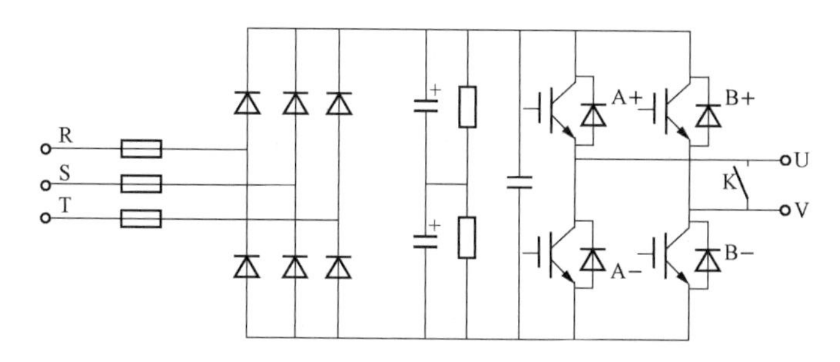

图 6-3　采用移相整流串联叠加输出技术的电压源型变频器原理图

图 6-4 所示为某三相高压变频器系统原理图，采用多重化移相整流技术和单元电平串联叠加技术，共有 18 个功率单元（单元模块），其中，每相由 6 个功率单元串联构成，通过移相对变压器进行切分，实现单元供电（见图 6-5）。采用 PWM 技术实现可变电压和可变频率，如图 6-6 所示。

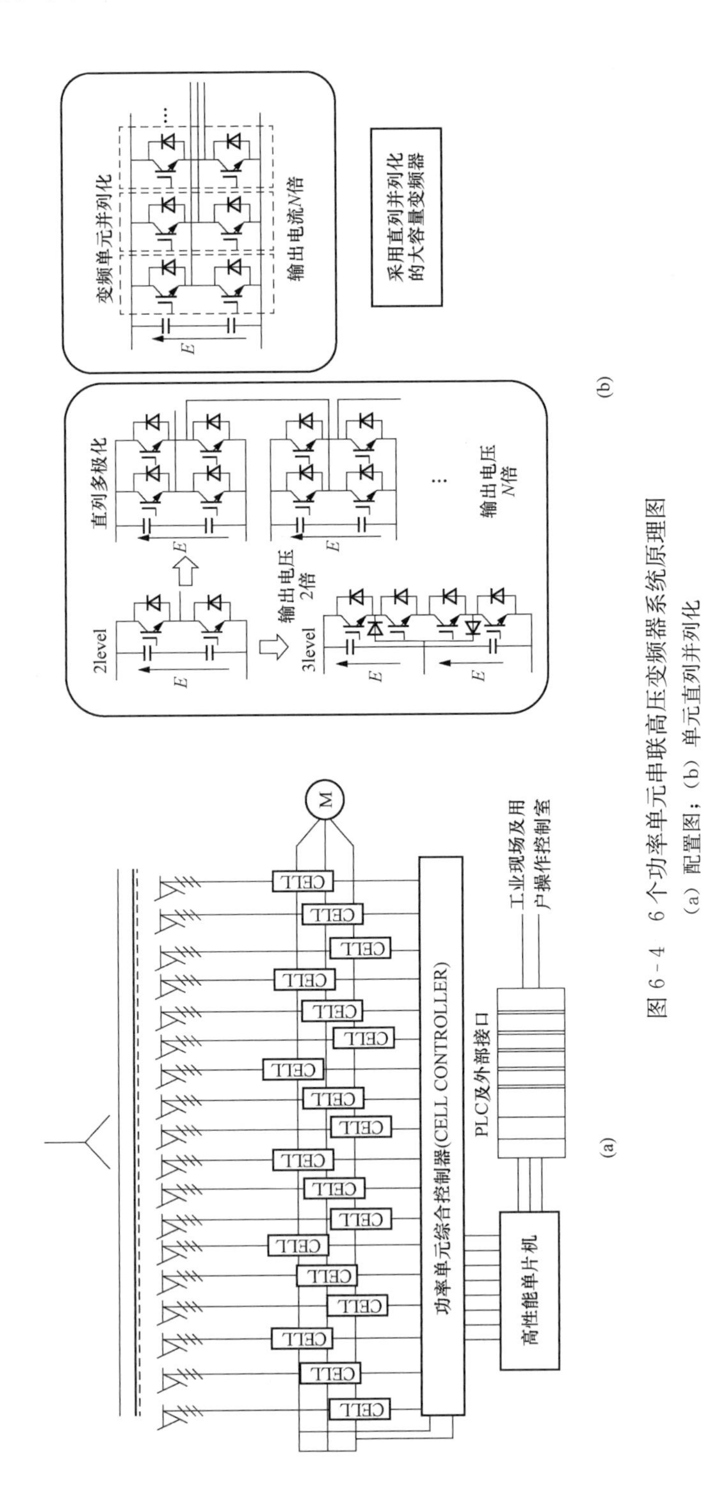

图6-4　6个功率单元串联高压变频器系统原理图

（a）配置图；（b）单元直列并列化

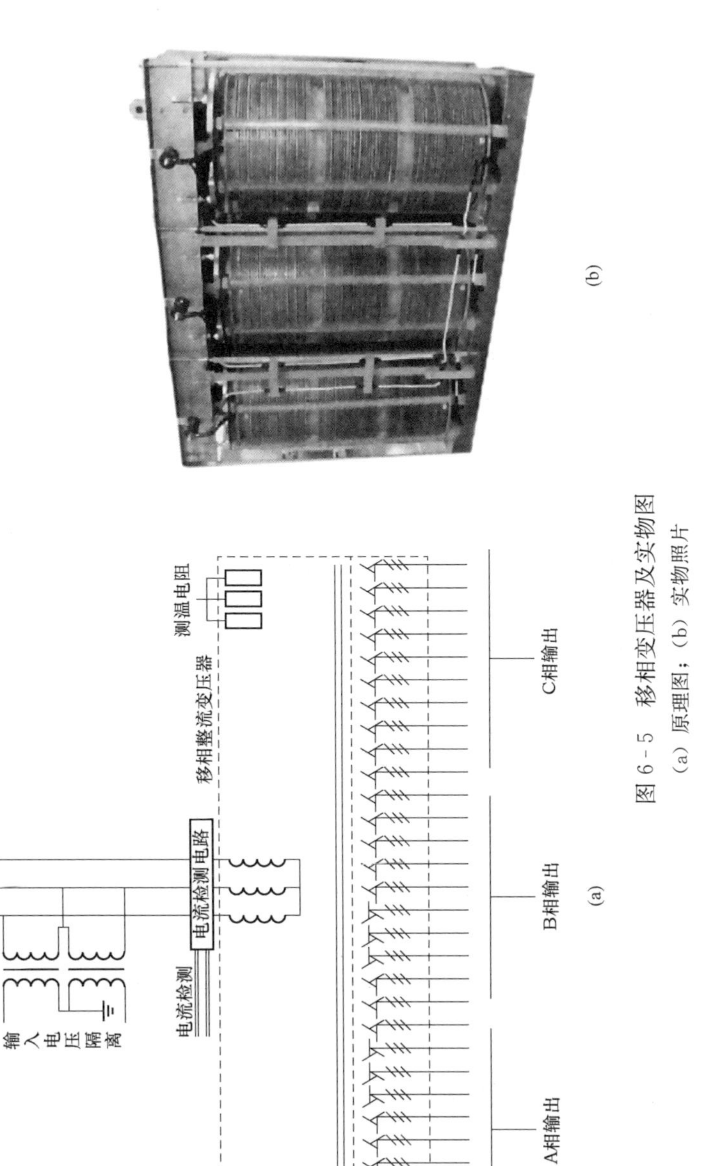

图 6－5　移相变压器及实物图

（a）原理图；（b）实物照片

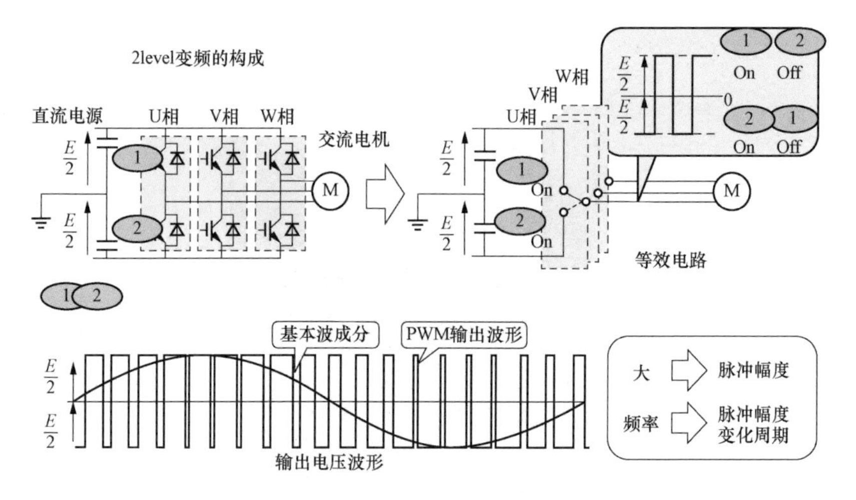

图 6-6　PWM 输出可变电压和可变频率

2. 交—直—交电流源型变频器

图 6-7 所示交—直—交电流源型变频器直流侧采用大电感（直流电抗器）作为储能、滤波元件，能有效抑制故障电流上升率，具有较理想的保护性能。

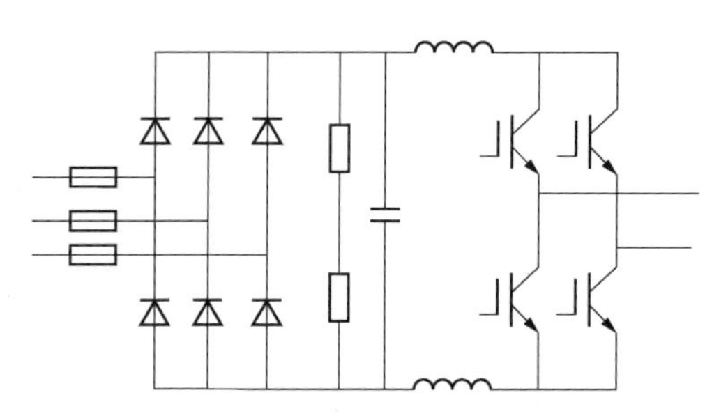

图 6-7　交—直—交电流源型变频器原理图

6.2　高压变频关键技术

6.2.1　高压变频器拓扑

目前，阻碍变频调速技术在高压、大功率交流传动中推广应用的主要问题有两个：一是我国大容量（200kW 以上）电机的供电电压高（6、10kV），而组成变频器的功率器件的耐压水平较低，造成电压匹配上的困难；二是高压、大功率变频调速系统技术含量高、难度大、成本也高，而一般的风机、水泵等节能改造工程大都要求低投入、高回报、关注经济性问题。目前，已有的高压变频器产品并非具有类似低压变频器的成熟的拓扑结构，且多限于采用当前较为成熟的低耐压等级的功率器件，针对高压应用的要求，国内外各变频器厂家采用了不同的方法，虽然均较为成功地解决了高压大容量这一难题，但变频器的主电路结构不尽一致，性能指标及价格差异也较大。典型产品包括美国罗宾康（ROBICON）公司无谐波变频器、罗克韦尔（A-B）公司Bulletin1557和Power Flex7000系列变频器、西门子SIMOVERTMV中压变频器、ABB ACS1000系列变频器、意大利ANSALDO SILCOVERT-TH变频器、日本三菱和富士生产的无谐波变频器，以及我国凯奇、先行、利德华福和成都佳灵生产的高压变频器等。

1. 两电平变频器

（1）电流源型变频器。电流源型变频器的特点是易于控制电流、便于实现能量回馈和四象限运行，不足是变频器的性能与电机的参数有关，不易实现多电机联动、通用性差、电流的谐波成分大、损耗较大，且共模电压高，影响电机的绝缘性能。采用功率器件串联的两电平逆变方案，结构简单、所用功率器件少，但功率器件串联带来的均压问题、两电平输出dV/dt等，要求提高电机的绝缘等级、设计专用的输出滤波器，才能用于电机的驱动。即使如此，其总谐波畸变值THD也仅仅控制在4%以内。输入端采用可控器件实现PWM整流，实现能量回馈和四象限运行，同时也造成网侧谐波增大，需增加进线电抗器滤波才能满足电网的要求，势必增加变频器的体积和成本。

例如，美国罗克韦尔（A-B）的Bulletin1557系列中压变频器的主电路拓扑结构如图6-8所示，采用18脉冲整流器、由功率器件GTO串联形成交—直—交电流源型变频器。采用无速度传感器直接矢量控制方式，电机转矩可快速变化而不影响磁通，综合了脉宽调制和电流源结构的优点，运行效果近似直流传动装置。提供的多种方案可以满足谐波抑制的要求，如标准12脉冲、18脉冲及PWM整流器，标准谐波滤波器及功率因数补偿器，谐波控制满足IEEE 519—1992标准的要求。

此外，Power Flex7000系列中压变频器采用对称门极换流晶闸管SGCT代替GTO，简化了驱动和吸收电路，系统效率得以提高。例如，6kV系统的每个桥臂仅仅串联3只耐压6500V的SGCT。

（2）电压源型变频器。如图6-9所示为采用IGBT直接串联的两电平电压源型高压变频器，特点为无输入、输出变压器，IGBT直接串联逆

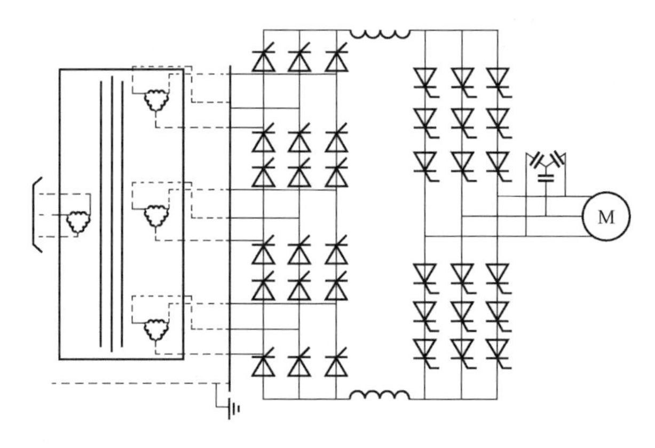

图 6-8　Bulletin1557 变频器主电路拓扑结构

变，输出效率达 98%。来自电网的 3～10kV 高压电源直接通过高压断路器输入变频器，二极管全桥整流、直流平波电抗器和电容滤波、逆变器逆变，以及正弦波滤波器后，直接控制 3～10kV 高压电动机。

基于 IGBT 直接串联的高压变频器与低压变频器具有相同的主电路拓扑结构，使得常用于低压变频器的控制策略均适用于高压变频器。同时，针对高压电机控制的特殊要求，往往还需要在输出电压波形和共模电压的处理上采取一定的技术措施，使得基于 IGBT 直接串联的高压变频器的各项技术指标均优于低压变频器。

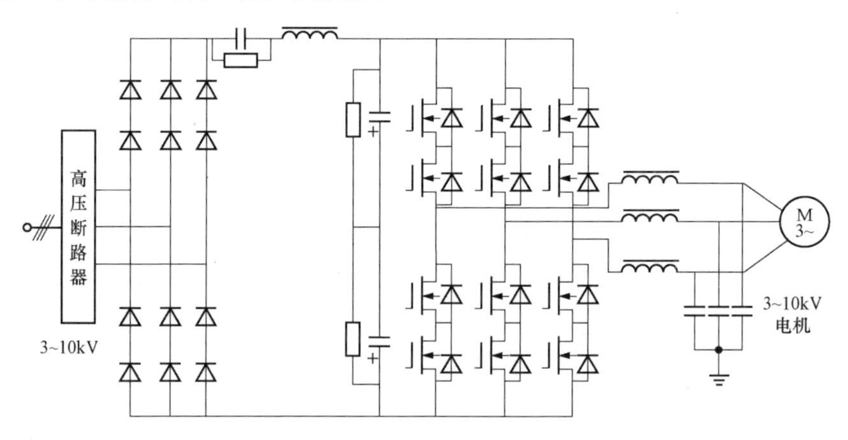

图 6-9　IGBT 直接串联高压变频器

如图 6-10 所示变频器具有直流放电制动装置，适合快速制动的场合。如图 6-11 所示变频器采用 PWM 整流电路，输入电流为正弦波，适合用于四象限运行、需要能量回馈或输入电源侧短路容量较小的场合。

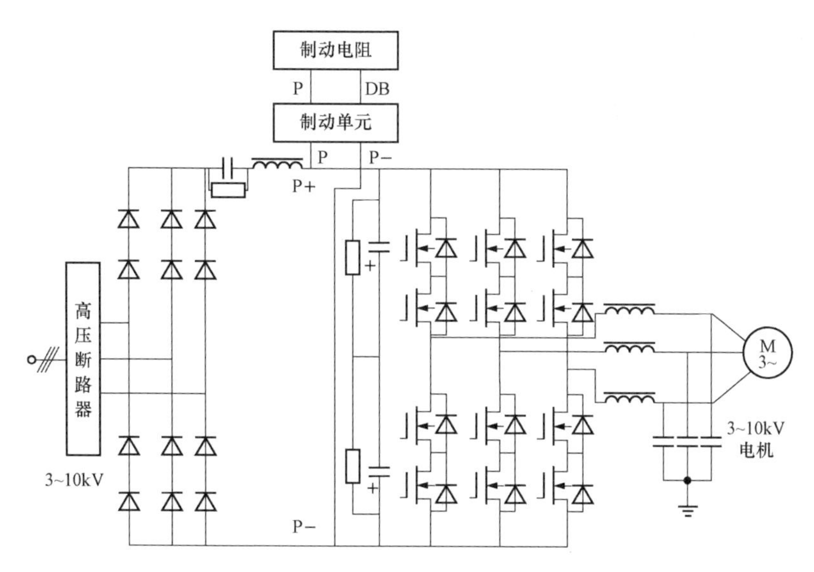

图 6 - 10　适合快速制动的变频器主电路图

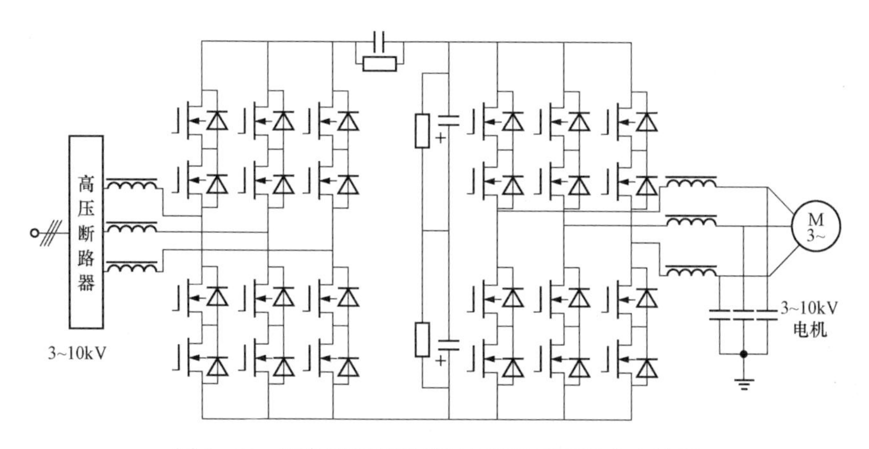

图 6 - 11　四象限运行和能量回馈的变频器主电路图

2. 三电平高压变频器

三电平逆变电路也称作中心点钳位逆变器（Neural Point Clamped，NPC），于 1980 年由日本学者 A. Nabae 首先提出，针对 PWM 电压源型变频器，在输出电压较高时解决因功率器件串联引起的静态和动态均压问题，同时降低输出谐波及 dV/dt 的影响。

逆变器的功率器件可采用高压 IGBT 或 IGCT。例如，ABB 公司 ACS1000 系列三电平变频器采用 IGCT，输出电压分为 2.2kV、3.3kV、

4.16kV。西门子公司采用高压 IGBT 器件，生产了与此类似的变频器 SI-MOVERTMV。

图 6-12 所示 ACS1000 电压源变频器主电路拓扑结构，采用 12 脉冲二极管整流器、三电平 PWM 逆变器和 12 个耐高压 IGCT 功率器件。

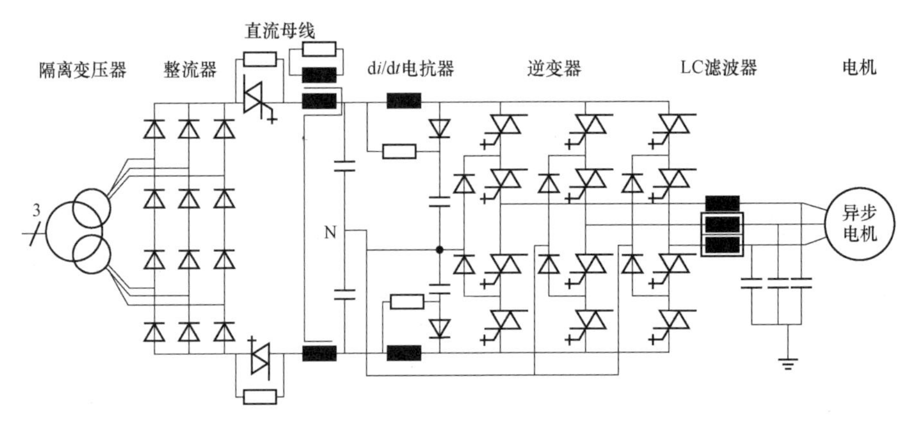

图 6-12　三电平高压变频器主电路图

（1）整流电路。该变频器的整流部分是非线性的，势必会产生高次谐波污染电网。通过将两组三相桥式整流电路用整流变压器联系起来，其中，初级绕组接成三角形，次级绕组一组接成三角形、另一组接成星形。由于整流变压器的两个次级绕组的线电压相同、相位相差 30°，5 次、7 次谐波在变压器的初级存在 180°的相移而相互抵消；同样，17 次、19 次谐波也互相抵消。这样，经过两个整流桥串联叠加后，获得 12 波头的整流输出波形，该波形相对于 6 个波头更平滑，且每个整流桥的二极管耐压可降低一半。采用 12 相整流电路减少了特征谐波含量，由于 $N=KP\pm1$（N 为特征谐波次数，K 为自然数，P 为整流相数，此处为 12），可见，网侧特征谐波只有 11、13、23、25 次等。如果采用 24 脉波整流电路，网侧谐波将更进一步被抑制。两种方案均可使输入功率因数在全功率范围内保证在 0.95 以上，不需要增加额外的功率因数补偿器。

（2）逆变电路。该变频器的逆变部分采用三电平方式，因而输出波形中不可避免会产生较大的谐波分量（例如，THD 超过 10%），这是三电平逆变方式所固有的。因此，要求在变频器的逆变侧必须配置输出 LC 滤波器（控制 THD 值在 1%以内），用于驱动普通笼型电机。同样，由于存在谐波，势必会影响电机的功率因数和效率。三电平逆变器具有结构简单、体积小、成本低、使用功率器件少（此处仅 12 只）等特点，根据目前 IGCT 及高压 IGBT 功率器件的耐压水平，三电平逆变器的最高输出电压可达到 4.16kV。

若要求变频器直接输出电压为 6kV，则需要串联功率器件，势必增加成本、需要解决均压问题等；或者采用 9kV 耐压的 IGCT，但谐波及 dV/dt 也相应增加，必须增加滤波装置以满足 THD 指标要求。在 9kV 耐压的功率器件出现之前，对于 6kV 高压电机，可采用 Y/△改接的办法，将 Y 形接法的 6kV 电机改为△接法，线电压为 3.47kV，采用 3.3kV 或 4.16kV 输出的变频器即能满足要求，同时也满足了 IGCT 电压源型变频器对电机的绝缘等级提高一级的要求，采用该方案更为经济、合理。但在进行 Y/△改接后，由于电机电压与电网电压不一致，无法实现旁路功能，当变频器出现故障时，要保证生产的正常进行，必须首先将电机改回 Y 形接法后再接入 6kV 电网。因此，电机的 Y/△改接需要经过 Y/△切换柜，以便实现旁路功能。ACS1000 系列变频器的旁路切换功能适用于在电机电压与电网电压一致时。

3. 多重化高压变频器

日本富士公司采用高压 IGBT 开发的 FRENIC4600 FM4 系列中压变频器，其主电路及功率单元结构如图 6-13 所示。该变频器综合了多电平和多重化变频器的优点，通过将多个中压三电平 PWM 逆变器功率单元多重化串联，获得高压无谐波正弦波输出，同时，由于对电网进行多重叠加整流，谐波符合 IEEE 519—1992 要求。该变频器由于采用了高压整流二极管和高压 IGBT，因此系统主回路使用的器件大为减少、可靠性提高、损耗降低、体积缩小，变频器的综合效率达到 98%、功率因数为 0.95，不需要附加进相电容器或交直流电抗器，也不需要增加输出滤波器，系统结构大为简化。

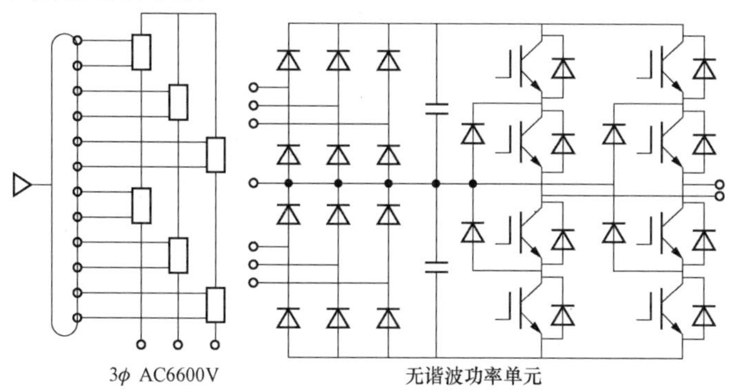

图 6-13　FRENIC4600 FM4 的主电路及功率单元结构图

FRENIC4600 FM4 系列变频器的特点为基于三电平技术构成单相逆变功率单元，在功率器件的数量上并不占优势，要比同样电压和功率等级的三电平三相逆变器足足多用一倍；同样，也比普通单相逆变功率单元多出一倍。以设计 6kV 变频器系统为例，基于 3300V IGBT 功率器件，所需器件见表 6-4。显然，基于三电平三相逆变功率单元串联多重化技术所用器件较少，仅仅为基于三电平单相逆变功率单元多重化技术所用器件的 75%。可见，FRENIC4600 FM4 系列变频器的性价比不高。

表 6-4 利用 3300V 耐压的 IGBT 器件设计 6kV 变频器系统所需器件数量比较

序号	方法	特点	串联单元数量	整流二极管数量	IGBT 数量	备注
1	多电平与多重化技术	三电平单相逆变功率单元	6（每相需串联 2 个单元）	72	48	100%
2	单元串联多重化技术	三电平三相逆变功率单元	9（每相需串联三个单元）	54	36	75%

4. 变压器耦合输出高压变频器

Cengelci E 等人于 1999 年提出了一种新型的变压器耦合式单元串联高压变频器主电路拓扑结构，如图 6-14 所示，其主要设计思想是通过变压器将 3 个由高压 IGBT 或 IGCT 构成的常规两电平三相逆变器单元的输出叠加起来，输出更高电压，并且这 3 个常规两电平三相逆变器可采用普通低压变频器的控制方法，使得该变频器的电路结构及控制方法大大

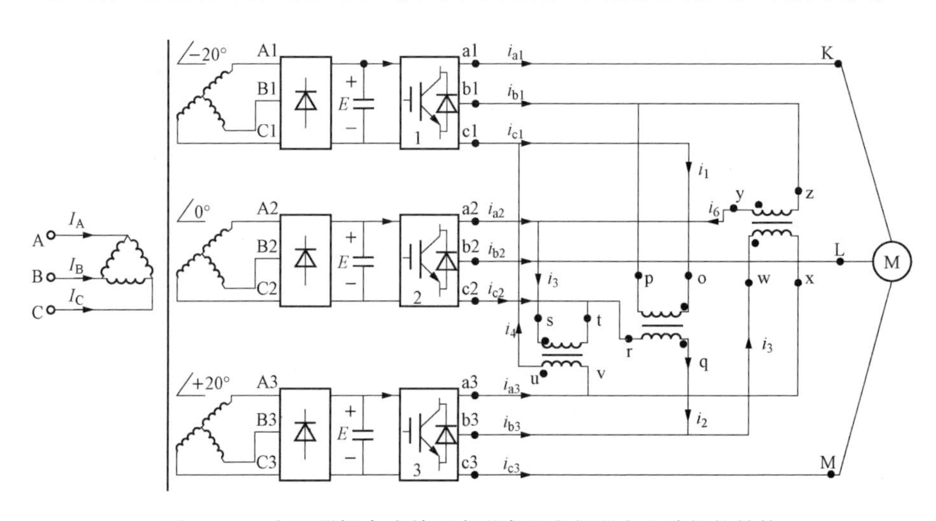

图 6-14 变压器耦合式单元串联高压变频器主电路拓扑结构

简化。其主要组成部分如下：

（1）1 个 18 脉冲的输入变压器，可基本实现输入电流无谐波。

（2）3 个常规两电平的三相逆变器。

（3）3 个变比为 1∶1 的输出变压器。

5. 模块化多电平高压变频器

如图 6－15 所示为模块化多电平高压变频器的电路拓扑，采用若干低压功率单元串联的方法来实现高压输出，相对于两电平、三电平变频器具有更多的输出电平数，输出波形正弦性也更好。

（1）系统构成及工作原理。下面以 5 个功率单元模块串联的高压变频器为例介绍其工作原理。

1）如图 6－16 所示，模块化多电平高压变频器每相都由 5 个相同的功率单元串联而成，三相为 Y 形连接，直接输出高压电机所需的变频电源。网侧 6kV 电源通过移相输入变压器降压后给各个功率单元供电，如图 6－17 所示。

2）变频器输出电压为 6kV，每相由 5 个功率单元串联组成，每个功率单元的额定电压为 690V，输出相电压 3.45kV、线电压 6kV。

3）变频器整流部分因存在非线性势必产生高次谐波污染电网。为了降低输入电流谐波，变频器的移相输入变压器采用多重化结构。移相输入变压器的 15 个二次绕组分别为 15 个功率单元供电，且每三个绕组为一个相位组，每个相位组互差 12°电角度，如此形成 30 脉波二极管整流结构，理论上可消除 29 次以下的谐波，输入电流的波形接近正弦波，电流谐波总失真率小于 1％。

4）如图 6－18 所示为单个功率单元的拓扑结构，三相交流电经过二极管不控全桥整流后，再由滤波电容 C 形成直流母线电压，输出侧为由 4 个 IGBT 模块组成的 H 桥式单相逆变电路，通过 PWM 调制得到变压、变频的输出电压。由于功率单元整流部分为二极管不控整流结构，不能实现能量回馈，所以不能四象限运行。滤波电容为电机提供所需的无功功率，故功率单元的输入功率因数可达 0.95 以上，无需进行功率因数补偿。

（2）模块化多电平高压变频器的优点。

1）串联的功率单元全部相同，便于批量生产和降低生产成本，维修也比较方便。

2）输出电压的 THD 和 dV/dt 都较小，无须另外设置滤波电路。

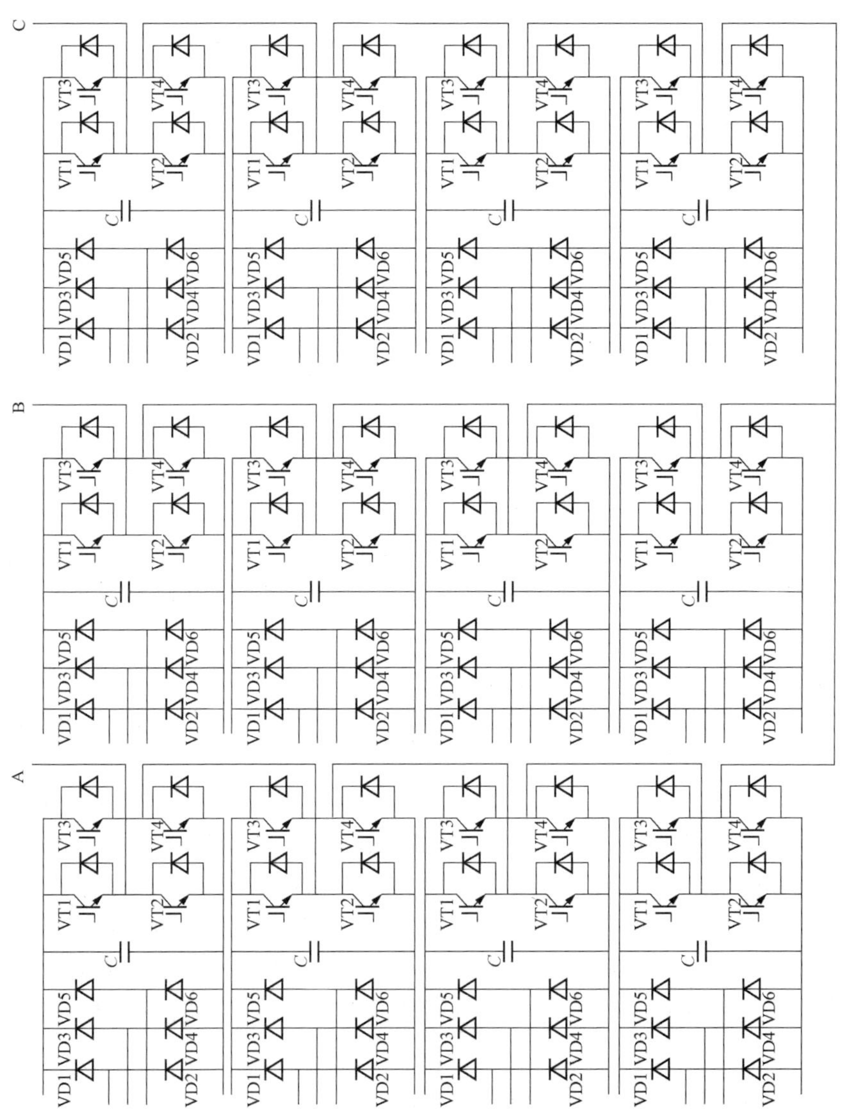

图 6-15　模块化多电平高压变频器的电路拓扑

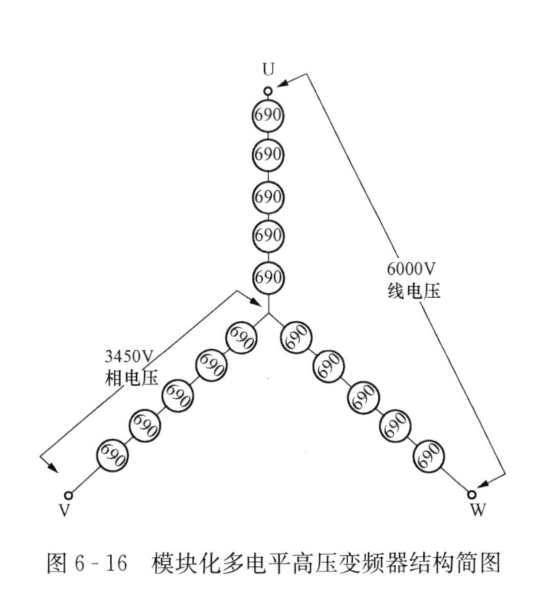

图 6 - 16　模块化多电平高压变频器结构简图

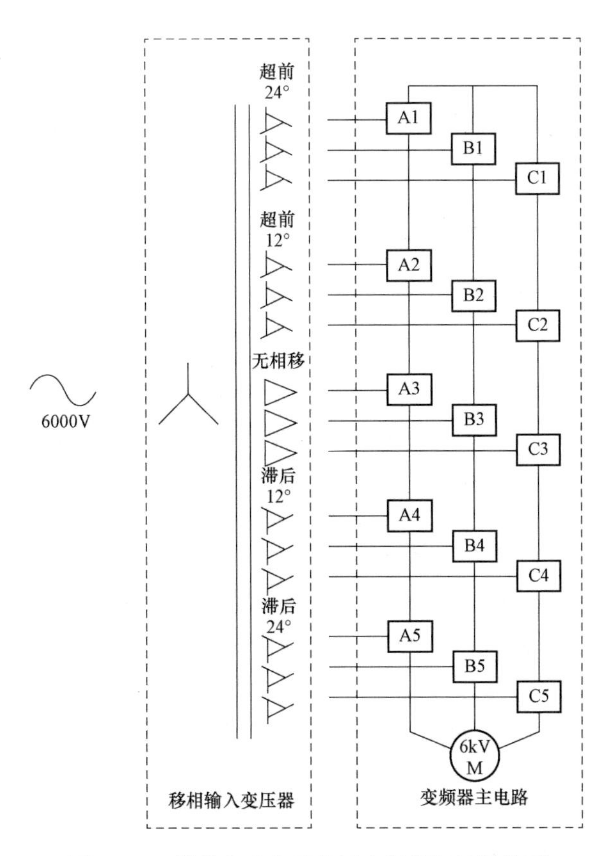

图 6 - 17　模块化多电平高压变频器拓扑结构图

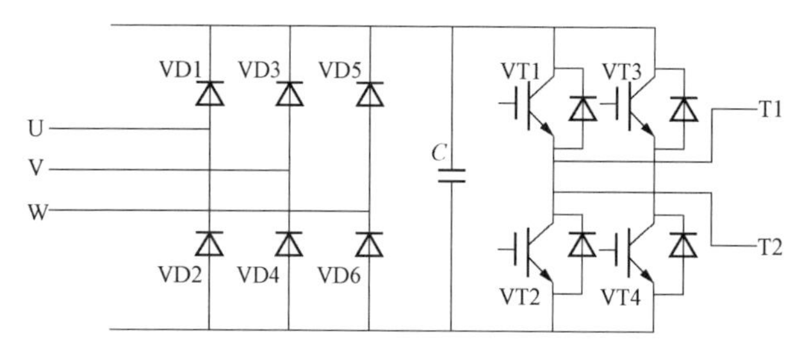

图 6-18　功率单元拓扑结构

3）通过串联功率单元以获得高压，避免了大量电力电子器件的直接串联，不存在电力电子器件直接串联带来的静态、动态均压问题。

4）系统可靠性高，当某个功率单元出现故障时，不会影响其他功率单元的正常工作，系统能继续运行。

（3）模块化多电平高压变频器的缺点。

1）移相输入变压器的使用增加了系统设计难度和生产成本。

2）大量开关元件的使用降低了系统的可靠性。

6.2.2　高压变频器调制技术

为了使高压变频器的输出电压、电流尽量接近正弦波，减少谐波含量，学术界、业界开展了非常深入的实践研究，提出了很多实用的调制方法，且大多数应用于级联型高压变频器。采用的调制方法主要包括阶梯波、多载波 PWM、错位移相 SPWM 和空间矢量 SVPWM 调制方法等。

1. 阶梯波调制方法

阶梯波脉宽调制方法是用多电平阶梯波来逼近正弦波，该方法的优点是易于实现、器件的开关频率也最低、开关损耗最小。输出电压调节可通过调节直流侧母线电压或者分布的移相角度来实现，对于消除和抑制低次谐波，可通过电平持续时间的长短来实现。阶梯波式调制方法输出阶梯状变化的电压，是一种比较简单的多电平调制方法。

如图 6-19 所示为某三级功率单元串联的输出波形。其中，角度从 0 变化到 x_1 内，使得所有功率单元的上桥臂（或下桥臂）功率器件同时导通，从而单个功率单元输出电压为 0V，所以相电压也为 0V；在角度从 x_1 到 x_3 内，控制其中一个功率单元，使得输出正的电压 E（E 为直流母线电压），而其余功率单元仍然输出 0V 电压，则相电压的大小为 E；当角度为 x_3 时，再导通另一级功率单元，相电压大小变为 $2E$；角度为 x_5 时导通最后一级功率单元，相电压大小变为 $3E$。在一个正弦周期内，0°到 180°内波形关于 90°轴对称，同理，正、负半轴波形也是对称的，输出电压呈阶梯状逐级变化，每次电压变化幅度为 E。该方法的关键是如何计算每个 H 桥单元导通角的大小。根据导通角计算方法的不同，阶梯波控制方法可以划分为等面积控制算法（低次谐波最少控制算法）、指定谐波消去法和三角波控制算法。

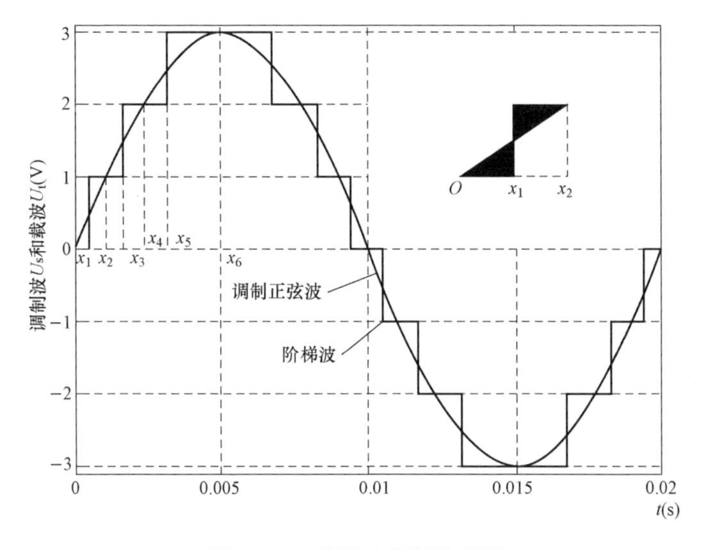

图 6 - 19　阶梯波控制波形图

（1）等面积控制算法。如图 6 - 19 所示，所谓等面积控制算法指的是在一段时间内正弦波的积分面积与矩形阶梯波的面积相等，即图 6 - 19 中阴影部分面积相等。以三级功率单元串联结构为例，则导通角 x_1、x_3、x_5的计算公式分别为

$$\begin{cases}\int_0^{x_2} 3EM\sin(x)\mathrm{d}x = E(x_2 - x_1) \\ \int_{x_2}^{x_4} 3EM\sin(x)\mathrm{d}x = E(x_3 - x_2) + 2E(x_4 - x_3) \\ \int_{x_4}^{x_6} 3EM\sin(x)\mathrm{d}x = 2E(x_5 - x_4) + 3E(x_6 - x_5)\end{cases} \tag{6 - 1}$$

式中：E 为直流母线电压；M 为调制比。x_2、x_4、x_6满足以下关系

$$\begin{cases}3EM\sin(x_2) = E \\ 3EM\sin(x_4) = 2E \\ 3EM\sin(x_6) = 3E\end{cases} \tag{6 - 2}$$

根据式（6 - 1）、式（6 - 2），当调制比 M 为 1 时，计算 x_1、x_3、x_5

$$\begin{cases} x_1 = 0.1682 \\ x_3 = 0.5273 \\ x_5 = 1.0169 \end{cases} \tag{6 - 3}$$

当调制比不同时，对应的导通角也不相同。当有更多的功率单元串联输出时，计算方法与此类似，这里不再赘述。

该算法主要根据面积相等原则计算每个功率单元的导通角，这样可以确保输出相电压的低次谐波含量最少。

（2）指定谐波消去法。指定谐波消去法即通过傅立叶级数分析，得到在选择开关角下的傅立叶级数展开式，假定某些指定的低次谐波为零，从而得到对应 N 个开关角的 N 个非线性独立方程，然后再按所求解的开关角进行控制，即可消除这些指定的低次谐波。

通常，该方法侧重于消除低次谐波，因为高次谐波幅值较小，同时谐波频率增高，滤波相对容易一些。可见，采用该方法旨在让基波幅值最大，并消除低频次非 3 倍频次谐波。如图 6 - 20 所示为采用该方法产生的阶梯波。

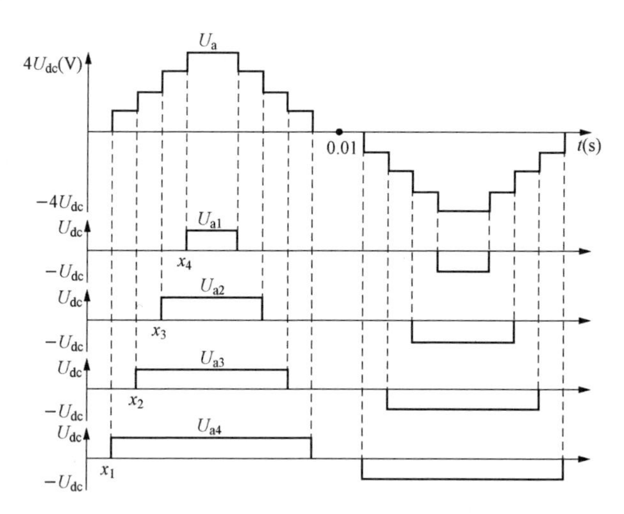

图 6 - 20　指定谐波消去法输出阶梯波

如图 6 - 20 所示，输出相电压为

$$U_a = U_{a1} + U_{a2} + U_{a3} + U_{a4} \tag{6 - 4}$$

将式（6 - 4）进行傅立叶分解后可得到

$$U(x)=\frac{4U_{dc}}{\pi}\sum_{n=1,3,7\cdots}^{\infty}[\cos(nx_1)+\cos(nx_2)+\cdots]\sin(n\omega t)/n \qquad (6-5)$$

按照指定谐波消去法，图 6 - 20 中的相电压可以消除 5 次、7 次、11 次谐波，相应的开关角 x_1、x_2、x_3、x_4 由式（6 - 6）计算得到

$$\begin{cases}\cos(5x_1)+\cos(5x_2)+\cos(5x_3)+\cos(5x_4)=0\\ \cos(7x_1)+\cos(7x_2)+\cos(7x_3)+\cos(7x_4)=0\\ \cos(11x_1)+\cos(11x_2)+\cos(11x_3)+\cos(11x_4)=0\\ \cos(x_1)+\cos(x_2)+\cos(x_3)+\cos(x_4)=M\pi/4\end{cases} \qquad (6-6)$$

式中：M 为调制比，$M=V_1/V_{1max}$；V_1 为正弦波基波幅值；V_{1max} 为正弦波基波幅值最大值。

式（6 - 6）为一超越方程组，很难求出其精确值。目前常用的求解算法包括牛顿迭代法、同伦迭代法等。下面以牛顿迭代法为例，其求解步骤如下

1）将方程组改写为 $f(x)=0$，其中 $x=[x_1, x_2, x_3, x_4]$。

2）选择一组适当的初值，$x^0=[x_1^0, x_2^0, x_3^0, x_4^0]$，计算得到 $f^0(x)=f(x^0)$。

3）将方程组线性化处理，即有：$f(x)=f^0(x)+\left(\frac{\partial f}{\partial x}\right)^0 dx=0$。求解该方程，得到 dx 值，再利用得到的变化量 dx 来修正选定的最新值。

4）重复以上步骤，直至满足精度要求。

在求解方程时，由于非线性超越方程解的分布复杂，求解过程的收敛性与初值选取存在很大的关系。目前，牛顿迭代法初始迭代点的选取一般都是凭经验公式，该算法最大的优点是可以完全消除对电机性能影响最大的低次谐波，但是在消除低次谐波的同时使得其余谐波含量有所增加。

（3）三角波控制算法。如图 6 - 21 所示为三角波控制算法原理图，通过一路正弦调制波与多路三角载波进行比较来确定阶梯波的开关角度。上、下三角载波关于时间轴对称，周期为 2 倍的正弦调制波频率，其峰值点对应正弦波的顶点或者零点。三角载波和调制正弦波的交点决定了 H 桥功率单元的开关状态和相位角。其中，上三角载波和调制波的交点决定 H 桥逆变器 U_{d1}、U_{d4} 开关导通，输出 $+E$；下三角载波和调制波的交点决定 H 桥逆变器 U_{d2}、U_{d3} 开关导通，输出 $-E$。当三角载波和调制波不相交时，则 U_{d1}、U_{d3} 导通或者 U_{d2}、U_{d4} 导通，输出 0 电平。该种控制方法相对较简单。

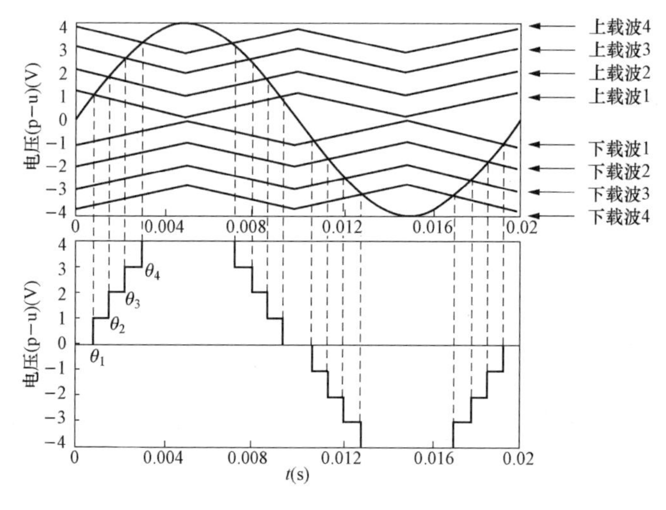

图 6-21　三角波控制算法原理图

2. 多载波控制算法

多载波控制算法通过合成多路 SPWM 控制波的方式来实现级联式变频器的输出，其中，多载波控制算法根据三角载波移动方向分为载波垂直分布控制和水平相移控制两大类。多载波控制算法的理论基础是传统的 SPWM 控制技术，广泛应用于级联变频器中。

（1）三角载波垂直分布调制。三角载波垂直分布调制，即让多个载波在垂直方向上下偏移和调整相位，通过在垂直方向上移动一定的幅度，并进行相位调整后再进行调制。N 级功率单元级联输出需要 $2N$ 通路的三角载波。由三角载波的相位关系，分为载波同相移动、载波反相移动、载波依次反相等方式。以 6 级功率单元级联高压变频系统为例，对三角载波垂直分布调制原理进行分析，该 6 级功率单元需要 12 通路三角载波。

1）载波同相移动方法。载波同相移动方法的特点是所用到的多路三角载波相位相同（如图 6-22 所示）。当 6 级功率单元串联输出时共需要三角载波 12 路，通过控制调制比 M，调制波幅值最大为 6。三角载波以 1 为单位在垂直方向上依次移动，保持相位相同。取关于横坐标轴对称上下两路对应的三角载波，分配到每个功率单元的两个桥臂上，其中，左桥臂取正三角载波、右桥臂取负三角载波。当某个三角载波为正，且调制波比相应三角载波大时，对应左桥臂上边的功率器件导通、下边互补功率器件关断；当调制波比相应三角载波小时，导通、关断顺序相反。当三角载波为负，三角载波大于调制波时，三角载波对应右桥臂的下边功率器件关闭、上边功率器件导通，否则相反。对于三相级联单元，对于某个对应的功率单元，不同之处为正弦调制波的相位，而三角载波是一样的。

2）载波反相移动方法。载波反相移动方法与载波同相移动方法原理类似，同样需要12路对应的三角载波，只是要求上6路三角载波与对应的下6路三角载波的相位正好相反（如图6-23所示）。

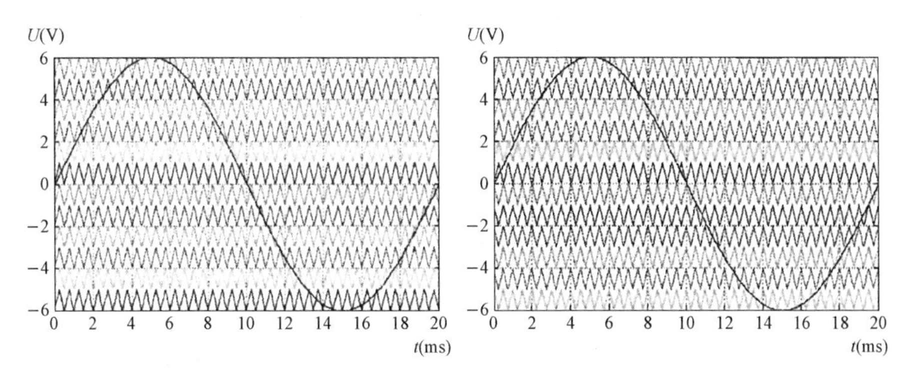

图6-22　载波同相移动调制波形图　　图6-23　载波反相移动调制波形图

3）载波依次反相移动方法。载波依次反相移动方法的调制波形如图6-24所示，其中，各个上、下相邻的三角载波的相位依次反相。

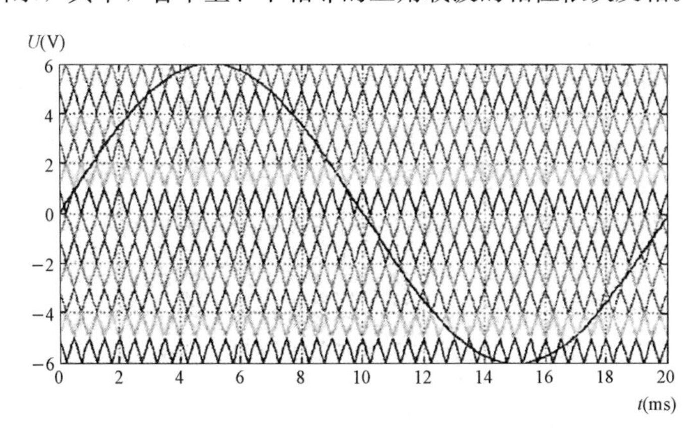

图6-24　载波依次反相移动调制波形图

综合以上的原理分析，三种垂直移相的调制算法的区别在于三角载波的分布方式不相同，在各相调制中，分别用到一路正弦调制波。在控制过程中，由于功率单元导通时间不一样，造成输出功率分布不均衡，不能充分发挥开关器件的性能。三角载波垂直分布调制技术的三角载波的频率越高，低次谐波干扰才越少，势必对器件的选用和设计提出了更高的要求。尽管载波垂直移相调制技术有诸多缺点或不足，但该方法仍具有以下特点：

1）对电路的拓扑结构的选用具有相对的通用性，适用于 H 桥级联型拓扑、二极管钳位电路和飞跨电容电路拓扑，是一种易于实现、算法简单的多电平开关调制方法。

2）单个器件的开关频率较低，而等效的开关频率较高，变频器的输出特性好。

3）载波同相移动方法，在三角载波频率处谐波的幅值较大；载波反相移动方法的输出不含载波谐波，但有以载波整数倍频率为中心的边带谐波，幅值大于载波同相移动；载波依次反相移动方法的 SPWM 输出频谱比载波反相移动方法分布更加均匀；载波同相移动方法线电压的相互抵消呈现出最好的谐波特性。当频率调制度相对低时，三角载波垂直分布调制方法的 THD 均较大。

（2）三角载波水平移相调制。三角波载波水平移相调制通过多路载波在时间轴上移动一定角度来生成 SPWM 波形，N 级功率单元串联需要 N 路三角载波。根据每个功率单元所需的正弦调制波数量分为单极性和双极性两种控制方式，其中，双极性控制方式根据功率单元左、右桥臂所使用的正弦调制波相位的关系，又分为同相调制和异相调制方式。图 6-25 和图 6-26 分别给出了单相功率单元和单相功率单元 H 桥串联结构图。

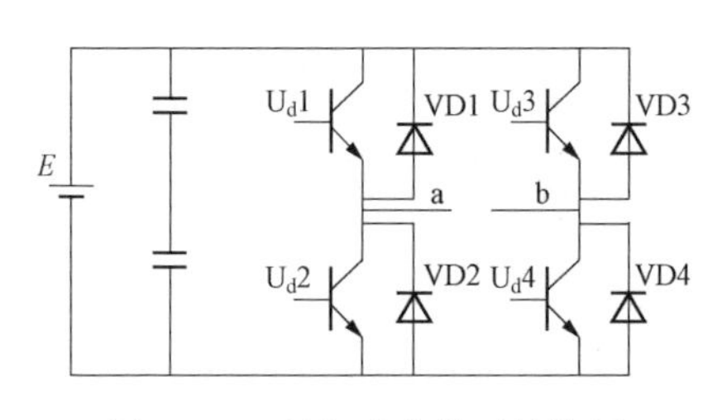

图 6-25　单相功率单元结构图

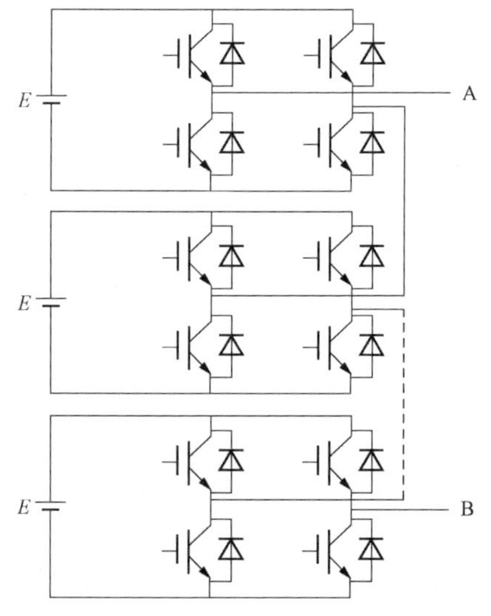

图 6-26　单相功率单元 H 桥串联结构图

1）单极性 PWM 调制方法。三角波幅值在［0，+1］范围；正弦调制波幅值为 1，取正时直接调制，为负值时先取绝对值然后再调制。现以

6 级联功率单元为例，调制波如图 6-27 所示，结合图 6-25，当正弦调制波幅值为正、大于三角载波时，左上桥臂 U_d1 管导通、左下桥臂 U_d2 管关断，反之则相反，此时，右下桥臂 U_d4 一直处于导通状态、右上桥臂 U_d3 一直处于关断状态。当正弦调制波幅值为负、且其绝对值大于三角载波时，驱动 U_d2 导通，反之则相反，此时，U_d3 一直处于导通、U_d4 一直处于关断状态。单极性调制的时候各级单元的输出有三种电平：$-E$、0、$+E$。对每相内部各个功率单元，共用的正弦调制波的幅值与相位均一样，但三角载波相位依次平行移动 $T_s/6$，其中 T_s 为定义的三角载波周期。

2）双极性 PWM 调制方法。双极性 PWM 调制方法中的三角载波幅值有正、负之分，图 6-28 为 6 个 H 桥级联单元高压变频器的调制波形图。

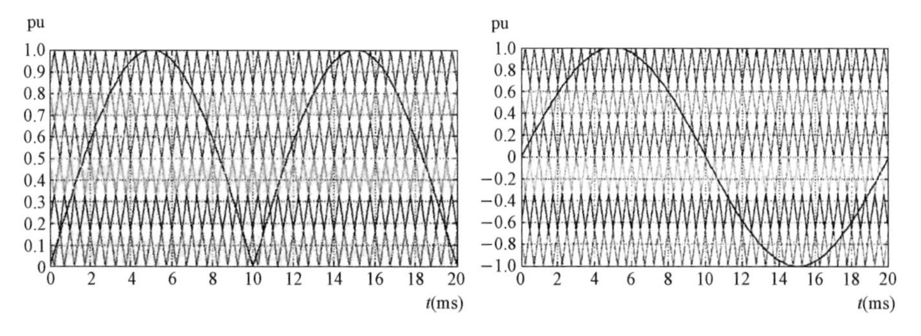

图 6-27　单极性 PWM 调制波形　　　图 6-28　双极性 PWM 调制波形

在前后半个周期内，PWM 波形有正、负输出之分，一个正弦调制波周期内，输出的 PWM 波形只有正、负电平，但仍然在正弦调制波和三角载波信号交点的时刻控制开关器件通断。当正弦调制波大于三角载波时，U_d1、U_d4 管导通，输出电压 $+E$；反之，则 U_d2、U_d3 管导通，输出 $-E$。双极性 PWM 调制的三角载波各个相位同样依次移动 $T_s/6$，T_s 为载波周期。由于双极性调制无须区分正、负半周期，因此比单极性调制容易实现。

3）同相调制方法。当 6 级功率单元级联高压变频器运用同相调制方法的时候，需一组相位相反的正弦调制波和 6 路三角载波，左桥臂调制波和输出电压的相位一样，而右桥臂相反，左右桥臂的调制波表达式分别为

$$\begin{cases} f_{a1} = M\sin\omega t \\ f_{a2} = M\sin(\omega t - \pi) \end{cases} \tag{6-7}$$

如图 6-29 所示，三角载波相角依次平行移动 $T_s/6$，当左桥臂的调制波大于三角载波时，左桥臂上导通、下关断，反之则相反。

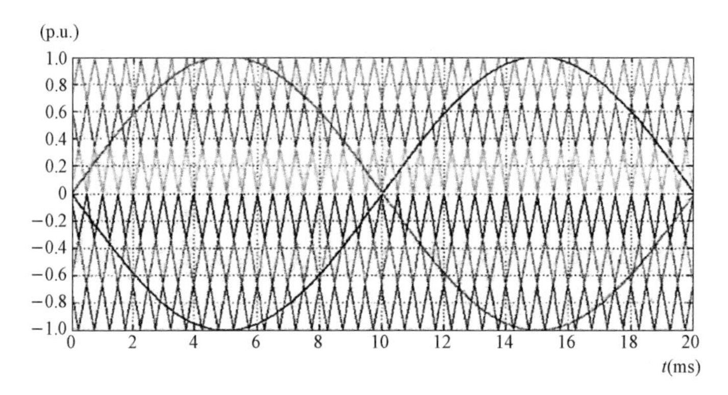

图 6-29 同相调制方法

现以 A 相输出为例，对 1 个功率单元的左桥臂输出电压进行傅立叶级数分解，可以得出该功率单元在左桥臂输出电压能满足以下展开的关系

$$u_{a1}=\frac{ME}{2}\cos\omega t+\frac{2E}{\pi}\sum_{m=1}^{\infty}\sum_{n=-\infty}^{\infty}\frac{1}{m}\{\sin[(m+n)\frac{\pi}{2}]J_n(m\frac{\pi}{2}M)\cos(m\omega_c t+n\omega t)\}\tag{6-8}$$

式中：E 为功率单元直流母线电压的大小；M 为调制比；ω 为输出基波电压的频率；ω_c 为三角载波的频率，J_n 为 n 阶贝塞尔函数；m、n 为谐波次数。

由于同一功率单元左、右桥臂的调制波的相位相反，所以 A 相单个功率单元的输出电压可以表示为

$$\begin{aligned}u_{a1}&=u_{a11}-u_{a12}\\&=\frac{ME}{2}\cos\omega t+\frac{4E}{\pi}\sum_{m=1}^{\infty}\sum_{n=-\infty}^{\infty}\frac{1}{m}\{\cos[(m+n+1)\pi]J_{2n-1}(2m\frac{\pi}{2}M)\cos[2m\omega_c t+(2n-1)\omega t]\}\end{aligned}\tag{6-9}$$

当 N 个功率单元串联输出时，其输出相电压的表达式为

$$\begin{aligned}u_{a1}&=\sum_{i=1}^{N}u_{ai}\\&=NME\cos\omega t+\frac{4E}{\pi}\sum_{m=1}^{\infty}\sum_{n=-\infty}^{\infty}\frac{1}{m}\{\cos[(m+n+1)\pi]J_{2n-1}(2m\frac{\pi}{2}M)\cos 2m[\omega_c t+\frac{(i-1)\pi}{N}+(2n-1)\omega t]\}\end{aligned}\tag{6-10}$$

式中，N 为串联的功率单元的数目。N 取 6，即可得到

$$u_{a1} = 6ME\cos\omega t + \frac{4E}{\pi}\sum_{m=1}^{\infty}\sum_{n=-\infty}^{\infty}\frac{1}{m}\{\cos[(6m+n+1)\pi]J_{2n-1}$$

$$(12m\frac{\pi}{2}M)\cos\{12m[\omega_c t+(2n-1)\omega t]\} \tag{6 - 11}$$

从式（6 - 9）和式（6 - 10）中可以看出，当 N 个功率单元级联同相调制时，谐波含量集中在 $2N$ 倍载波频率的附近，6 级串联输出电压的谐波含量主要集中在 12 倍的载波频率附近。这样虽然每个功率单元的三角载波的频率较低，但整个系统的等效载波频率较高，不仅减少了低次谐波对电机的影响，而且降低了功率的开关损耗。针对三相控制应用，每一路三角载波完全相同，差别仅仅是正弦调制波的相位不同。通过改变正弦调制波的频率和幅值，即可实现 VVVF 控制。可见，同相调制方法输出电压要比单相双极性调制方法好，因为前者的等效载波比增倍，低次谐波减少。

4）异相调制方法。异相调制方法与同相调制的区别在于功率单元两路调制波的相位相差 120°，图 6 - 30 所示为异相调制波形图。例如，A 相功率单元各桥臂的调制波分别是

$$\begin{cases} f_{a1} = M\sin\omega t \\ f_{a2} = M\sin(\omega t - 2\pi/3) \end{cases} \tag{6 - 12}$$

由于异相调制时单个功率单元的正弦调制信号来源于不同的两相，输出共模电压比同相调制方法低。例如，N 级功率单元以一定的相位角串联迭加，输出的 SPWM 的等效开关频率提高到原来的 N 倍。采用同相和异相双极性调制，可使等效开关频率提高到原来的 $2N$ 倍，谐波含量减少，因此实际应用比较多。

异相调制共模电压比同相调制低，但同时也降低了直流母线电压的利用率，这是异相调制方法的不足。

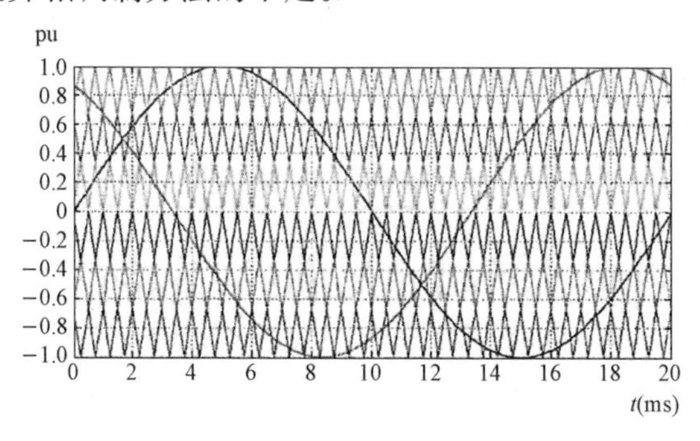

图 6 - 30　异相调制波形图

3. 错位移相 SPWM 调制方法

载波错位移相 SPWM 开关调制策略主要适用于大功率电力电子装置，包括多电平变流器和组合变流器。该方法的基本原理为假设电压型组合变流器的级联单元数 $N=L_x$，各级联单元采用同一信号调制波 $M(t)$，调制波频率为 ω_m，则各级联单元三角载波频率为 $k_c\omega_m$，实现移相的实质就是将各三角载波相位彼此错开 $1/L_x$ 倍的比值，即：$\varphi_{Lc}=\varphi_c+2\pi L/L_x$。图 6－31 所示为错位移相 SPWM 程序框图。

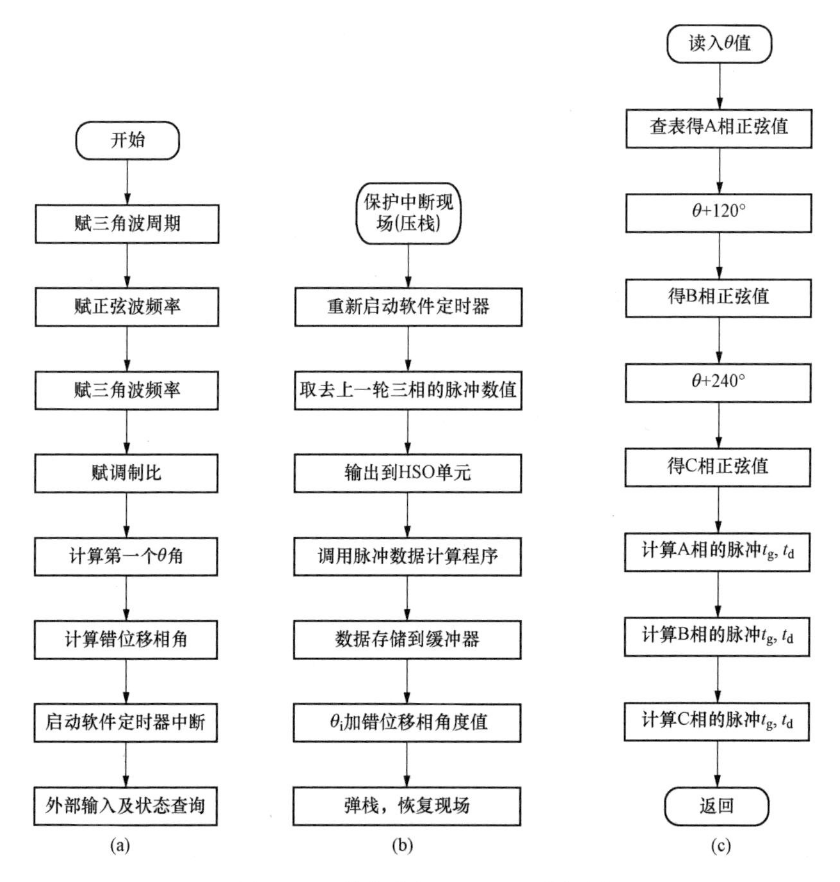

图 6－31　错位移相 SPWM 程序框图

（a）主程序框图；（b）软件定时器中断程序框图；（c）脉冲计算子程序框图

图 6－32 所示级联单元数 $L_x=4$，频率调制比 $k_c/\omega_m=5$，幅度调制比 $M=0.8$。其中，$V_{01}\sim V_{04}$分别为 4 个级联单元的输出，将 4 个级联单元的交流叠加输出便形成整个级联变频器输出波形。可见，总输出波形比

各级联单元输出的波形更接近正弦波，谐波分量更小。

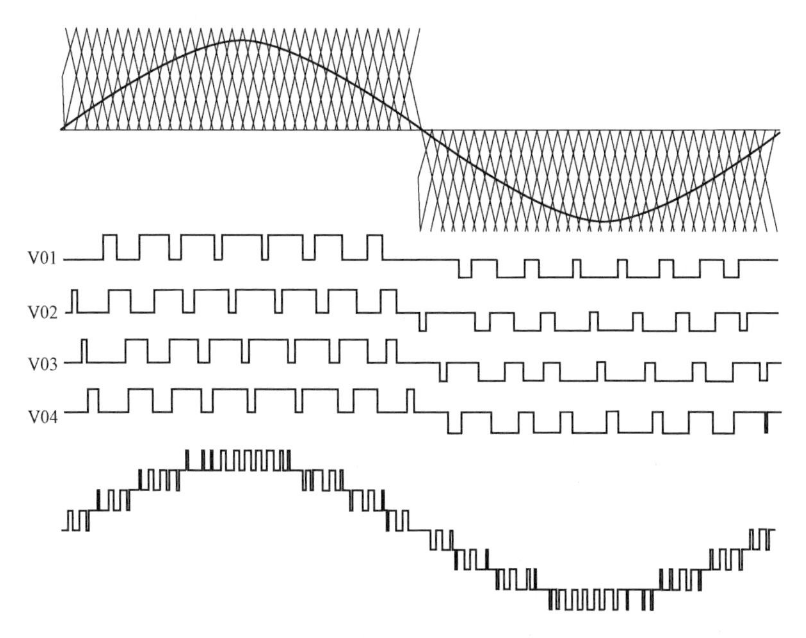

图6-32　功率单元级联输出

下面分别阐述与载波错位移相SPWM直接相关的SPWM控制原理和规则采样法。

(1) SPWM控制原理。每个功率单元三相交流输入、单相交流输出的控制方法采用SPWM，同一相的功率单元载波频率相同，但相位依次相差1/6周期。载波采用三角波，频率为200Hz，则总的等效载波频率1200Hz。图6-33所示为SPWM脉冲采样法示意图，其中，脉冲宽度t_{pw}的计算公式为

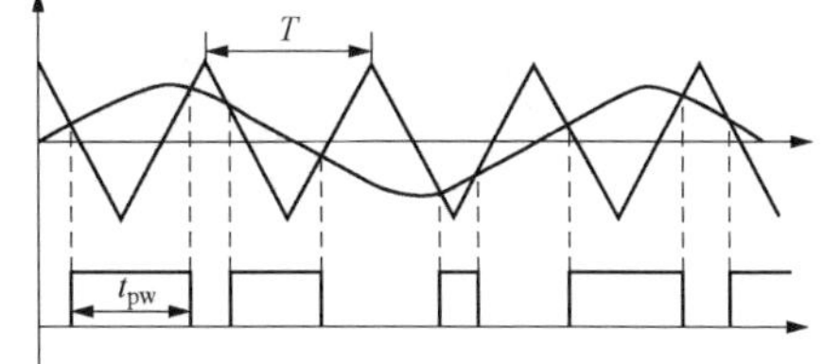

图6-33　SPWM脉冲采样法

$$t_{pw} = T(1 + M\sin\omega t)/2 \qquad (6-13)$$

式中：T为三角载波的周期；M为正弦波和三角波的调制度。

以三重相移为例，由图6-34所示SPWM波形可以看出，功能单元串联的高压变频器可以通过低载波频率来得到等效的高载波频率。

(2) 规则采样法。按照SPWM控制的基本原理，在正弦波和三角波的自然交点时刻控制功率开关器件的通断，这种生成SPWM波形的方法

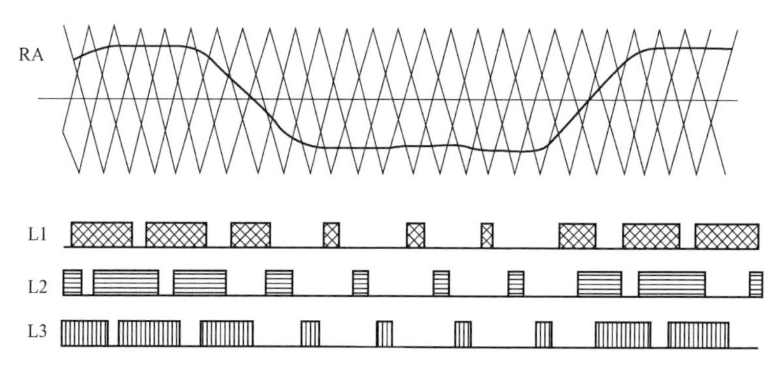

图 6-34　三重 SPWM 波形产生图

称自然采样法。采用自然采样法得到的 SPWM 波形很接近正弦波，但这种方法要求求解复杂的超越方程，在采用微机控制技术时需要花费大量的计算时间，难以在实时控制中在线计算，因而在工程上实际应用不多。

规则采样法是一种应用广泛的工程实用方法，其效果接近自然采样法，但计算量却比自然采样法小得多。由于三角波和正弦波的相交点的求解是一组超越方程，所以 SPWM 的实时计算采用规则采样法。规则采样法分为对称规则采样法和非对称规则采样法。

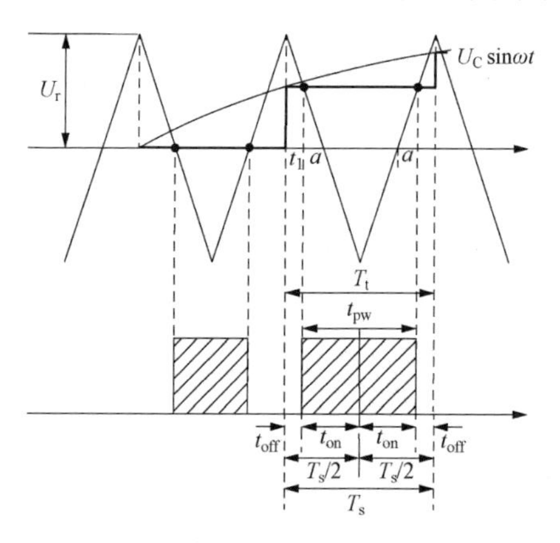

图 6-35　对称规则采样法

1）对称规则采样法。如图 6-35 所示为 SPWM 对称规则采样法。在三角波峰值位置对正弦波采样，得到阶梯波与三角波相交。此交点所确定的脉宽在三角波一个采样周期 T_s 内互相对称，这里 $T_s = T_t$，故命名为对称规则采样法。由图可知

$$\begin{cases} t_{off} = \dfrac{T_s}{4} - a \\ t_{on} = \dfrac{T_s}{4} + a \end{cases} \tag{6-14}$$

根据三角形相似关系，解出 a 值，代入式（6-14）可得

$$\begin{cases} t_{off} = \dfrac{T_s}{4}(1 - M\sin\omega t_1) \\ t_{on} = \dfrac{T_s}{4}(1 + M\sin\omega t_1) \end{cases} \tag{6-15}$$

式中：t_1 为采样点的时刻（这里为顶点采样）。

故脉冲宽度为

$$t_{pw}=T_s(1+M\sin\omega t_1)/2=T_t(1+M\sin\omega t_1)/2 \quad (6-16)$$

这与式（6 - 13）完全一致。可以看出，与采样点 t_1 有关的只有载波比 N，幅度的调制比 M 与 t_1 无关。

2）非对称规则采样法。图 6 - 36 所示为 SPWM 不对称规则采样法。若既在三角波顶点，又在底点对正弦波采样得到阶梯波，则三角波与阶梯波交点确定的脉宽在三角波一个周期内位置不对称。该方法称作非对称规则采样，采样周期 T_s 为 1/2 的三角波周期，即 $T_s=T_t/2$。在三角波顶点采样时刻，由图可知

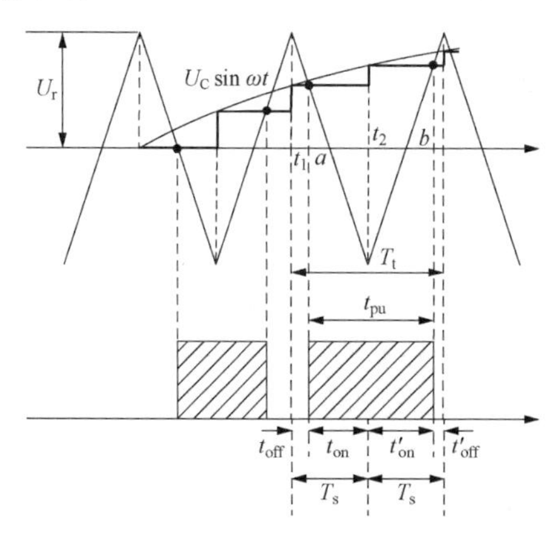

图 6 - 36　非对称规则采样法

$$\begin{cases} t_{off}=\dfrac{T_s}{2}-a \\ t_{on}=\dfrac{T_s}{2}+a \end{cases} \quad (6-17)$$

而在三角波底点的时候采样，由图可知

$$\begin{cases} t'_{off}=\dfrac{T_s}{2}-b \\ t'_{on}=\dfrac{T_s}{2}+b \end{cases} \quad (6-18)$$

由三角形的相似关系，求解式（6 - 17）中的 a 与式（6 - 18）中的 b，代入后得到

$$\begin{cases} t_{off} = \dfrac{T_s}{2}(1 - M\sin\omega t_1) \\ t_{on} = \dfrac{T_s}{2}(1 + M\sin\omega t_1) \\ t'_{off} = \dfrac{T_s}{2}(1 - M\sin\omega t_2) \\ t'_{on} = \dfrac{T_s}{2}(1 + M\sin\omega t_2) \end{cases} \tag{6-19}$$

脉冲的宽度为

$$t_{pw} = t_{on} + t'_{on} = T_t[1 + M/2(\sin\omega t_1 + \sin\omega t_2)]/2 \tag{6-20}$$

在对称规则采样中，实际的正弦调制波与三角载波的交点所确定的脉宽要比生成的PWM脉宽大；非对称规则采样在一个三角波周期内采样两次正弦波，该采样值更真实地反映了实际的正弦波，输出电压比对称规则采样的高，采样得到的波形更接近于正弦波。但是非对称规则采样的线性控制的范围较小、精度低于自然采样法，且电压利用率较低。由于非对称规则采样的次数增大了一倍，数据处理量就增大了，所以载波频率较高时，运算速度就成为了一个限制因素。正因为规则采样计算简单、便于在线运算、实时性好、容易实现、控制线性度好，且在频率调制比较高时，规则采样与自然采样所求得的输出脉宽基本相同。所以目前规则采样法用得比较广泛。

4. SVPWM调制方法

SVPWM是近年发展的一种比较新颖的控制方法，是由三相功率逆变器的六个功率开关器件组成的特定开关模式产生的脉宽调制波，能够使输出电流波形尽可能接近于理想的正弦波形。SVPWM与传统的SPWM不同，它是从三相输出电压的整体效果出发，着眼于如何使电机获得理想圆形磁链轨迹，绕组电流波形的谐波成分小，利于降低电机转矩脉动，旋转磁场更逼近圆形，且使直流母线电压的利用率有了很大提高，更易于实现数字化。常见的SVPWM调制方法有五段法和七段法两种。

（1）SVPWM基本原理。SVPWM的理论基础是平均值等效原理，即在一个开关周期内通过对基本电压矢量加以组合，使其平均值与给定电压矢量相等。在某个时刻，电压矢量旋转到某个区域后，可由组成这个区域的两个相邻的非零矢量和零矢量在时间上的不同组合来得到。两个矢量的作用时间在一个采样周期内分多次施加，从而控制各个电压矢量的作用时间，使电压空间矢量近似按照圆轨迹旋转，通过逆变器的不同开关状态所产生的实际磁通去逼近理想磁通圆，并由两者的比较结果来决定逆变器的开关状态，从而形成 PWM 波形。三相逆变电路如图 6-37所示。

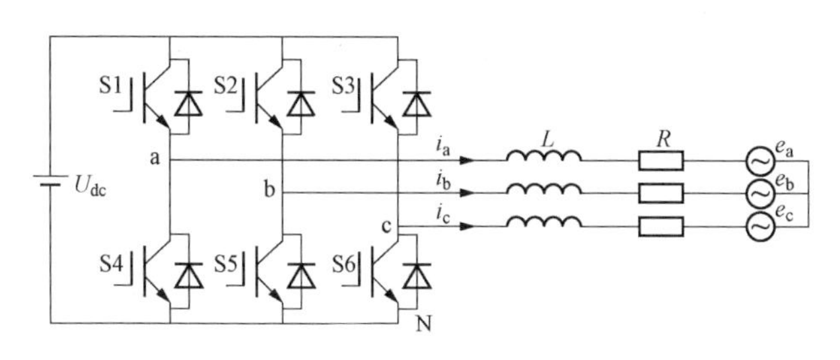

图 6-37　三相逆变器电路图

电机的理想供电电源为

$$\begin{cases} u_a(t) = u_m \sin\omega t \\ u_b(t) = u_m \sin(\omega t - 2\pi/3) \\ u_c(t) = u_m \sin(\omega t + 2\pi/3) \end{cases} \tag{6-21}$$

合成电压矢量

$$u(t) = \frac{2}{3}(u_a + \alpha u_b + \alpha^2 u_c) \tag{6-22}$$

式中：$\alpha = e^{j\frac{2}{3}\pi}$。

可见，$u(t)$ 是一个旋转的空间矢量，其幅值为相电压峰值的 1.5 倍，u_m 为相电压峰值，且以角频率 $\omega = 2\pi f$ 按逆时针方向匀速旋转。空间矢量 $u(t)$ 在三相坐标轴（a，b，c）上的投影是对称的三相正弦量。

如图 6-37 所示，三相并网逆变器包含 S1、S2、S3、S4、S5、S6 等 6 个开关，可以将开关函数定义如下

$$S_a = \begin{cases} 1, \text{S1 合上}, \text{S4 断开} \\ 0, \text{S1 断开}, \text{S4 合上} \end{cases} \tag{6-23}$$

$$S_b = \begin{cases} 1, \text{S2 合上}, \text{S5 断开} \\ 0, \text{S2 断开}, \text{S5 合上} \end{cases} \tag{6-24}$$

$$S_c = \begin{cases} 1, \text{S3 合上}, \text{S6 断开} \\ 0, \text{S3 断开}, \text{S6 合上} \end{cases} \tag{6-25}$$

则上述开关函数的合成矢量为

$$S = S_a + \alpha S_b + \alpha^2 S_c \tag{6-26}$$

式中：$\alpha = e^{j\frac{2}{3}\pi}$。

则三相逆变器的输出电压矢量可以由式（6-27）计算得到

$$\boldsymbol{U}_i = SU_{dc}, i = 0,1,2\cdots7 \tag{6-27}$$

式中：U_{dc}为直流电压。

计算得到的各种组合下的空间电压矢量见表 6-5。

表 6-5　开关状态与相电压和线电压的对应关系

S_a	S_b	S_c	矢量符号	线电压			相电压		
				U_{ab}	U_{bc}	U_{ca}	U_{aN}	U_{bN}	U_{cN}
0	0	0	U_0	0	0	0	0	0	0
1	0	0	U_4	U_{dc}	0	$-U_{dc}$	$\frac{2}{3}U_{dc}$	$-\frac{1}{3}U_{dc}$	$-\frac{1}{3}U_{dc}$
1	1	0	U_6	0	U_{dc}	$-U_{dc}$	$\frac{1}{3}U_{dc}$	$\frac{1}{3}U_{dc}$	$-\frac{2}{3}U_{dc}$
0	1	0	U_2	$-U_{dc}$	U_{dc}	0	$-\frac{1}{3}U_{dc}$	$\frac{2}{3}U_{dc}$	$-\frac{1}{3}U_{dc}$
0	1	1	U_3	$-U_{dc}$	0	$-U_{dc}$	$-\frac{2}{3}U_{dc}$	$\frac{1}{3}U_{dc}$	$\frac{1}{3}U_{dc}$
0	0	1	U_1	0	$-U_{dc}$	U_{dc}	$-\frac{1}{3}U_{dc}$	$-\frac{1}{3}U_{dc}$	$\frac{2}{3}U_{dc}$
1	0	1	U_5	U_{dc}	$-U_{dc}$	0	$\frac{1}{3}U_{dc}$	$-\frac{2}{3}U_{dc}$	$\frac{1}{3}U_{dc}$
1	1	1	U_7	0	0	0	0	0	0

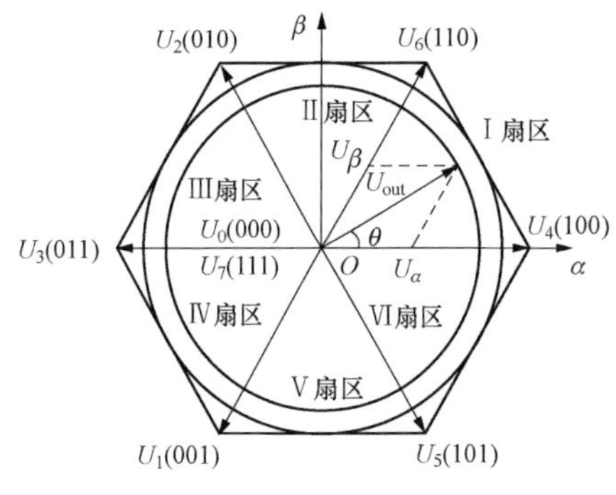

图 6-38　8 个基本电压空间矢量的大小和位置

图 6-38 给出了 8 个基本电压空间矢量的大小和位置。其中，非零矢量的幅值（相电压幅值）相同（模长为 $2U_d/3$），相邻的矢量间隔为 60°，而两个零矢量（U_0、U_7）幅值为零，位于中心。在每一个扇区，选择相邻的两个电压矢量以及零矢量，按照伏秒平衡的原则来合成每个扇区内的任意电压矢量，即

$$U_{ref}T = U_xT_x + U_yT_y + U_0T_0 \tag{6-28}$$

式中：U_{ref}为期望电压矢量；T 为采样周期；T_x、T_y、T_0 为对应两个非零电压矢量 U_x、U_y 和零电压矢量 U_0 在一个采样周期内的作用时间；其中，U_0 包括了 U_0和 U_7两个零矢量。

由式（6-28）可见，矢量U_{ref}在 T 时间内所产生的积分效果值和U_x、U_y、U_0 分别在时间 T_x、T_y、T_0 内产生的积分效果相加总和值相同。

由于三相正弦波电压在电压空间向量中合成为一个等效的旋转电压，

其旋转速度是输入电源的角频率，等效旋转电压的轨迹将是图 6 - 37 所示的圆形。所以要产生三相正弦波电压，可以利用以上电压向量合成技术，在电压空间向量上，将设定的电压向量由 U_4（100）位置开始，每一次增加一个小增量，每一个小增量设定电压向量可以用该区中相邻的两个基本非零向量与零向量进行合成，如此所得到的设定电压向量就等效于一个在电压空间向量平面上平滑旋转的电压空间向量，从而达到电压空间向量脉宽调制的目的。

（2）SVPWM 生成的形式。三相电压给定所合成的电压向量旋转角速度为 $\omega=2\pi f$，旋转一周所需的时间为 $T=1/f$。若载波频率是 f_s，则频率比为 $R=f_s/f$。这样将电压旋转平面等切割成 R 个小增量（表示电压合成矢量旋转一个周期对应的时间为 R 个 T_c，而 T_c 为采样周期，时间不变，则知 R 越大，电压合成矢量旋转一周的时间越长，即调制波 f 的频率越低），亦即设定电压向量每次增量的角度是

$$\gamma = 2\pi/R = 2\pi f/f_s = 2\pi T_s/T \quad (6-29)$$

假设欲合成的电压向量 U_{ref} 在第Ⅰ区中第一个增量的位置如图 6 - 39 所示，由 U_4、U_6、U_0 及 U_7 合成，用平均值等效可得

$$U_{ref}T_z = U_4T_4 + U_6T_6$$

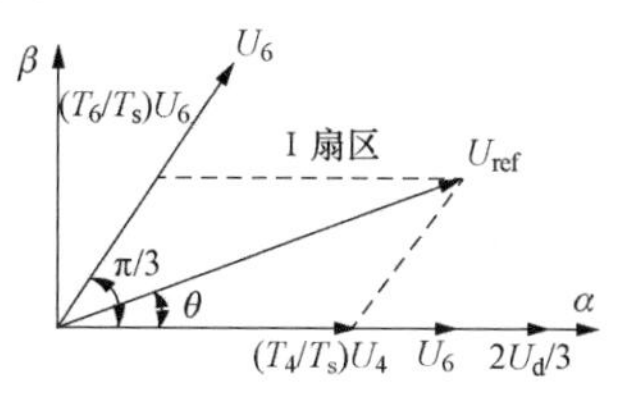

图 6 - 39　电压空间向量在第Ⅰ区的合成与分解

在两相静止参考坐标系（α，β）中，令 U_{ref} 和 U_4 间的夹角为 θ，由正弦定理可得

$$\begin{cases} |U_{ref}|\cos\theta = \dfrac{T_4}{T_s}|U_4| + \dfrac{T_6}{T_s}|U_6|\cos\dfrac{\pi}{3}\alpha \\ |U_{ref}|\sin\theta = \dfrac{T_6}{T_s}|U_6|\sin\dfrac{\pi}{3}\beta \end{cases} \quad (6-30)$$

因为 $|U_4| = |U_6| = \dfrac{2}{3}U_{dc}$（相电压幅值），则各矢量的状态保持时间为

$$\frac{T_4}{T_s} = \frac{3|U_{ref}|}{2U_d}\cos\theta - \frac{\sqrt{3}|U_{ref}|}{2U_d}\sin\theta \quad (6-31)$$

$$\frac{T_6}{T_s} = \frac{\sqrt{3}|U_{ref}|\sin\theta}{U_d} \quad (6-32)$$

即

$$\begin{cases} T_4 = mT_s\sin(\dfrac{\pi}{3}-\theta) \\ T_6 = mT_s\sin\theta \end{cases} \quad (6-33)$$

式中：m 为 SVPWM 调制系数（调制比），$m=\frac{\sqrt{3}\,|U_{ref}|}{U_d}$。零电压向量所分配的时间为

$$T_7 = T_0 = (T_s - T_4 - T_6)/2 \tag{6-34}$$

或

$$T_7 = (T_s - T_4 - T_6) \tag{6-35}$$

在获得以 U_4、U_6、U_7 及 U_0 合成的 U_{ref} 的时间后，接下来就是生成实际的脉宽调制波形。在 SVPWM 调制方案中，零矢量的选择是最具灵活性的，适当选择零矢量，可最大限度地减少开关次数，尽可能避免在负载电流较大的时刻开关动作，以便于最大限度地减少开关损耗。一个开关周期中空间矢量按照分时的方式起作用，在时间上构成一个空间矢量序列，该空间矢量序列的组织方式有多种，按照空间矢量的对称性分类，可分为两相开关换流与三相开关换流。下面分别介绍常用的序列。

1）7 段式 SVPWM。为了进一步减少开关次数，通过改变分配基本矢量作用顺序，即在每次开关状态转换时，只改变其中一相的开关状态，且对零矢量在时间上进行平均分配，以使产生的 PWM 对称，从而有效地降低 PWM 的谐波分量。例如，当由 U_4（100）切换至 U_0（000）时，只需改变 A 相上下一对切换开关；若由 U_4（100）切换至 U_7（111），则需改变 B、C 相上下两对切换开关，增加了一倍的切换损失。因此，若要改变电压向量 U_4（100）、U_2（010）、U_1（001）的大小，需配合零电压向量 U_0（000）；而要改变 U_6（110）、U_3（011）、U_5（101），需配合零电压向量 U_7（111）。这样，通过在不同区间内安排不同的开关切换顺序，就可以获得对称的输出波形，其他各扇区的开关切换顺序如表 6-6 所示。

表 6-6　U_{ref} 所在的位置和开关切换顺序对照顺序

U_{ref} 所在位置	开关切换顺序	三相波形图
Ⅰ区 （0°≤θ ≤60°）	…0—4— 6—7—7 —6—4—0…	T_s 0 1 1 1 1 1 1 0 0 0 1 1 1 1 0 0 0 0 0 1 1 0 0 0 $T_0/2$ $T_4/2$ $T_6/2$ $T_7/2$ $T_7/2$ $T_6/2$ $T_4/2$ $T_0/2$

续表

U_{ref}所在位置	开关切换顺序	三相波形图
Ⅱ区 (60°≤θ ≤120°)	…0—2—6— 7—7—6— 2—0…	T_s 0 0 1 1 1 1 0 0 0 1 1 1 1 1 1 0 0 0 0 1 1 0 0 0 $T_0/2$ $T_2/2$ $T_6/2$ $T_7/2$ $T_7/2$ $T_6/2$ $T_2/2$ $T_0/2$
Ⅲ区 (120°≤θ ≤180°)	…0—2—3— 7—7—3— 2—0…	T_s 0 0 0 1 1 0 0 0 0 1 1 1 1 1 1 0 0 0 1 1 1 1 0 0 $T_0/2$ $T_2/2$ $T_3/2$ $T_7/2$ $T_7/2$ $T_3/2$ $T_2/2$ $T_0/2$
Ⅳ区 (180°≤θ ≤240°)	…0—1—3— 7—7—3— 1—0…	T_s 0 0 0 1 1 0 0 0 0 0 1 1 1 1 0 0 0 1 1 1 1 1 1 0 $T_0/2$ $T_1/2$ $T_5/2$ $T_7/2$ $T_7/2$ $T_5/2$ $T_1/2$ $T_0/2$
Ⅴ区 (240°≤θ ≤300°)	…0—1—5— 7—7—5— 1—0…	T_s 0 0 1 1 1 1 0 0 0 0 0 1 1 0 0 0 0 1 1 1 1 1 1 0 $T_0/2$ $T_1/2$ $T_5/2$ $T_7/2$ $T_7/2$ $T_5/2$ $T_1/2$ $T_0/2$

续表

U_{ref}所在位置	开关切换顺序	三相波形图
Ⅵ区 （$300°\leqslant\theta\leqslant360°$）	…0—4—5—7—7—5—4—0…	T_s 0 1 1 1 1 1 1 0 0 0 0 1 1 0 0 0 0 0 1 1 1 1 0 0 $T_0/2$ $T_4/2$ $T_5/2$ $T_7/2$ $T_7/2$ $T_5/2$ $T_4/2$ $T_0/2$

以第Ⅰ扇区为例，所产生的三相波调制波形在时间 T_s时段中如表 6-6 所示，电压向量出现的先后顺序为 U_0、U_4、U_6、U_7、U_7、U_6、U_4、U_0，各电压向量的三相波形则与表 6-6 开关表示符号相对应。在下一个 T_s时段，U_{ref}的角度增加一个 γ，利用式（6-29）、式（6-33）、式（6-34）可以重新计算新的 T_0、T_4、T_6及 T_7值，得到新的合成的三相波形。这样，每一个载波周期 T_s就会合成一个新的矢量，随着 θ 的逐渐增大，U_{ref}将依序进入第Ⅰ、Ⅱ、Ⅲ、Ⅳ、Ⅴ、Ⅵ区。在电压向量旋转一周期后，就会产生 R 个合成矢量。

2）5 段式 SVPWM。对 7 段而言，PWM 输出波形对称、谐波含量较小，但是每个开关周期有 6 次开关切换。为了进一步减少开关次数，采用每相开关在每个扇区状态维持不变的序列安排，使得每个开关周期只有 3 次开关切换，不足是增大了谐波含量。具体序列安排见表 6-7 所列。

（3）SVPWM 控制算法。通过以上 SVPWM 的法则推导分析，可知要实现 SVPWM 信号的实时调制，首先需要知道参考电压矢量 U_{ref}所在的区间位置，然后再利用所在扇区的相邻两电压矢量和适当的零矢量来合成参考电压矢量。图 6-39 是在静止坐标系（α，β）中描述的电压空间矢量图，电压矢量调制的控制指令是矢量控制系统给出的矢量信号 U_{ref}，它以某一角频率 ω 在空间逆时针旋转，当旋转到矢量图的某个 60°扇区中时，系统计算该区间所需的基本电压空间矢量，并以此矢量所对应的状态去驱动功率开关元件动作。当控制矢量在空间旋转 360°后，逆变器就能输出一个周期的正弦波电压。

表6-7 U_{ref}所在位置和开关切换顺序对照顺序

U_{ref}所在位置	开关切换顺序	三相波形图
Ⅰ区（0°≤θ≤60°）	…4—6—7—7—6—4…	T_s 1 1 1 1 1 1 0 1 1 1 1 0 0 0 1 1 0 0 $T_4/2$ $T_6/2$ $T_7/2$ $T_7/2$ $T_6/2$ $T_4/2$
Ⅱ区（60°≤θ≤120°）	…2—6—7—7—6—2…	T_s 0 1 1 1 1 0 1 1 1 1 1 1 0 0 1 1 0 0 $T_2/2$ $T_6/2$ $T_7/2$ $T_7/2$ $T_6/2$ $T_2/2$
Ⅲ区（120°≤θ≤180°）	…2—3—7—7—3—2…	T_s 0 0 1 1 0 0 1 1 1 1 1 1 0 1 1 1 1 0 $T_2/2$ $T_3/2$ $T_7/2$ $T_7/2$ $T_3/2$ $T_2/2$

续表

U_{ref}所在位置	开关切换顺序	三相波形图
Ⅳ区（180°≤θ≤240°）	…1—3—7—7—3—1…	T_s 0 0 1 1 0 0 0 1 1 1 1 0 1 1 1 1 1 1 $T_1/2$ $T_3/2$ $T_7/2$ $T_7/2$ $T_3/2$ $T_1/2$
Ⅴ区（240°≤θ≤300°）	…1—5—7—7—5—1…	T_s 0 1 1 1 1 0 0 0 1 1 0 0 1 1 1 1 1 1 $T_1/2$ $T_5/2$ $T_7/2$ $T_7/2$ $T_5/2$ $T_1/2$
Ⅵ区（300°≤θ≤360°）	…4—5—7—7—5—4…	T_s 1 1 1 1 1 1 0 0 1 1 0 0 0 1 1 1 1 0 $T_4/2$ $T_5/2$ $T_7/2$ $T_7/2$ $T_5/2$ $T_4/2$

合成矢量U_{ref}所处扇区N的判断。空间矢量调制的第一步是判断由u_α和u_β所决定的空间电压矢量所处的扇区，其中，$u_\alpha=|U_{ref}|\cos\theta, u_\beta=|U_{ref}|\sin\theta$。假定合成的电压矢量落在第Ⅰ扇区，可知其等价条件满足

$$0^\circ < \arctan(u_\beta/u_\alpha) < 60^\circ \tag{6-36}$$

以上等价条件再结合矢量图几何关系分析，即可判断出合成电压矢量U_{ref}落在某扇区的充分必要条件（见表6-8所列）。

表6-8　　合成电压矢量扇区判断的充要条件

序号	扇区	落在相应扇区的充要条件
1	Ⅰ	$u_\alpha>0$，$u_\beta>0$，且$u_\beta/u_\alpha<\sqrt{3}$
2	Ⅱ	$u_\beta>0$，且$u_\beta/\|u_\alpha\|>\sqrt{3}$
3	Ⅲ	$u_\alpha<0$，$u_\beta>0$，且$u_\beta/\|u_\alpha\|<\sqrt{3}$
4	Ⅳ	$u_\alpha<0$，$u_\beta<0$，且$u_\beta/u_\alpha<\sqrt{3}$
5	Ⅴ	$u_\beta<0$，且$\|u_\beta\|/\|u_\alpha\|>\sqrt{3}$
6	Ⅵ	$u_\alpha>0$，$u_\beta<0$，且$\|u_\beta\|/u_\alpha<\sqrt{3}$

根据图6-39所示，可知α，β坐标固定（有正方向），u_α和u_β为合成矢量U_{ref}在α，β坐标上的投影，当U_{ref}沿逆时针旋转时，U_{ref}在α，β坐标上的投影的取值可能大于0，也可能小于0，根据具体情况而定。

进一步分析可看出，参考电压矢量U_{ref}所在的扇区完全由u_β，$\sqrt{3}u_\alpha-u_\beta$，$-\sqrt{3}u_\alpha-u_\beta$三式决定，因此令

$$\begin{cases} u_1=u_\beta \\ u_2=\dfrac{\sqrt{3}}{2}u_\alpha-\dfrac{u_\beta}{2} \\ u_3=-\dfrac{\sqrt{3}}{2}u_\alpha-\dfrac{u_\beta}{2} \end{cases} \tag{6-37}$$

在作以下定义，即：若$u_1>0$，则$A=1$，否则$A=0$；若$u_2>0$，则$B=1$，否则$B=0$；若$u_3>0$，则$C=1$，否则$C=0$。可见，A、B、C之间共有八种组合，但由判断扇区的公式可知A、B、C不会同时为1或同时为0，所以实际的组合只有六种。

A、B、C组合取不同的值对应着不同的扇区，且一一对应。因此，完全可以由A、B、C的组合判断参考电压矢量U_{ref}所在的扇区。为区别六种状态，令$N=2^2\times C+2^1\times B+2^0\times A$（表示成二进制形式，例如$N=5$表示101，即$C=1$，$B=0$，$A=1$），则可以通过表6-9计算参考电压矢

量U_{ref}所在扇区。

表 6-9　　N值与扇区对应关系

N	3	1	5	4	6	2
扇区号	Ⅰ	Ⅱ	Ⅲ	Ⅳ	Ⅴ	Ⅵ

可见，采用上述方法，只需经过简单的加减及逻辑运算即可确定参考电压矢量U_{ref}所在的扇区，对于提高系统的响应速度和仿真分析具有实际意义。

6.2.3　其他关键技术

1. 电力电子器件及应用技术

(1) 适用于高压变频装置的电力电子器件有GTO、IGBT、IGCT、SCR等，其主要特性见表6-10所列。GTO、IGBT、IGCT的耐压均为6500V，SCR为8000V。以线电压6300V为例，如直接进行三相桥式整流，则直流电压为8910V，整流二极管和开关管均须承受8910V的工作电压，如果按照两倍余量计算，则整流二极管和开关管的耐压须达17820V。然而，当前电力电子器件尚无法承受这样高等级的电压。因此，首先要考虑的问题是采取措施解决电力电子器件的耐压问题，包括器件的结构、制造工艺，以及材料，驱动技术、过电压过电流吸收技术、散热技术和保护技术等。

采用最新的导通压降低和开关损耗小的器件，提高系统效率，改善通风冷却设计，例如ABB公司的6500V等级IGCT器件导通压降在4V以下、其开关损耗也较低，最新的采用TRENCH工艺或SPT工艺IGBT的1700V器件导通压降在2.4V以下，其开关损耗比以前的器件更低。

表 6-10　　高压变频器电力电子器件比较

序号	器件类型	容量	驱动	开关频率	开关损耗	导通损耗	热阻	其他
1	IGBT	6500V/600A 1700V/3600A	电压驱动，线路简单	高	低	稍高 2～3V	大	技术成熟、性价比较高
2	IGCT	6500V/4000A	电压、电荷驱动，线路较复杂	高	低	低	小	技术、市场不成熟
3	GTO	6500V/6000A	电流驱动，线路复杂	低	高	低	小	适合超高功率场合

续表

序号	器件类型	容量	驱动	开关频率	开关损耗	导通损耗	热阻	其他
4	GTR	在高压变频应用中与 IGBT 相比不具优势						
5	SGCT	GTO 改进型						
6	SCR	不适合交—直—交高压变频应用						

(2) 模块化多电平换流器（Modular Multilevel Converter，MMC）技术。MMC 具有有功功率和无功功率独立控制、输出电压电平数多（谐波含量低）、输出电压波形好、开关频率低、高度模块化、易于扩展、冗余控制等优点，已在风电并网、远距离大功率送电等场合得到成功的应用，未来将在可再生能源并网、交流系统异步互连、高压直流输电（High Voltage Direct Current，HVDC)、多端直流输电等领域得到更为广泛的应用。

国内外有关 MMC 的推广应用主要集中在 HVDC 领域。2009 年，西门子公司率先开发了基于 MMC 的高压直流输电系统命名为 HVDC - plus（plus：Power Link Universal Systems)，该连接美国匹兹堡和旧金山之间的 HVDC 系统也为世界上首条商业化的 HVDC—plus 项目。

模块化多电平换流器 MMC 拓扑最初由德国学者 Rainer Marquardt 在 2001 年首先提出。MMC 拓扑的桥臂采用半桥子模块级联形式，避免了大量开关器件直接串联，不存在动态均压等问题，尤其适用于高压直流输电场合。Rainer Marquardt 又分别在 2010 年和 2011 年的两次国际电力电子会议上提出广义 MMC 的概念。以子模块为功率单元，并根据子模块内部构造的不同将其分为三种基本类型：半桥子模块（Half Bridge Sub - Module，HBSM)、全桥子模块（Full Bridge Sub - Module，FBSM）和钳位双子模块（Clamp Double Sub - Module，CDSM)。其中，CDSM 是首次在这两次会议上提出的。通常，将子模块采用 HBSM、FBSM 和 CDSM 的 MMC 相应地称为 H - MMC、F - MMC 和 C - MMC。如图 6 - 40（a）所示为 MMC 基本拓扑，基本运行单元称为子模块（Sub - Module，SM)，采用三相六桥臂结构，每桥臂由一定数量子模块级联而成，同时配置一个缓冲电抗以抑制环流和故障电流上升率。图 6 - 40（b）～ 图 6 - 40（d）为上述三种基本类型的子模块。

2010 年 ALSTOM 公司在国际大电网会议（CIGRE）上提出了结合传统两电平换流器和 MMC 结构特点的混合式换流器，其有若干种具体实现形式。在随后的 2010 年 IET 交直流输电会议上进一步阐释各种拓扑

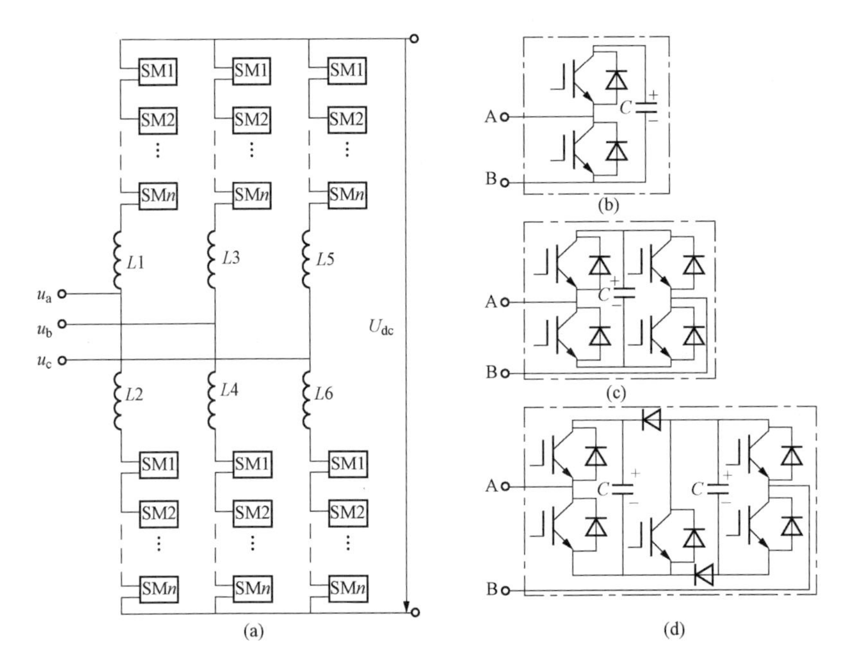

图 6-40　MMC 拓扑和三种子模块结构示意图

(a) MMC 基本拓扑；(b) HBSM；(c) FBSM；(d) CDSM

的基本原理和运行特性。具有直流电流闭锁能力的混合式换流器拓扑有两部分关键结构，即由全控型半导体器件串联组成的导通开关（Director Switch）和由全桥子模块串联而成的整形电路（Wave Shaping Circuit）。每相有上下两个导通开关，三相 6 个导通开关构成桥式电路分别用符号 DS_i（$i=1$，2，…，6）表示，其作用一是引导电流从上桥臂还是下桥臂流通，二是承担一部分电压以减少模块数。整形电路用于构成多电平阶梯正弦波，根据整形电路和导通开关相对位置不同可分为两种具体的拓扑结构。当整形电路位于导通开关的交流侧如图 6-41（a）所示，则构成混合级联多电平换流器（Hybrid Cascaded Multilevel Converter，HCMC）；当整形电路位于导通开关的直流侧（或位于桥臂上）如图 6-41（b）所示，则构成桥臂交替导通换流器（Alternate-Arm Multilevel Converter，AAMC）。

HCMC 输出电压谐波含量很小，波形质量好，无须配置无源交流滤波器；所需模块数量相较于传统 MMC 少。缺点是导通开关和整形电路需要相互协调配合，控制较为复杂。在 HCMC 的基础上提出的 AAMC 的拓扑结构，具有以上 HCMC 结构的特点，且串联的 IGBT 数量有所

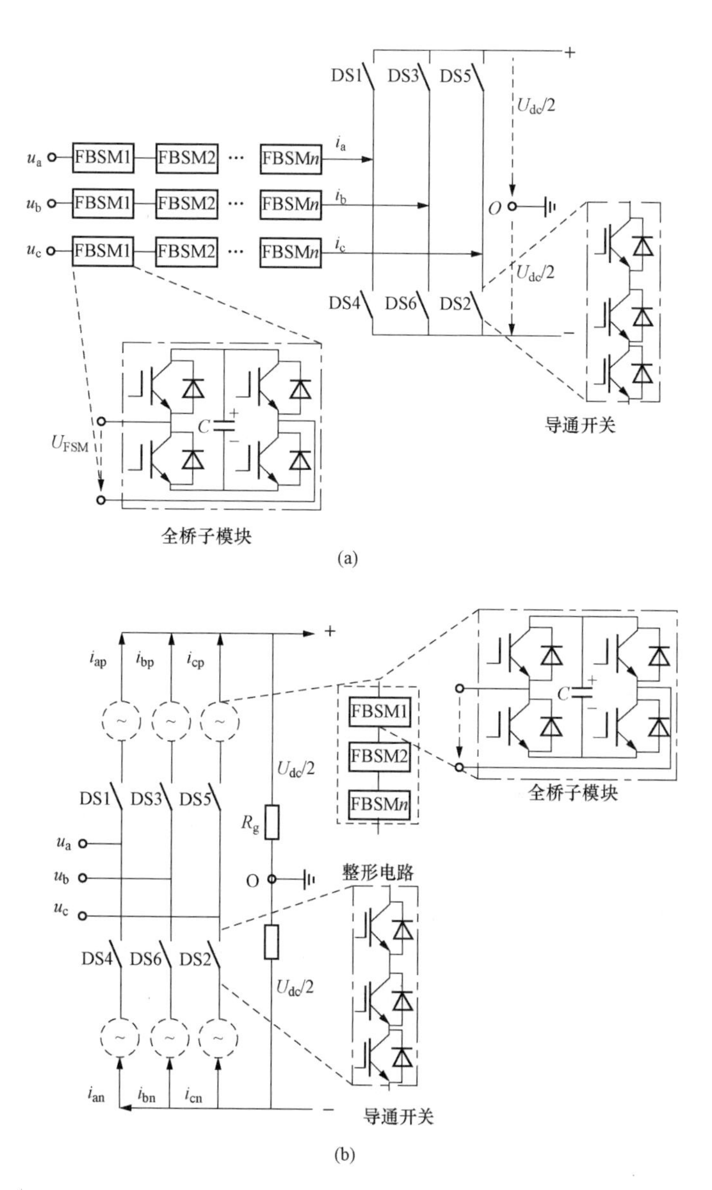

图 6-41　混合 VSC 拓扑示意图

(a) HCMC 拓扑示意图；(b) AAMC 拓扑示意图

降低。

如图 6-42 所示为一种具有直流故障穿越能力的增强型 MMC 拓扑，其中，图 6-42 (a) 所示是传统的半桥子模块结构，图 6-42 (b) 所示是带有钳位二极管的增强型 MMC 拓扑结构。

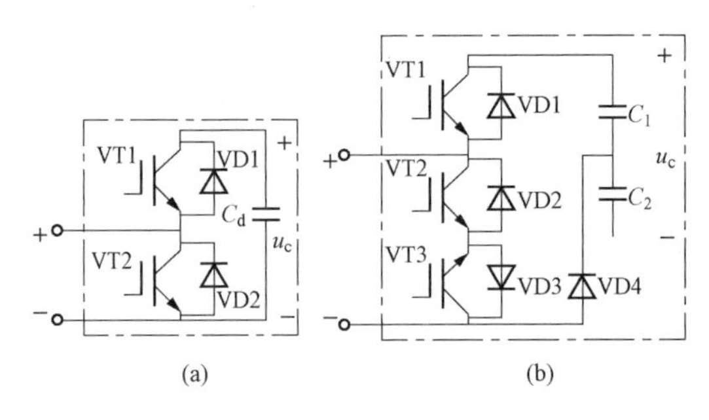

图 6-42　MMC 的子模块结构

(a) 半桥子模块；(b) 二极管钳位子模块

该结构在传统半桥子模块基础上增加了一个 IGBT 和两个二极管。仿真验证表明，该拓扑结构能消除二极管的续流作用，并快速熄灭故障电流，从而能快速清除永久和非永久性的直流故障，能防止电力设备过热，起到保护作用。同时，能对非永久性的直流故障实现自动系统恢复，极大地增强了 MMC—HVDC 系统的可靠性和实用性。与钳位双子模块拓扑相比，增加的半导体元件的额定电压是传统半导体器件额定电压的一半，使得变流器的整体造价显著降低。

由于 IGBT 对高压（4.5kV 以上）、大电流（1kA 以上）的控制难度较大，针对传统的半桥型 MMC 模块拓扑架构，提出通过将电子注入增强门极晶体管（Injection Enhanced Gate Transistor，IEGT）替换传统功率器件 IGBT 的方案。IEGT 是在高压 IGBT 技术基础上采用增强注入的结构使主体部分的载流子浓度较高，实现低通态电压，使得 IEGT 兼具了 GTO 和 IGBT 的优点。如图 6-43 所示，每个功率模块的电气部件主要由 2 个压装式 IEGT 和电力二极管，1 个压装式旁路晶闸管和直流储能电容器组成。

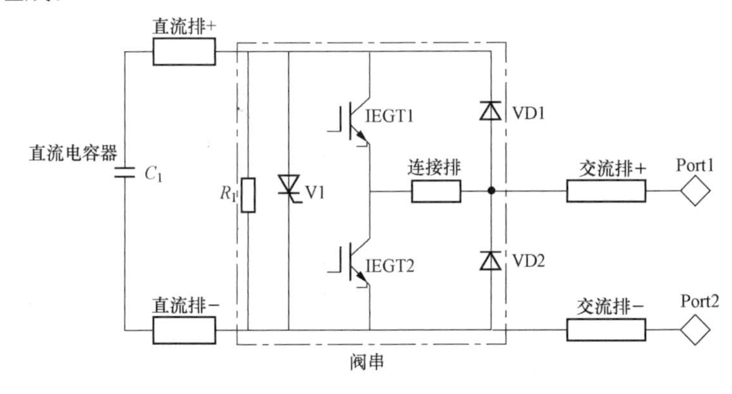

图 6-43　功率模块电路图

相对于基于常规焊接式模块 IGBT 的功率模块设计，这种压装式功率模块设计可以将半导体器件的功率密度、可靠性、容错性发挥到极限。通过研制柔性直流输电背靠背试验样机以及对样机进行的仿真分析，检验了自主开发的 IEGT 换流阀的性能和可靠性，验证了高压柔性直流输电系统的理论分析和数字仿真的正确性。在此样机基础上研发的±160kV、200MW 的采用 IEGT 换流阀及 MMC 结构的柔性直流输电设备，已成功应用于南澳柔性直流输电示范工程项目。

以上各种典型拓扑结构都是基于硅（Si）材料的功率半导体器件如 IGBT 等构成的大功率变流器。由于 IGBT 等 Si 器件的开关特性和速率受到限制，因而，MMC－HVDC 变流器普遍存在开关频率低、体积大、效率低，直流侧故障处理能力弱，系统可靠性低等局限性。

（3）碳化硅 SiC 器件。SiC 器件，如 SiC—MOSFET，与采用 Si 材料的功率半导体器件如 IGBT 等相比，能实现高开关速率，采用 SiC 器件后将带来 MMC－HVDC 变流器根本性的变化。

采用新型器件替代 MMC 拓扑中的 IGBT，如图 6 - 44 所示为某中压（3.3kV 或 6.6kV）应用中基于 MMC 架构的 AC - DC 整流器，其中，MMC 模块采用传统的全桥型架构。

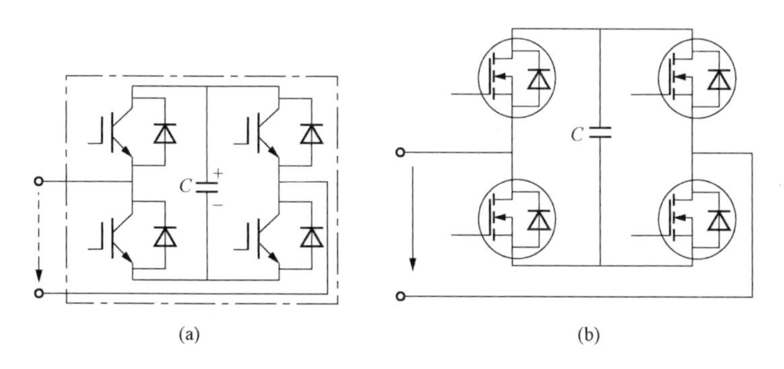

图 6 - 44　H 桥子模块结构

（a）IGBT 全桥子模块；（b）SiC - MOSFET 全桥子模块

其中，MMC 的传统功率器件替换为 3.3kV 的 SiC—MOSFET，与采用传统 3.3kV 的 IGBT 模块的系统性能相比较，仿真表明，输入电流波形的总谐波畸变率大约降低到 2.36%。采用 SiC 功率器件的 MMC 架构系统可以达到更高的开关频率，其模块电容所需储存的能量很低，桥臂电抗器以及滤波电感更小；系统体积显著缩小，同时使得输入电流的谐波失真小，模块电压的波动低，效率更高，可超过 90%。

基于 IGBT 等 Si 器件的 MMC 型变流器因为开关频率低，具有效率低、系统体积大等不足。基于 SiC 新型功率器件的 MMC 高压装置用于 MMC—HVDC 系统中（如将 SiC 器件用于 C—MMC 拓扑等），使得 MMC—HVDC 的开关频率得到有效提升，将能有效减小系统体积、提升效率，使得系统具有良好的扩展性，利于扩展到很高的电压等级和功率水平。

对于 SiC 器件，如 SiC—MOSFET 及其构成的 MMC 子模块、新型 MMC—HVDC 拓扑、调制策略、均压控制、内部环流、MMC 中电抗和电容参数的计算方法，MMC 各桥臂之间的环流所引起的暂态不平衡与扰动等，亟待建立合适的数字仿真研究手段，研究 MMC－HVDC 系统一、二次设备的适用数学模型；此外，计及调制性能和谐波特性等影响，改进 MMC 的调制策略、提出更为适用的 SM 均压方法等问题，开展 MMC 高频化，以及器件、驱动、无源元件等研究。

2. 冗余运行和可靠性问题

高压变频产品的可靠性尤其重要。高压变频装置结构和电路复杂，电力电子器件工作在高压大电流硬开关状态，控制部分工作在强电磁场干扰的环境，要保证其长期运行可靠性，应解决以下问题：实现冗余、自动切换，允许器件损坏和不停机运行；带电维护、维修；各项保护功能要保证在各种异常工况下设备不损坏，但是，在正常工况下，保护不能误动作；高寿命设计；内部电源系统冗余设计。

3. 高电压及隔离技术

变频装置需连续调节输出电压的频率和大小，对于 6000V 等级变频器，如前所述，往往须采取一些措施解决电力电子器件耐压不够的问题，例如三电平方式、单元串联多电平方式等，需控制的电力电子器件数量多，因此，控制方法及控制时序变得相当复杂。

随着微处理器技术的发展，CPU 的处理速度大大提高，外设功能大为增强，如采用带多相 PWM 脉冲产生电路的微处理器，高压变频装置实现全数字式控制成为可能。电力电子器件均工作在相当高的电压之下，如交流 6000V、直流 8400V 等，而这些电力电子器件均需在主控制器的统一协调下工作，因此，高压隔离问题也比较突出。目前，一般采用光纤通信或信号传输技术解决高压隔离问题。

4. 保护技术

在高压变频器产品中，电力电子器件的保护以及装置的综合保护相当重要，既要保证装置在过载、过电压、超温甚至短路等工况下不损坏，又要保证装置在正常运行时保护不出现误动作。因此，要求高压变频装置应具有诸多保护功能。即：过载保护（应具有反时限特性），过电压保护，短路保护，超温保护和电动机保护功能。

5. 电磁兼容技术

电力电子器件在导通和截止时所产生的 dV/dt 相当高，如不加以限制可达 10kV/μs。在这样高的 dV/dt 下，每皮法的分布电容将导致高达 10mA 的耦合干扰电流，电场干扰很大。同时，在高压变频装置中，无论是采用单元串联多电平方式，还是三电平及其他方式，其内部的 di/dt 相当高，可达 3000A/μs，因此，磁场变化率非常高，在其相邻回路中感应的干扰电压很高。要求采取屏蔽、接地以及合理布线等方式解决电磁干扰问题。

6. 谐波抑制技术

6kV 等级高压设备比 380V 等级设备对谐波抑制的要求更高，主要涉及输入电流和输出电压谐波两项指标。其中，输入电流谐波反映了设备对电网的干扰程度，除满足国标规定外，还要求满足 IEEE 推荐标准以及在电力系统中对谐波控制的要求；输出电压谐波对电机的运行将产生影响，谐波越大，电机的谐波电流大、转矩脉动增大、额外损耗也增大，输出电压谐波越小则电机运行平稳并且额外的损耗小。

单元串联多电平型高压变频器输入端采用了多绕组移相整流变压器，输入整流波头数在 30 以上，不需要采取其他措施，输入电流谐波即可控制在规定范围之内；而对于三电平或电流型变频器，一般须在输入端接入电抗器。

单元串联多电平高压变频器的输出为采用多电平多重化输出形式，例如每相 5 单元串联时，输出线电压有 11 电平，输出电压谐波也较低；对于三电平变频器，一般应在输出端接入电抗器。变频器输出 dV/dt 对电动机绝缘有一定影响，如不采取措施，即使是单元串联多电平输出，dV/dt 也可达 4000V/μs，三电平和两电平更高，这对电机的绝缘性影响很大。例如，国内高压电机 dV/dt 的设计指标仅仅在 600V/μs 左右。同时，高次谐波也势必引起电机额外损耗。

7. 高压变频装置结构与试验

高压变频装置属于高压电气设备，结构复杂、输入一般还配有变压器、体积大，需要通过优化结构来减小装置的体积。

高压变频装置的试验设备投资较大，尤其在产品开发阶段，测试和试验相当困难，不能实现在线监测，因此难以查找问题和进行故障诊断。所需的特殊设备包括高压供电线路、开关设备和并网装置，高压 1∶1 容量电动机—发电机组，大容量负载等。

6.3 高压变频器产品及应用

6.3.1 变频调速节能原理

交流调速应用始于 20 世纪 70 年代，到了 80 年代低压变频技术逐步得到推广应用。高压变频由于其大功率、高电压等特殊要求，在世界上也是到 20 世纪 90 年代中期才开始得到发展。许多大型集团公司对高压变频技术的开发研究极其重视，尤其对风机、泵类负载电机的高压变频装置的开发更是如此。经过多年的发展，国外高压变频调速装置向电压源型高—高变频方式趋势发展。目前，最常见的高压变频类型有单元串联多电平型、三电平型、电流型等（见表 6 - 11）。除此之外，通用电气、阿尔斯通、三菱、东芝、富士和日立等公司近期也有类似产品推出。

表 6 - 11　高压变频器产品列表

序号	厂家	产品类型				备注
		两电平	三电平	单元串联多电平	电流源型	
1	SIEMENS		IGBT			
2	ROBICON			IGBT		
3	ROCKWELL (AB)				SGCT、GTO	
4	ABB		IGCT			
5	利德华福			IGBT		
6	上海科达机电			IGBT		功率单元在线更换，无极性电力电容
7	东方日立			IGBT		DHVECTOL 系列
8	中山明阳电器		IGCT			
9	成都佳灵电气	IGBT				
10	上海雷诺尔			IGBT		RNVH—A 系列
11	亿思特			IGBT		Ⅰ Drive 2000
12	荣信电气			IGBT		RMVC 5100 系列

续表

序号	厂家	产品类型				备注
		两电平	三电平	单元串联多电平	电流源型	
13	富士电机			IGBT		FRENIC4600FM5e，36 相不可控整流
14	九洲电气			IGBT		Power Smart 系列，串联多重化叠加
15	江苏力普电子科技有限公司			IGBT		LPMV 系列，电压源型；无移相变压器、四象限高压变频器

采用变频器对风机水泵等机械装置实施调速控制，控制风量、流量利于节能，为业界广为采用。风机水泵属于两类不同的机械装置，其基本结构、工作原理基本一致，分析方法也基本相同。下面介绍风机变频调速节能控制的原理。

1. 风机的基本参数

（1）风量 $Q(m^3/s)$，单位时间流过风机的空气量。

（2）压力 $H(P_a)$，空气流过时产生的压力。其中，风机给予每立方米空气的总能量称为风机的全压 H_t，由静压 H_g、动压 H_d组成，即$H_t=H_g+H_d$。

（3）功率 P（W），风机工作有效总功率 $P_t=QH_t$，若风机用有效静压 H_g，则 $P_g=QH_g$。

（4）效率 η，用于衡量风机轴功率传给空气的量及风机工作的优劣。根据风机工作方式及参数，效率分为全压效率（$\eta_t=QH_t/P$）和静压效率（$\eta_g=QH_g/P$）两种。

2. 风机特性曲线

（1）$H-Q$ 曲线，风机转速恒定时，压力与风量间的关系特性。

（2）$P-Q$ 曲线，风机转速恒定时，功率与风量间的关系特性。

（3）$\eta-Q$ 曲线，风机转速恒定时，风机的效率特性。

当风机转速从 n 变化到 n'，风量 Q、压力 H 及轴功率 P 的关系如下

$$Q' = Q(n'/n) \tag{6-38}$$

$$H' = H(n'/n)^2 \tag{6-39}$$

$$P' = P(n'/n)^3 \tag{6-40}$$

式（6-38）～式（6-40）表明，风量与转速成正比；压力与转速的二次

方成正比；轴功率与转速的三次方成正比。

3. 管网风阻特性曲线

当管网的风阻 R 保持不变时，风量与通风阻力之间的关系是确定不变的，即风量与通风阻力按阻力定律变化

$$K = RQ^2 \tag{6-41}$$

式中：K 为通风阻力，Pa；R 为风阻，kg/m^2；Q 为风量，m^3/s。

$K—Q$ 为抛物线，称作风阻特性曲线。与管网阻力曲线相交的工作点为工况点 M，同一风机不同转速 n、n'对应的 $K—Q$ 曲线与 R 风阻特性曲线相交的工况点分别为 M、M'，与 R_1风阻特性曲线相交的工况点分别为 M_1、M_1'。

4. 电机容量计算

风机电机所需的输出轴功率为

$$P = QH/\eta_T\eta_F \tag{6-42}$$

式中：η_T为风机的效率；η_F为传动装置的效率。

5. 风机节能原理

风机、水泵负载转矩与转速的二次方成正比，轴功率与转速的三次方成正比。因此，可以通过调节风机（或水泵）的转速达到节能的目的。图 6-45 为 $H—Q—S—P$ 状态图，用于比较采用风机挡板阀门及变频调速方式调节流量的能量消耗。

（1）当流量 $Q=1$ 时，采用风机挡板和采用变频器时使用的功率将会一致，因为其输入功率都为 AH0K 所包围的面积。

（2）当流量从 $Q=1$ 下降到 $Q=0.7$ 时，采用风机挡板调节时的输入功率为 BI0L 所包围的面积；采用变频调速，功率下降为 DG0L 包围的面积，该面积比 BI0L 包围的面积小很多。

（3）当流量进一步下降到 $Q=0.5$ 时，采用风机挡板调节时的输入功率为 CJ0P 所包围的面积；采用变频调速功率为 EF0P 包围的面积，该面积比 CJ0P 包围的面积小很多。

可见，采用变频调速比采用风机挡板节约大量能量，更利于节能。

具体计算如下：

（1）风机运行时，采用阀门或挡板调节，其输入功率为

$$P_{nn} = PH_{nn}Q_{nn} \tag{6-43}$$

式中：$H_{nn}=U-(U-1)Q_{nn}^2$；U 为系统流量为零时的压力极值。

P_{nn}为某状态下的输入功率标幺值；H_{nn}为某状态下的压力标幺值；

Q_{nn}为某状态下的流量标幺值；P 为额定状态下的输入功率。

故，采用风门挡板时的风机输入功率为

$$P_{nn} = PH_{nn}Q_{nn} = P[U-(U-1)Q_{nn}^2]Q_{nn} \tag{6-44}$$

（2）采用变频调速时的功率计算如下

电机转速 $n=60f(1-s)/p$，且与流量 Q、压力 H 及功率 P 存在以下关系

$$Q = K_q n \tag{6-45}$$

$$H = K_h n^2 \tag{6-46}$$

$$P = K_p n^3 \tag{6-47}$$

假定额定流量 Q_0、额定功耗 P_0，所需流量 Q_1、所需功耗 P_{gin}，由式（6-45）～式（6-47）有

$$P_0/n_0^3 = P_{gin}/n_1^3 \tag{6-48}$$

采用变频调速，变频器输入功率为

$$P_{gin} = P_0(n_1/n_0)^3 \tag{6-49}$$

考虑变频器和电机效率，所需输入功率为

$$P_{gin} = P_0(n_1/n_0)^3/\eta \tag{6-50}$$

式中：η 为变频器效率。

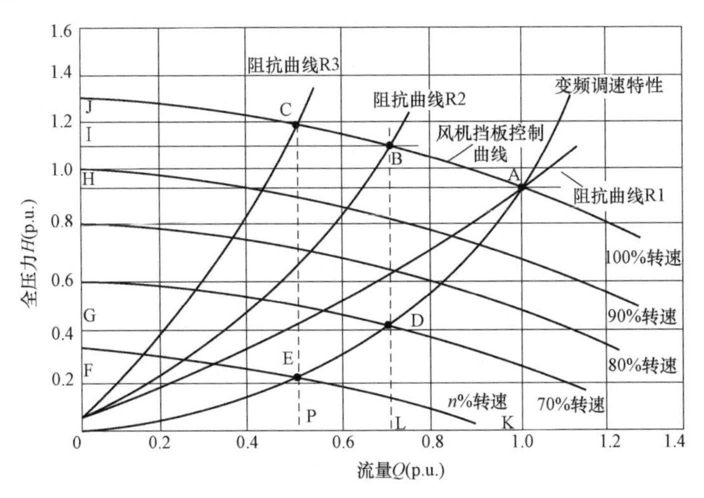

图 6-45　H—Q—S—P 状态图

图 6-46 所示为调节阀门、变频调速两种不同调节方法的节能效果图。其中，曲线①为调节阀门时电机输入功率曲线，②为变频调节水泵转速时电机输入功率，③为采用变频调速相对于调节阀门的节能效益曲

线。曲线③没有考虑调速装置本身的效率、也忽略了调速过程水泵本身的效率变化，综合考虑这些因素，实际节能效果会略低些。

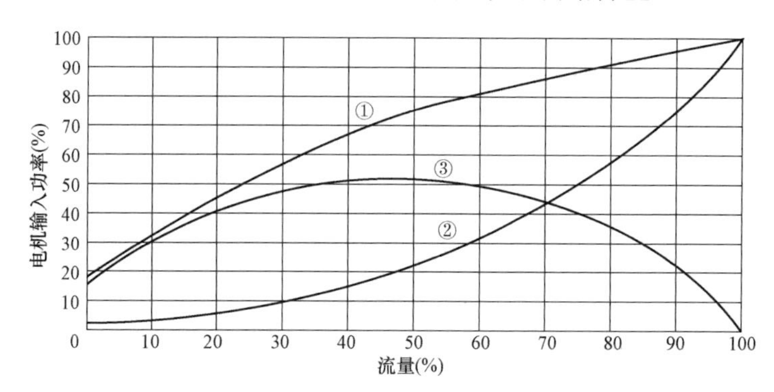

图 6-46　不同负载下节能效果图

6.3.2　高压变频技术风机节能应用

1. 高压变频技术在风机节能中的应用

工业在我国能源消耗方面占有绝对主导的地位，耗电量超过全国年总发电量的 70%，工业领域的节能也一直是我国政府节能工作的重点。风机是我国工业领域最主要的耗能设备之一，属于量大面广的产品，广泛应用于石油、化工、煤炭及矿产开采、电力、冶金、环保、城建等国民经济各领域。在工业生产过程控制中，通常要求风机能够根据工艺需要进行控制和调节出口压力或者流量，最为常用的控制手段则是采用阀门或者挡板。此时，调节过程中的风机一直都在全速运转，大量的能量浪费在风门或挡板上，形成了大量的节流损失。近年来，随着高压变频器的出现以及价格的下降，可以通过调节风机转速实现节能。

叶片式风机的负载特性属于平方转矩型，即其轴上需要提供的转矩与转速的二次方成正比。因此，对同一台风机进行变频控制时，其轴功率与转速的三次方近似成正比，即

$$\frac{P}{P'}=\left(\frac{n}{n'}\right)^3 \tag{6-51}$$

例如，浙江某电厂五期一次风机的额定流量为 212.6km^3/h，额定出口压力为 11.566kPa，所配置电机的额定电压为 6kV，额定功率为 900kW。根据锅炉运行需要通过调节入口阀门来控制风量的大小，一般情况下阀门运行开度为 30%，电机运行功率为 730kW。在实际运行时，由于采用挡板调节，大部分的能量都被消耗在挡板上了，且挡板的开度

越小则耗能就更多。对此，提出对此风机进行变频改造，具体改造措施包括：

（1）增加一套变频控制系统（包括主回路与控制回路），作为主系统控制风机运行。

（2）保留原有的系统作为旁路系统，以备主系统出现故障时，可以冷备用切换至原有系统进行操作，如图6-47所示。其中，K1、K2、K3为高压隔离开关，K3与K1形成互锁，任何时间都只能有一路能接通，确保主系统与旁路系统的输出不会同时接通，保证各自系统的可靠性与安全性。而K2可以方便检修时断开，形成明显的断点以确保安全工作。

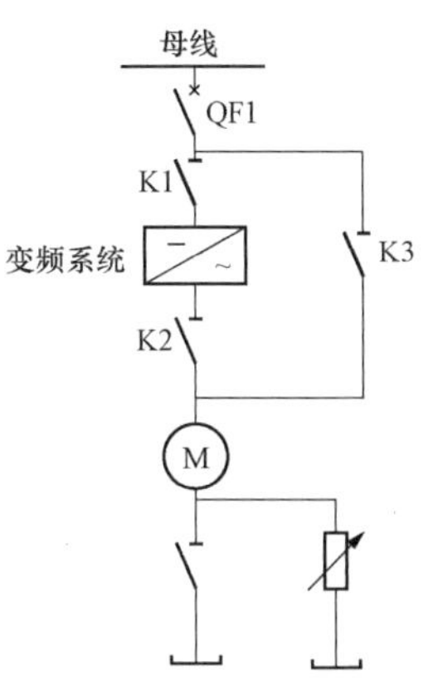

图6-47　风机变频控制系统图

（3）变频控制系统留出接口，接收原有系统的关键信号，由原有控制系统（即旁路系统）来控制机组的连锁停机。变频系统操作方式仍参照原有系统的操作模式，采用手动方式调节输出频率：机组正常运行后，仍按高炉工艺要求接收高炉指令，改变变频系统的输出频率设定，调节电机转速，从而调节机组送风的压力来保证锅炉运行所需风量。

经过改造后，入口阀门开度开到了100%，机组满负荷时电机运行频率由原来的50Hz降至42Hz运行，电流从变频改造前的85A降到了70A，功率因数则降至0.72。以高负荷率下某年九月份风机的实际用电量为例，采取变频改造前用电547920kW·h，改造后为414360kW·h，风机月用电量比改造前节省了133560万kW·h，节电率达到24.4%，按年运行8000h计算，年节电量约为150万kW·h，取得了良好的经济效益。

2. 高压变频器在煤矿主扇风机的应用

（1）背景。主扇风机是煤矿通风系统中最为关键的设备，也是煤矿安全生产最为重要的环节。从工频运行时电机的状态来看，电机长期保持在工频运行状态，当用户需要调节风量和压力时，主要是通过调节风机叶片角度或风门开度来实现，实质是通过降低风机效率调低压力，造成不必要的能源浪费，同时，叶片在切割流体时的角度偏差或做功势必在风门上增加了风机的机械损耗，无法实现经济运行，且一天24h不间断运行，根据反风及开采后期运行工况要求，所设计的通风机及拖动的电机的功率，通常远大于煤矿正常生产所需的运行功率。风机设计的余量大，在相当长的时间内风机一直处在较轻负载下运行，因此，煤矿通风系统中存在着极为严重的"大马拉小车"现象，能源浪费非常突出。因此，主扇风机的变频节能改造势在必行。

(2) 主扇风机节能原理。由流体力学可知，P(功率)$=Q$(风量)H(压力)，风量 Q 与转速 n 的一次方成正比，压力 H 与转速 n 的平方成正比，功率 P 与转速 n 的立方成正比。

1) 风门开度控制。实质是改变管道中气体阻力大小来调节风量。因为风机的转速不变，其特性曲线保持不变，当风门全开时，风量为 Q_a，风机的压头为 H_a。若关小风门，管阻特性曲线改变，此时风量为 Q_b，风机的压头到 H_b。则压头的升高量为 $\Delta H_b=H_b-H_a$，产生的功率损失为 $\Delta P_b=\Delta H_b Q_b$。

2) 风机转速控制。实质是通过改变所输送气体的能量来改变风量。因为只是转速变化，风门的开度不变，管阻特性曲线也就维持不变。额定转速时风量为 Q_a，压头为 H_a。当转速降低时，特性曲线改变，风量变为 Q_c。此时，假设将风量 Q_c 控制为风门控制方式下的风量 Q_b，压头为 H_c。因此，与风门控制方式相比压头降低值为 $\Delta H_c=H_a-H_c$。据此可节约功率为 $\Delta P_c=\Delta H_c Q_b$。与风门控制方式相比，节约功率为：$P=\Delta P_b+\Delta P_c=(\Delta H_b-\Delta H_c)Q_b$。

比较这两种方法，可见，在风量相同的情况下，转速控制避免了风门控制下因压头的升高和管阻增大所带来的功率损失；在风量减小时，转速控制使压头反而大幅度降低，所以它只需要一个比风门控制小得多的、得以充分利用的功率损耗。

可见，当要求调节风量下降时，转速 n 可成比例的下降，而此时轴输出功率 P 成立方关系下降，即风机电机的耗电功率与转速近似成立方比的关系。

(3) 变频器。采用上海某企业生产的 RNVH—A 系列高压变频器，该变频器利于多单元串联多电平技术，属于高一高电压源型变频器，可直接输入 6kV/10kV、输出 6kV/10kV 电源。

图 6-48 所示为 6kV 高压变频器系统拓扑结构图，每相由 5 个功率单元串联，各个功率单元由输入隔离变压器的二次隔离线圈分别供电；输出三相构成 Y 形，直接给 6kV 电机供电。

1) 功率单元为交—直—交方式，每个功率单元主要由输入熔断器、三相全桥整流器、电容器组、IGBT 逆变桥、直流母线和旁通回路构成，同时还包括控制驱动电路。每个单元为三相输入、单相输出的脉宽调制型变频器。输出的电压状态为 1、0、−1，每相五个单元叠加就可以产生 11 种不同的电压等级。

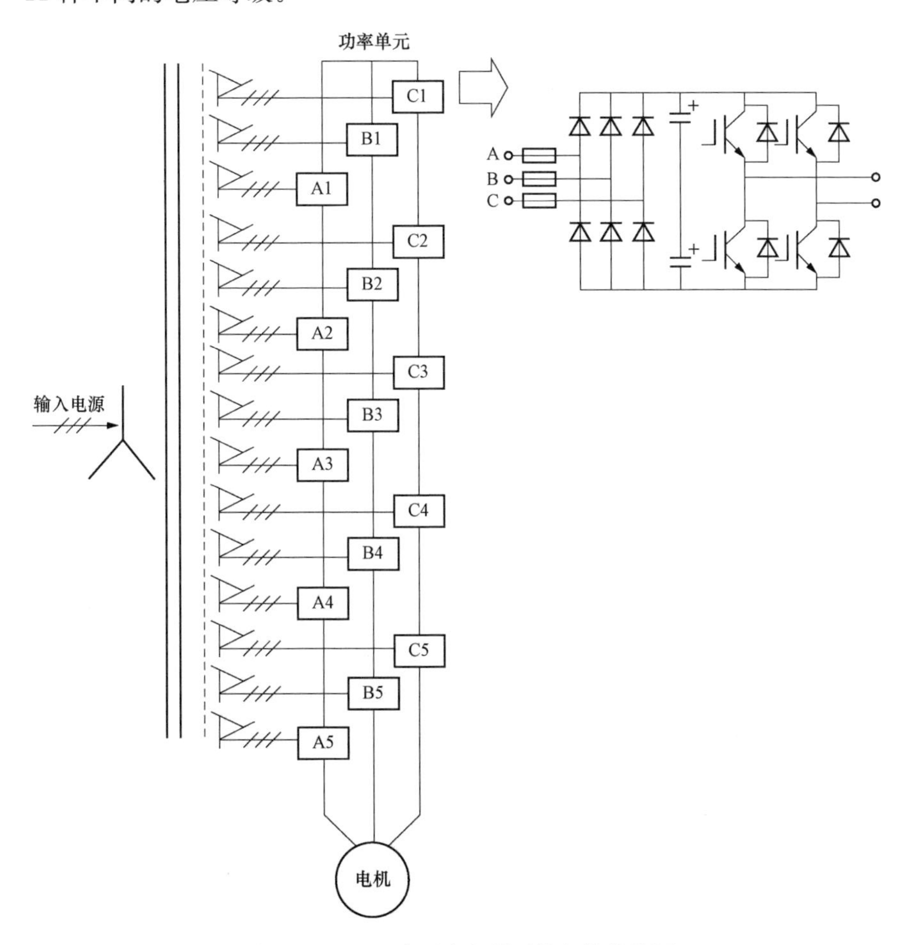

图 6 - 48　6kV 高压变频器系统拓扑结构图

2）使用低压器件实现高压输出，降低了功率器件的耐压要求，对电网谐波污染非常小。输入功率因数高，不必采用输入谐波滤波器和功率因数补偿装置，输出波形接近正弦波。不存在谐波引起的电机附加发热、转矩脉动、噪声、dV/dt 及共模电压等问题，不必增加输出滤波器就可以用于普通的异步电机。

3）每个功率单元由移相变压器的一组二次绕组供电，通过三相全桥整流器将交流输入变为直流。电子控制部件接收主控系统发送的 PWM

信号，通过控制 IGBT 的工作状态输出 PWM 电压波形。监控电路实时监控 IGBT 和直流母线的状态，将状态反馈回主控系统。

4）通过将每相 N 个功率单元输出的 PWM 电压波形进行叠加，产生 $2N+1$ 个电压阶梯的多重化相电压波形。如图 6－49 所示为 5 个功率单元输出的 PWM 波形叠加后的相电压波形。

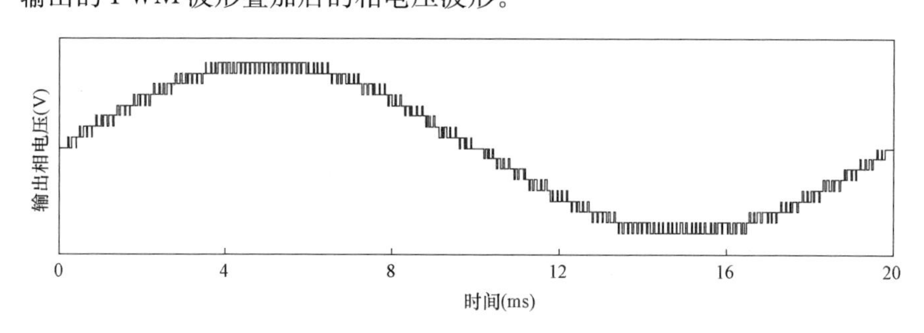

图 6－49　变频器的单元输出波形及相电压叠加波形

5）主控系统包括主控板及其输入、输出接口。其中，主控板采用 32 位 DSP、CPLD 等大规模集成电路和表面焊接技术，系统可靠性高，通过光纤通信系统与所有功率单元之间建立通信联系，向各个功率单元传输 PWM 信号，并返回各个功率单元状态信息。通过触摸屏，可以实现系统运行、停机、复位及功能参数设定和记录查询。

6）变频器主回路。变频器主回路如图 6－50 所示。主扇风机为对旋型轴流通风机，一用一备，每台风机包含两台电机，选用一台变频器拖动两台电机同时运行的方式，外部加装手动一拖二旁路切换柜。

a. 正常运行时，闭合手动隔离开关 K12、K22，断开工频隔离开关 K11、K21，合上变频开关 QF，变频器拖动两台电机同时运行，通过调节变频器输出频率来调节风量。

b. 变频故障时，断开变频开关柜 QF，闭合 K11 和 K21、断开 K12、K22，系统恢复原有运行方式工频运行。

K11 和 K12、K21 和 K22 不能同时闭合，在机械上实现了互锁。变频故障信号和变频开关柜也实现互锁，实现高压故障连跳功能。

7）变频器输出波形。如图 6－51 所示为经过现场改造完成后实测的变频器输出波形，不含高次谐波。

（4）效益分析。变频改造后，风门全部打开，电机运行频率在 40Hz 左右，运行电流 21A，完全能够满足矿井内生产通风要求，且提高了风量调节的速度，简化了用户操作工序，变频器运行非常稳定，降低了风

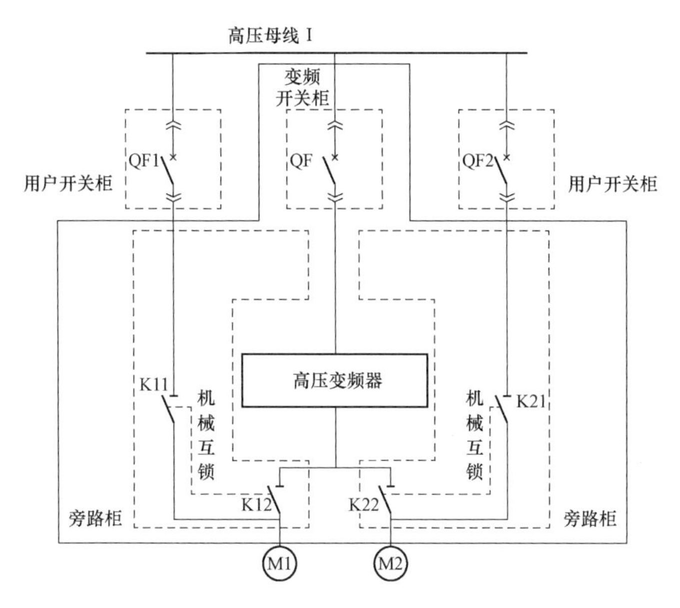

图 6-50　主回路图

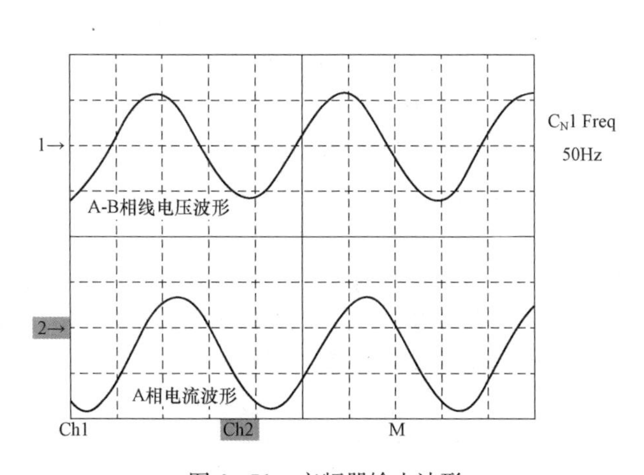

图 6-51　变频器输出波形

机启动时的冲击。节电效益分析如下：

1）工频运行时，风门开度为 2m 左右，两台电机运行电流共计 35A，工频运行功率和一天的耗电量计算如下（假设系统效率为 85%）

$$P_{工} = 1.732 \times 10 \times 35 \div 0.85 = 713.18(\text{kW})$$

2）变频器运行时，风门全开，运行电流 21A，由变频器调节风机速度来满足风量要求。变频运行时功率和一天的耗电量计算如下（假设系

统效率为 96%)

$$P_{变} = 1.732 \times 10 \times 21 \div 0.96 = 378.88(\text{kW})$$

3) 效益。

a. 节电率计算。

$$(P_{工} - P_{变})/P_{工} = (713.18 - 378.88)/713.18 = 46.9\%$$

b. 节约电费计算。

电价以 0.6 元/(kW·h) 计算，工频 24h 耗电费为

$$713.18 \times 24 \times 0.6 = 10269.79(元)$$

变频 24h 耗电费为

$$378.88 \times 24 \times 0.6 = 5455.87(元)$$

变频改造后，日节约电费为

$$10269.79 - 5455.87 = 4813.92(元)$$

一年有效运行天数以 280 天计算，年节约电费为

$$4813.92 \times 280 = 1347897.04(元)$$

3. 高压变频器在火力发电厂作引风机及排风机的应用

(1) 概述。在火力发电厂中，风机和水泵是最主要的耗电设备，且容量大、耗电多。加上这些设备都是长期连续运行和常常处于低负荷及变负荷运行状态，其节能潜力则更加巨大。发电厂辅机电机的经济运行，直接关系到厂用电率的高低。随着电力行业改革的不断深化，厂网分家，竞价上网等政策的逐步实施，降低厂用电率，降低发电成本、提高电价竞争力，已成为各发电厂努力追求的经济目标。

(2) 应用情况。表 6-12 所列为高压变频器（配合自动旁路功能）在某热电厂应用，涉及 1 号甲排风机、1 号乙排风机、3 号甲引风机和 4 号乙引风机，相应的变频运行参数见表 6-13。

表 6-12　　　电 机 参 数

序号	参数	1 号甲排风机	1 号乙排风机	3 号甲引风机	4 号乙引风机
1	额定电压（V）	6000	6000	6000	6000
2	额定电流（A）	33.8	34.6	35.2	33.8
3	额定频率（Hz）	50	50	50	50
4	额定功率（kW）	260	260	260	260
5	转速（r/min）	1485	1390	1500	1485
6	功率因数	0.84	0.83	0.82	0.84

表 6-13　　变频运行参数

序号	电机位置	变频运行频率（Hz）	变频电流（A）	变频效率（%）
1	1 号甲排风机	43	17.3	95
2	1 号乙排风机	35	19.5	98
3	3 号甲引风机	35	18.5	98
4	4 号乙引风机	40	14.5	96

（3）运行效益。节能计算统计如下：

1）1 号甲排风机节能率为 $\lambda=30.4\%$。

2）1 号乙排风机节能率为 $\lambda=31.35\%$。

3）3 号甲引风机节能率为 $\lambda=31.35\%$。

4）4 号乙引风机节能率为 $\lambda=30.76\%$。

实际计算年平均节能率达到 30.965%，按照每年运行 8226h 计算，高压变频器的应用 1 年实现节能 264.91 万 kW·h。

6.3.3　高压变频技术水泵节能应用

1. 高压变频技术在城市排污泵站中的应用

目前，已建城市排污泵站普遍存在排污泵效率偏低、耗电量大等问题，主要表现在：一些排污泵站采用改变挡板或阀门开度来调节排污泵流量，这种情况下排污泵必须满功率运行，不仅效率低下，且设备损坏快；另外一些排污泵站通过改变电机转速来调节排污泵流量，传统方法主要由电磁转差离合器（如皮带传送类负荷）和液力耦合器（如泵类负荷）来调速，存在效率低、精度差、非线性严重和运行不可靠的缺点。排污泵采用的驱动电机大多为 3kV 或 6kV 高压大功率电机，解决上述问题的最有效手段之一是利用高压变频技术对这些设备的驱动电源进行变频改造，不仅可以克服排污泵执行机构的严重非线性、时延大等难以控制的问题，还具有效率高、调节精度高以及运行可靠等优点；便于通过控制室的触摸屏操作，亦可在原有 PC 机上操作，操作方便；同时，满足了城市排污站节能降耗、提高经济效益的要求。

在电机磁极对数与转差率确定的情况下，变频调速通过改变电源频率 f 来调节电动机的转速，转速与电源频率成正比，流体流量与泵的转速成正比。以上海某泵站已建成并投入运行的高压变频设备为例，通过对现场设备的分析，该泵站对 2 号机组与 5 号机组进行变频改造，并交替地投入正常运行。排污泵变频设备控制系统框图如图 6-52 所示。

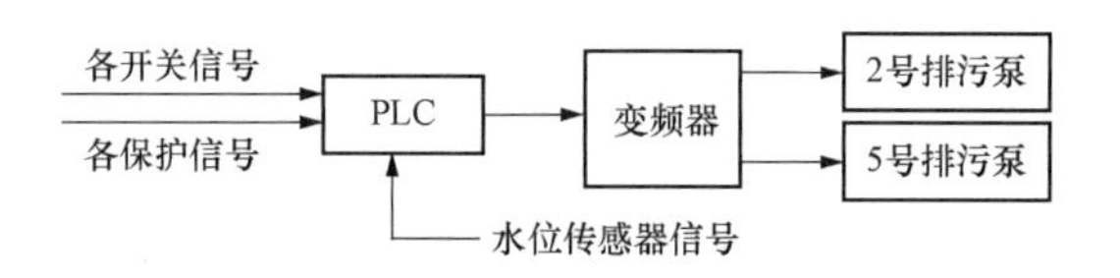

图 6-52　排污泵变频设备控制系统框图

由现场 PLC 测控终端通过有线通信方式和设置在污水处理厂的中央管理计算机组成分布、集散型测控管理系统。在排污泵站设置一个控制柜，变频设备安装在控制柜内，2 号机组和 5 号机组（额定功率为 500kW）共用 1 台变频器，这两台排污泵安装在不同的污水集水池，并交替使用。排污泵由变频设备驱动，根据污水集水池进水水位变化进行控制，水位传感器反馈信号与水位设定信号输入可编程控制器后，经可编程控制器内部 PID 控制程序的计算，输入变频设备一个转速控制信号。变频设备为电机提供可变频率的电源，使电机获得无级调速所需的电流和频率，直接改变和控制电机的输出轴功率。当改变电机的频率时，转速作相应改变，从而调节排污泵的水流量，保证泵站的 2 号排污泵和 5 号排污泵机组一直在比较高的效率下运行。

高压变频设备对排污机组运行的影响主要体现在以下几方面：

（1）对负载系统的流量和压力的影响。对整个系统来说，无论采用何种调节方式，满足排污工艺需要的流量和压力都是相同的。

（2）变频设备局部故障后对机组运行的影响。对有冗余设计的变频设备来说，不会造成机组跳闸；对于没有冗余设计的变频器来说，局部故障是不允许的，任何故障都将引起变频器停止运行，机组跳闸。

（3）变频设备整体故障后对机组运行的影响。当这种故障发生时，对具有旁路装置的系统来说，当变频设备停止运行后，可以通过一系列的逻辑操作将电机切换至工频运行，从而保障机组能够继续运行。

（4）变频驱动后电机保护系统的影响。采用变频调速后，电机的保护将由变频器来完成，这将要求变频器对电机的保护功能更加完善。

（5）变频驱动后电网波动对机组的影响。采用变频调速后，变频器对电网电压波动比较敏感，当电网电压跌落 20%时，变频器将停止输出，机组跳闸。

在节能方面，由于该泵站是按工频运行时速设计的，排污泵站一般为全日运行，污水在全日时间分布上有很大的不均匀性，一般在每日 6：30～8：30、10：30～12：30 和 17：00～19：30 三个时段流量较大，占全日生活污水量的 80%以上，其他时间段的流量较小。从实际运行统计资料表明，使用变频设备后使水泵运行平均转速比工频转速降低 20%，从而利于大大降低能耗，节能效率达 20%～40%。

高压变频技术在城市排污泵站的应用，主要为电机提供可变频率的电源，实现电机的无级调速。采用变频调速的控制方式相对于水位控制水泵开停方式，在运行经济性、稳定性、可靠性、自动化程度等方面均具有优势，利于水泵转速下降、功率降低、寿命延长，符合城市排污系统运行控制的要求。

2. 高压变频技术在油田注水系统中的应用

在石油行业注水系统是油田的耗电大户，耗电量占整个油田生产的 40%～60%，因此，降低注水系统能耗是油田注水面临的重大问题。国内大部分油田采用在注水站内用大型离心泵或柱塞泵升压，用注水管网把高压水输送到注水井的注水系统等方式。由于一个注水站所管辖的注水井由几十口到几百口不等，注水系统的流量会随着注水井开井数量和注水工艺的需要进行调整，注水站的供水能力往往不能保证泵处在最佳工作状态，采用常规的阀门调节方式，势必消耗很大一部分能量。因此，通过对注水泵进行调速是一种较好的节能方案。

对于离心泵，泵轴功率方程为

$$P=\frac{\rho QHg}{\eta} \tag{6-52}$$

式中：P 为泵轴功率；ρ 为水的密度；Q 为排量；H 为扬程；g 为重力加速度；η 为效率。

泵排量与电机转速存在如下关系

$$\frac{Q}{Q_0}=\frac{n}{n_0} \tag{6-53}$$

扬程与电机转速存在如下关系

$$\frac{H}{H_0}=\left(\frac{n}{n_0}\right)^2 \tag{6-54}$$

泵轴功率与电机转速有如下关系

$$\frac{P}{P_0}=\left(\frac{n}{n_0}\right)^3 \tag{6-55}$$

可以看出，当降低电机转速，泵的排量将等比例降低，泵的轴功率以三次方的比例降低。例如转速和排量降低到原来的 80%，泵的轴功率就降低到原来的 51.2%。

油田注水系统工作协调关系如图 6-53 所示。以注水站分水器为系统节点，可以把注水系统分为注水泵和注水管网两个子系统，其中，曲线

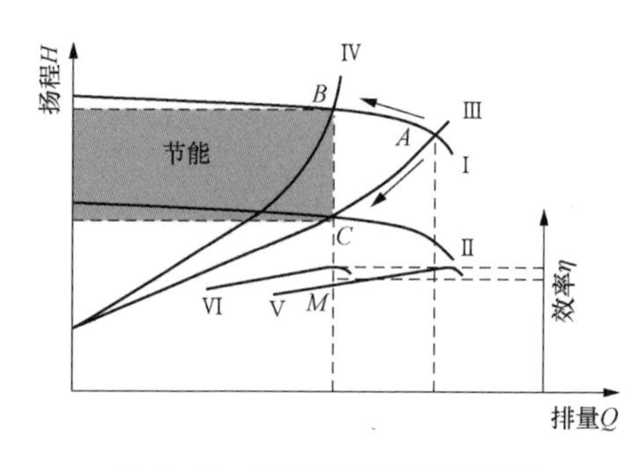

图 6-53　阀门与变频器控制下的泵扬程与排量的关系

Ⅰ是注水泵在额定转速下的特性曲线；曲线Ⅱ是注水泵在转速 n 下的特性曲线，曲线Ⅰ和曲线Ⅱ上扬程与排量的关系符合式（6-54）、式（6-55）的规律；曲线Ⅲ是管网特性曲线；曲线Ⅳ是改变管网中阀门开启程度后的管网特性曲线；曲线Ⅴ是转速为 n_0 时泵的效率曲线；曲线Ⅵ是转速为 n 时泵的效率曲线。

例如，对于某 DF140—150 型泵，当通过阀门控制流量从 $140m^3/h$ 减少到 $112m^3/h$ 时，出口压力将由 10%增加到 101.69%，泵效率由 73.61%降为 66.47%，由泵轴功率方程式（6-52）可计算出轴功率变化为 9.9%。这说明通过阀门调节，排量降低到原来的 80%，轴功率将下降 99%。

通过变频技术控制排量时，由于阀门全开，只改变泵转速而不改变泵后管网阻力，因此当注水泵转速降低时，其 H—Q 曲线下移，运行点将由 A 点沿管网特性曲线Ⅰ降到 C 点，从而使注水泵排量减少，出口压力降低，同时效率曲线随转速的改变由Ⅴ移到Ⅵ，注水泵始终工作在最大效率附近，与阀门调节方式相比，泵轴功率下降如图 6-53 中阴影部分所示。通过变频控制排量，同样从 $140m^3/h$ 减少到 $112m^3/h$，出口压力最低可降低到 64%，实际降低量可根据管路特性曲线求取，泵效率维持在 73.61%，泵轴功率变化可计算出为 48.8%。这说明采用变频调速，若排量降低到原来的 80%，则泵轴功率最大将下降 48.8%。注水泵与电机采用轴连接，因此，泵轴功率下降使电机负载下降，从而达到节能的目的。此外，采用变频调速，还可以使供电电网的功率因数增大，无须相位补偿。交流传动具备智能控制功能，可以对电机进行全面保护，减少机器部件磨损，降低管线噪声，减少维护费用。

通过以上分析，可见在油田注水系统中使用高压变频技术能够取得明显节能效果；高压变频技术的使用大大简化了调整注水压力的工作难度和强度，使注水站干压保持稳定，提高了注水质量，同时还降低了工作人员的劳动强度；使用变频器降低了泵转速，减少了泵磨损，起到延长泵寿命的作用；不需要调节泵出口阀门，避免了高压阀门因频繁动作而损坏。

3. 高压变频器在水厂提升泵上的应用

（1）概述。城市供水系统是现代生活和生产过程中不可缺少的重要的公共设施之一，直接影响到人们的工作和生活，所以责任重大，提高供水系统的安全可靠性及供水质量等也是个急需解决的问题。通常情况下，水厂（包括一级提升泵，处理工艺，二级泵房）、增压系统及其供水管网系统组成城市供水系统。其中，水厂作为系统的源头，承担着产品生产和初级运输任务，二级提升（把水从水库输送入管网系统）由水泵完成。对大规模水厂而言，出水泵一般都由高压电机驱动。

某县城供水扩建工程为满足全县工业化、城镇化加速发展的需求，达到 10 万 t/日供水规模投资进行修建。其中，采用 IDrive2000 系列变频器来控制一级提升泵和二级提升泵（见表 6 - 14）。

表 6 - 14　IDrive2000 系列变频器来控制一级提升泵和二级提升泵

序号	名称	型号	配置变频器型号	备注
1	一级提升泵	10kV/800kW	IMV - A8 - F8/0060 - 0	
2	二级提升泵	10kV/630kW	IMV - A8 - F8/0045 - 0	

（2）控制方案。采用压力传感器、PLC 和变频器作为中心控制装置实现所需功能。起重，安装在管网干线上的压力传感器用于检测管网的水压，将压力转化为 4～20mA 的电流或者是 0～10V 的电压信号，提供给变频器。

变频器是水泵的控制设备，能按照水压恒定需要将 0～50Hz 的频率信号供给水泵，调整其转速。

系统采用 PID 进行闭环控制，变频器根据恒压时对应的电压设定值与从压力传感器获得的反馈电流信号，利用 PID 自动调节，改变频率输出值来调节所控制的水泵转速，以保证管网压力恒定。

（3）应用效果分析。

1）电机采用高压变频器进行调速运行后，启动电流大大减小，对机组几乎没有冲击。同时削弱了开泵时的水锤效应。

2）采用变频器后可利用压力闭环控制功能，使供水管道的水压趋近于一个恒定值。避免用户误操作，导致供水管道的压力骤增，造成管道爆裂。

3）节能效果明显，经现场验证，采用变频器后节能效率能达到 20%。

4）功率因数从工频时的0.89提高到0.98。

4. 大功率水冷型高压变频器在电厂给水泵变频改造应用

某自备电厂300MW火电机组给水泵节能改造项目，只对两台常用（A泵、B泵）给水泵增加水冷型高压变频器，变频调节采用一拖一手动旁路方式，并分别对前置泵、润滑油系统进行改造，保留给水泵液力耦合器，将液耦改造为增速齿轮箱。备用泵（C泵）保持原有状态，工频备用。

项目改造投运后，节能效果显著，节电率达到25%～30%，年节电662.4万kW·h，节能效果显著。

第7章

电机系统节能标准

7.1 电机能效标准

世界上的先进工业国家都对高效电机的使用和电机系统的节能高度重视，各国都制定了自己的电机能效标准，随着市场经济和国际贸易的发展，国际电工委员会（IEC）制定了全球统一的中小型电机能效等级标准，并统一了高效电机的效率测试方法。下面就对IEC标准、主要工业国家和我国的电机能效标准情况作简单介绍。

7.1.1 美国电机能效标准

自20世纪70年代全球第一次能源危机起，美国就逐步开始了对电机系统节能的重视，并就电机的用电情况进行了大量调查统计。根据统计的结果，美国电机用电量约占工业用电量的2/3，占该国全部用电量的50%，电机所传递的能量消耗占其一次能源总量的20%。据统计美国在工业系统生产过程中运行的0.735kW以上的电机共有1350万台，每年需消耗6790亿kW·h的电能，占整个工业系统用电量的70%。

1992年美国国会通过了包含电机在内的有关节能的新能源政策法令（EPACT），规定在美国生产和进口到美国市场的电机必须要达到该法令所规定的效率指标，否则就不能投入市场。此法令在1992年10月24日由当时的美国总统签署，从而成为正式的法律文件，并从1997年10月24日起正式生效执行。EPACT法令所规定的电机范围为一般用途、NEMAT-机座尺寸、单速、底脚安装的三相笼型异步电机，为NEMA A和B设计（一般启动性能要求），连续定额，在230/460V和恒定60Hz的电源下运行的电机，功率为0.735～147kW，极数为2极、4极和6极，封闭式电机和开启式电机，实施范围包括防爆电机，平均效率为90.32%（表7-1）。

表 7-1　　美国 EPACT 标准基本参数

功率范围（kW）	机座中心高	极数	规格数	平均效率（%）
0.735～147	143～449T H90～280mm	2、4、6	57	90.32

美国的新能源政策法令（EPACT）所规定的电机最低效率标准指标，其效率标准值较一般工业用电机的效率均值（对应于不同功率）分别提升了1.0%～6.1%，平均提高了2.7%，电机损耗分别下降了15%～33%，平均下降了24.3%。

进入21世纪，美国电力供应仍然紧张，美国市场上开始出现高于EPACT指标的超高效率电机，于是在2001年美国NEMA标准组织与各州电力公司为主组成的能源效率联盟（CEE）联合制定了新的超高效率电机标准，称为NEMA Premium标准。美国NEMA标准MG1—2003中规定了NEMA Premium的效率指标，其功率范围为1～367.5kW，单速，2极、4极和6极，NEMA A设计和B设计，为连续定额的三相笼型异步电机。美国于2011年起在全球范围内率先强制推行超高效率标准电机。

NEMA Premium与EPACT典型规格4极封闭型电机的效率指标对比情况如表7-2所示，从表中数据可见，NEMA Premium较EPACT效率指标提高了1%～3%，该11个规格的效率平均提高了1.8%，电机的损耗规格下降了14%～24%，损耗平均下降了18.8%。

表 7-2　　NEMA Premium 与 EPACT 效率指标对照表

输出功率（kW）	效率指标（%）			损耗下降值（%）
	EPACT	NEMA Premium	差值	
0.735	82.5	85.5	3.0	17.1
1.470	84.0	86.5	2.5	15.6
2.205	87.5	89.5	2.0	16.0
3.675	87.5	89.5	2.0	16.0
5.513	89.5	91.7	2.2	21.0
7.350	89.5	91.7	2.2	21.0
18.375	92.4	93.6	1.2	14.7
36.750	93.0	94.5	1.5	21.4

续表

输出功率（kW）	效率指标（%）			损耗下降值（%）
	EPACT	NEMA Premium	差值	
55.125	94.0	95.4	1.4	23.3
73.50	94.5	95.4	1.4	15.4
147	95.0	96.2	1.2	24.0
平均值	89.95	91.77	1.82	18.8

7.1.2　欧盟电机能效标准

欧盟于 20 世纪 90 年代中期开始组织对电机的节能潜力、政策和市场的作用等进行调研，1999 年制定了电机能效标准（EU—CEMEP 协议），组织开发了高效率电机数据库（Euro DEEM）；并制订开展了欧洲电机挑战计划（Motor Challenge Program）。为促进高效率电机的推广，欧盟与“欧洲电机与电力电子制造商协会（CEMEP）”在 1999 年 9 月达成协议，即由电机行业根据欧盟积极开展电机系统节能工作的要求，并在欧盟委员会能源交通局（EU－DGET）的具体指导下，自愿制订和执行有关电机能效水平的协议，所制定的协议简称为“EU—CEMEP 协议”。2005 年欧盟委员会颁布的 EUP 指令，规定欧盟各国自 2011 年起将强制推行高效率标准电机。

EU—CEMEP 协议对电机的效率水平进行了分级和标识，即 Eff1、Eff2 和 Eff3 三级，一般把 Eff3 电机称为低效（Low Efficiency）电机，Eff2 电机称为效率改善（Improved Efficiency）电机，Eff1 电机称为高效（High Efficiency）电机。该协议还规定了制造商应在产品铭牌和样本数据表上列出效率档次的标识及效率数值，以便于用户选用和识别。EU－CEMEP 协议还规定，制造商除列出电机在额定负载时的效率数值外，还应列出电机在 3/4 负载时的效率数值。

EU—CEMEP 协议所覆盖的产品为全封闭扇冷型（IP54 或 IP55）三相交流笼型异步电机，功率范围为 1.1～90kW，极数为 2 极和 4 极，电压为 400V，50Hz、S1 工作制（连续定额）标准设计（其启动性能符合 IEC 60034—12 中 N 设计的技术要求）。电机的平均效率见表 7 - 3。但对一些特殊的产品不属于此协议书的范围，例如：特殊环境用电机、密封电机、与变频器一起销售或不一起销售用于变速场合的电机、制动电机、无通风冷却的电机、非标准的空气冷却电机、泵机结合一起的泵用电机、空心轴电机、整体型的齿轮电机、木工用电机、具有滑动轴承的电机、具有除封闭或开启式单列轴承外的其他滚动轴承的电机、非完整电机、定转子部件、潜水电机、冰箱压缩机电机、用于爆炸隐患中的电机、绕线型转子电机、置于密封容器中的电机、船用电机等。EU—CEMEP 协议由 CEMEP 成员单位自愿签约后执行，并欢迎非成员的制造商、进口商和零售商参加。欧洲的主要电机制造企业如德国西门子、瑞士 ABB、英国 Brook Cromton、法国 Leroy－Somer 等都已参加，覆盖了欧洲 80%的产量。

表 7-3　欧盟 EU—CEMEP 协议标准基本参数

功率范围（kW）	机座中心高（mm）	极数	规格数	平均效率（%）	
				Eff2	Eff1
1.1～90	80～280	2、4	34	87.64	90.49

7.1.3 全球能效标准的统一

针对电机所具有的节能效果及市场发展前景，世界各国都制定了相应的法规来提高高效和超高效电机的市场份额，其中美国、加拿大推进最快，我国相对发展得较慢。世界上许多国家都相继制定了低压三相笼型感应电机的能效标准，如美国 NEMA－EPACT、加拿大 CSA、欧盟 CEMEP、澳大利亚和新西兰的 AS/NE、日本 JIS 和我国 GB 等标准，但由于存在较大的差异，给各国对高效电机的认同及全球贸易带来了困惑和障碍。

为了统一全球的电机效率标准，国际电工委员会 IEC 组织于 2008 年 10 月颁布了 IEC 60034—30 单速、三相笼型感应电机的能效分级标准。

（1）IEC 60034—30 标准的适用范围。

1）额定电压到 1000V（标准也适用于电机运行在双电压或多电压和频率下）。

2）额定输出功率从 0.75kW 到 370kW。

3）电机极数包括 2 极、4 极、6 极。

4）额定运行基于 S1 工作制（连续工作制）或 S3 工作制（断续周期工作制），但负载持续率 80%或更高。

5）能直接启动。

6）额定运行条件满足 IEC 60034—1 第 6 章的要求。

7）电机由法兰安装，底脚和/或轴伸机械尺寸与 IEC 60072—1 不同时，也涵盖在本标准中；齿轮电机和制动电机也包含在本标准中，虽然这类电机用不同的轴伸和法兰。

（2）标准不包含的情况。

1）电机设计为由变频器供电运行。

2）根据IEC 60034—25，电机与其他机器设计为一整体（如泵、风机和压缩机）而不能单独进行测试的。

同时，IEC 60034—2—1也于2007年11月发布，该标准规定了电机效率的测试方法，按测试精度分为低不确定度、中不确定度、高不确定度。IEC 60034—30规定：

1）效率应该在额定输出功率、额定电压和额定频率时测定。

2）效率和损耗的测试应该根据IEC 60034—2—1，对IE1效率等级，测试方法可选择中和低不确定度的方法；对其他高效率等级，只能选择低不确定度的试验方法。

3）所选择的试验方法应在电机所附文件中说明。

根据各国不同的情况，IEC 60034—30统一将电机能效标准分为IE1、IE2、IE3、IE4四个等级，其中IE1为标准效率、IE2为高效率、IE3为超高效率、IE4为目前最高的效率等级，并制定了50Hz和60Hz两套标准体系，分别用于电源频率50Hz和60Hz的国家和地区。对50Hz电源，IE1的能效水平相当于欧盟的Eff2；IE2的能效水平相当于欧盟的Eff1，但因为二者的测试方法不同，所以IE1和Eff2、IE2和Eff1的效率数值也不同。对60Hz电源，IE2与美国EAPACT能效水平相同，IE3与美国的NEMA PRIMIER水平相同。

IEC 60034—30标准发布后，世界各国开始逐步采用该标准来制定本国的三相感应电机能效标准。只是在采用的时间和效率等级上略有不同。目前的现状见表7-4。

表7-4　各国实施IEC 60034—30电机能效标准情况

电机效率等级	制定了最低能效标准政策的国家
IE3	加拿大（电机最低能效标准于2012年4月12日正式生效，执行IE3标准）
	墨西哥（2012年12月起）
	美国（2010年12月19日起）
	韩国（2015年起）
	瑞士（2015年起）

续表

电机效率等级	制定了最低能效标准政策的国家
IE3	欧盟（2015年1月1日起，7.5～375kW电机执行IE3标准或IE2+变频驱动；2017年1月1日起，0.75～375kW电机执行IE3标准或IE2+变频驱动）
IE2	澳大利亚
	巴西（从2010年起，执行标准NBR 7094）
	中国（GB 18613—2012，2012年9月1日起）
	印度（2010年7月起，非强制）
	欧盟（2011年6月起）
	韩国（2010年6月起）
	新西兰
	瑞士
	智利（2011年1月起）
	土耳其
IE1	哥斯达黎加
	以色列

目前，日本并没有制定电机能效标准，但日本计划实施领跑者计划，领跑者（Top Runner）将从2015年涵盖电机，根据“合理使用能源”法令，日本正在制定目标产品清单、产品范围、规范使用参考数据，该数据基于日本工业标准的JIS C 4034－30（旋转电动机械）第30节“单速、三相、笼感电机（IE指令）效率分级”。针对50Hz和60Hz的电机，设定为IE3高效率等级目标能效要求，此目标等级将于2015年开始生效，仅有部分特殊电机将被设置介于IE2和IE3之间的目标能效要求。

欧盟完全采用了IEC 60034—30标准，并规定自2011年6月25日起，在欧盟范围开始强制执行IE2高效率标准等级；2015年1月1日起，7.5kW及以上的三相异步电机开始执行IE3超高效率标准等级；2017年1月1日起，则全部开始执行IE3超高效率标准等级（功率范围0.75～375kW）。

由于美国、欧盟、中国等大的经济体国家已经强制实施IE3或IE2效率等级标准，使得近年来IE2、IE3等级的电机市场份额大幅增加，但由于部分国家还没有强制性最低能效标准，预计到2015年，IE1效率等级的电机市场份额还会在25％～30％。

IEC/TC2/WG31 工作组于 2010 年 4 月启动了对 IEC 60034—30 标准第 2 版的制定工作，经过多次讨论后决定将 IEC 60034—30 标准分为 2 个标准，即 IEC 60034—30—1《在线运行交流电机能效分级（IE 代码）》和 IEC 60034—30—2《变速交流电机能效分级（IE 代码）》。其中 IEC 60034—30—1 已经于 2014 年 3 月发布，经修订的 IEC 60034—30—1 与 IEC 60034—30 相比，主要变化如下：

1）延伸了功率范围，从 0.75～375kW 延伸为 0.12～1000kW。

2）扩大了极数范围，从 2 极、4 极、6 极扩大到 2～8 极。

3）扩大了电机种类，从单速三相笼型感应电机一种类型的电机扩大到所有在线运行的交流电机。

4）IE4 能效等级是在 IEC 60034—30 标准中的附录中出现，本次正式引用到标准中来，不再提及 IE1 为标准效率、IE2 为高效率等，只是提及电机的效率分为 IE1、IE2、IE3、IE4、IE5 级，IE5 效率最高，IE1 效率最低。IE5 效率作为技术发展和进步后预期的效率等级，本标准没有提出具体的效率值。

5）环境运行温度为－20～60℃。

7.1.4　我国电机能效标准

2002 年我国颁布了国家标准 GB 18613《中小型三相异步电动机能效限定值和节能评价值》，标准明确规定了我国中小型三相异步电机各能效等级的效率指标，即中小型三相异步电机必须达到的最低效率标准（能效限定值），以及推荐的高效率标准等级（节能评价值）。

2006 年 7 月“电机系统节能工程”列入“十一五”期间国家十大重点节能工程之一；2008 年 1 月，国家发展改革委、国家质检总局和国家认监委联合发布了《中华人民共和国实行能源效率标识的产品目录（第三批）》及相关实施规则，规定自 2008 年 6 月 1 日起，在中国生产、销售、进口的中小型三相异步电机产品均强制要求粘贴相应的能效标识。

跟随全球能效标准的统一步伐，参考国际电工委员会 IEC 60034—30 标准，我国也相应对国标 GB 18613《中小型三相异步电动机能效限定值及能效等级》进行了修订，并于 2012 年 5 月发布，从 2012 年 9 月 1 日起正式开始实施。该标准适用于 1000V 及以下的电压、50Hz 三相交流电源供电，额定功率在 0.75～375kW，极数为 2 极、4 极和 6 极，单速封闭自扇冷式、N 设计、连续工作制的一般用途电机或一般用途防爆电机。

新国标 GB 18613—2012 将效率等级分为三级，其中完全等同采用了 IEC 60034—30 标准中的 IE2 和 IE3 效率等级标准。其效率等级与老国标及 IEC 60034—30 的对应关系见表 7-5。

表 7-5　　GB 18613 与 IEC 60034—30 的对应关系

GB 18613—2012 新标准	GB 18613—2006 老标准	IEC 60034—30—1 国际标准	平均效率（%）	效率提高幅度（%）
1 级	无	IE4（超超高效）	93.1	1.6
2 级（节能评价值）	1 级	IE3（超高效）	91.5	1.5
3 级（能效限定值）	2 级（节能评价值）	IE2（高效）	90.0	3.0
无（已废止）	3 级（能效限定值）	IE1（普通效率）	87.0	—

由表中的对应关系可知，我国的新 3 级能效限定值标准与国际 IEC 60034—30—1 中的 IE2 高效率等级相同，新 2 级能效限定值标准与国际 IEC 60034—30—1 中的 IE3 超高效率等级相同。也就是说，从 2012 年 9 月 1 日起，我国中小型三相异步电机的最低能效限定值已升级为国际 IE2 高效率标准等级，我国中小型三相异步电机的节能评价值或高效率标准则升级为国际 IE3 超高效率标准等级。新国标相对应的能效 1、2、3 级效率指标见表 7-6。

表 7-6　　电机各能效等级的效率指标

额定功率（kW）	效率（%）								
	1 级			2 级			3 级		
	2 极	4 极	6 极	2 极	4 极	6 极	2 极	4 极	6 极
0.75	84.9	85.6	83.1	80.7	82.5	78.9	77.4	79.6	75.9
1.1	86.7	87.4	84.1	82.7	84.1	81.0	79.6	81.4	78.1
1.5	87.5	88.1	86.2	84.2	85.3	82.5	81.3	82.8	79.8
2.2	89.1	89.7	87.1	85.9	86.7	84.3	83.2	84.3	81.8
3	89.7	90.3	88.7	87.1	87.7	85.6	84.6	85.5	83.3
4	90.3	90.9	89.7	88.1	88.6	86.8	85.8	86.6	84.6
5.5	91.5	92.1	89.5	89.2	89.6	88.0	87.0	87.7	86.0
7.5	92.1	92.6	90.2	90.1	90.4	89.1	88.1	88.7	87.2
11	93.0	93.6	91.5	91.2	91.4	90.3	89.4	89.8	88.7
15	93.4	94.0	92.5	91.9	92.1	91.2	90.3	90.6	89.7

续表

额定功率(kW)	效率（%）								
	1 级			2 级			3 级		
	2 极	4 极	6 极	2 极	4 极	6 极	2 极	4 极	6 极
18.5	93.8	94.3	93.1	92.4	92.6	91.7	90.9	91.2	90.4
22	94.4	94.7	93.9	92.7	93.0	92.2	91.3	91.6	90.9
30	94.5	95.0	94.3	93.3	93.6	92.9	92.0	92.3	91.7
37	94.8	95.3	94.6	93.7	93.9	93.3	92.5	92.7	92.2
45	95.1	95.6	94.9	94.0	94.2	93.7	92.9	93.1	92.7
55	95.4	95.8	95.2	94.3	94.6	94.1	93.2	93.5	93.1
75	95.6	96.0	95.4	94.7	95.0	94.6	93.8	94.0	93.7
90	95.8	96.2	95.6	95.0	95.2	94.9	94.1	94.2	94.0
110	96.0	96.4	95.6	95.2	95.4	95.1	94.3	94.5	94.3
132	96.0	96.5	95.8	95.4	95.6	95.4	94.6	94.7	94.6
160	96.2	96.5	96.0	95.6	95.8	95.6	94.8	94.9	94.8
200	96.3	96.6	96.1	95.8	96.0	95.8	95.0	95.1	95.0
250	96.4	96.7	96.1	95.8	96.0	95.8	95.0	95.1	95.0
315	96.5	96.8	96.1	95.8	96.0	95.8	95.0	95.1	95.0
355～375	96.6	96.8	96.1	95.8	96.0	95.8	95.0	95.1	95.0

新国标 GB 18613—2012 的实施，表明我国中小型三相异步电机产品的效率提升了一个等级，新 3 级效率（IE2）已成为我国三相异步电机的最低效率等级要求，也表明我国中小型三相异步电机产品进行了一次更新换代。

7.2 电机系统节能标准

7.2.1 国外标准状况

2010 年 6 月欧盟发布了一系列指令，旨在提高用能产品的能效，包括电机（M470）、电子驱动系统 PDS（M476）、风机（M488）、水泵（M498）、压缩机（M500）、协调各种应用（M495）等。

欧盟M470指令（适用电机），旨在修订用能产品生态设计框架要求的2005/32/EC指令，要求CEN，CENELEC和ETSI共同合作，将电机能效等级从单一的单速三相笼型感应电机扩展到其他类型的电机（IEC 60034—30仅涉及三相感应电机，功率范围也只是0.75～375kW），如永磁同步电机、磁阻电机、变速驱动电机、单相电机等；同时，扩大电机的功率范围，从0.75～200kW扩展到500kW；电机能效等级考虑将IE4列入正式标准中，由于电机类型扩大到不局限于笼型感应电机，则有可能创造一个新的IE5等级。

欧盟M476指令，旨在制定变速驱动系统和电力驱动系统（PDS）的能效分级及测试方法标准。这一系列工作的完成，将实现从单一电机产品，到电机加变频器的PDS/MS电机系统，再到MS加驱动设备终端用户等全系统的产品能效提升。这是一个涉及多专业、多领域的系统工程，欧盟和IEC达成一致，将联合多个产品技术委员会，由欧盟和IEC共同完成。框架结构如图7-1所示。

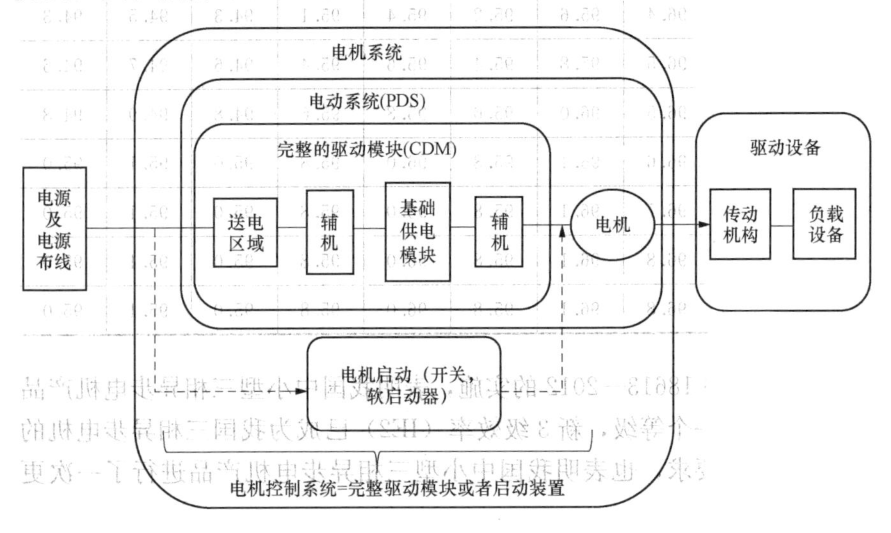

图7-1　电机系统框架结构

变频器供电电机效率测试方法标准IEC/TS 60034—2—3已于2013年11月发布。针对变频器供电运行的变速电机的能效分级标准IEC 60034—30—2还在制定过程中，计划2016年发布，该标准是为了协调全球变速电机的能效分级。原则上，仅涉及在额定速度范围内恒磁通运行的各种变速低压电机（包括感应电机，同步电机），也就是电压和频率比值为恒定，电压和频率的改变由变频器提供。标准的功率范围为0.12～

1000kW，转速变化范围为600～6000r/min，电压为1000V以下。

为完成M476指令的工作，欧盟CENELEC TC22X工作组从2010年启动，已经开始着手制定针对包括电机和变频驱动在内的整套系统的能效国际标准。目前，已经起草了EN 50598—1《对电子驱动设备用延伸产品的方法（EPA）和半解析法（SAM）来设定能效标准的一般要求》、EN 50598—2《电子驱动系统和电机启动器的能效分级》等系列标准草案稿（CDV阶段）。根据欧盟和IEC的协定，IEC将在EN50598标准的基础上，制定电子驱动系统或电机系统的能效分级标准及测试方法标准，标准制定工作由IEC/SC22G和IEC/TC2联合完成，初步决定制定IEC 61800—9—1《电子驱动设备能效标准的基本要求》、IEC 61800—9—2《电机系统能效分级》、IEC 61800—9—3《电机系统能效分级测试方法》等。

7.2.2 国内标准现状

我国在电机系统节能标准方面的基础比较薄弱，以前基本上都是针对电机本体而制订的产品标准、测试方法标准和能效等级标准，针对电机机组和系统的标准基本上是空白。

电机系统节能标准的研究，需要覆盖高效节能电机产品的设计、制造、检测和应用等各个环节，要着眼增量和存量两大市场，既包括对高效节能产品的选型、认证、使用等规范，也包括对存量电机系统的诊断、评估与节能改造的要求。标准的建立既要包括适用于工业领域一般电机系统的标准，又要重点研究和突出风机、泵类、压缩机等量大面广的系统。

随着电机系统节能技术研究的深入，近几年来，在产品研发的基础上，新制定了一批高效节能电机产品标准，同时也针对电机和机组的能效评定、电机系统的能效检测、电机系统的节能改造等方面制定了相应的标准。如高压笼型三相异步电机能效限定值及能效等级、永磁同步电机能效限定值及能效等级、清水离心泵机组能效等级、螺杆压缩机组能效等级、包括变速应用的能效电机的选择应用导则、变频调速带式输送机系统能效测试及节能量计算方法、开关磁阻调速带式输送机系统能效测试及节能量计算方法、电机节能量测量和验证方法、泵系统节能量测量和验证方法、电机系统节能改造规范、三相异步电机再制造技术规范。

今后几年，需要重点针对电机系统的能效测试方法及能效分级、电机系统的节能评估、节能量审核、节能认证进行研究，制订电机系统能效分级、电机系统能效分级测试方法、电机系统节能量审核规范、电机系统节能认证规范等标准，进一步推动电机系统能效提升。

7.3 电机系统能效检测方法

7.3.1 电机现场能效测量方法

由于是在现场的条件下进行评估或测试，因此所用的测试方法应能适应现场的情况，并有一定的准确性。鉴于电机是量大面广的用电设备，因此其效率的现场测试方法也受到了相当的关注。使用者了解电机的效率往往是通过铭牌数据，但是由于铭牌上的效率值为额定负载时的数据，而实际运行时的负载往往不同于额定负载。另外，实际上有相当部分的电机已经过维修，如更换过绕组，其额定负载时的性能与铭牌数据不同，因此希望通过一些简单的方法能在使用现场测得电机实际运行的效率。因为效率是由电机的输出功率与输入功率的比值来衡量，而输入功率为电量，从电源输入端可相对较容易地测定，关键在于如何测定电机轴端的输出功率。

（1）常规测算方法及其局限性。

1）转矩—转速法。此法属于直接测算法，首先直接测量电机轴上转矩 T_M的大小，再测量轴的转速 n，便可确定电机输出功率 P_2为

$$P_2 = 9550 T_M n \tag{7-1}$$

此法测算的数据较准确，但需要高精度且复杂的测转矩装置，测定过程复杂、周期长，一般为电机制造厂家和有关科研单位所采用，而在工厂生产现场由于条件的限制很难实施。

2）输入电功率法。此法属于间接测算法，其基本方法是测量出电机的输入电功率 P_1，然后由式（7-2）确定出输出功率 P_2为

$$P_2 = P_1 \eta \tag{7-2}$$

式中：η 为对应工况的电机的效率。

或

$$P_2 = P_1 - \sum \Delta P \tag{7-3}$$

式中：$\sum \Delta P$ 为电机各种损耗之和。

由式（7-2）可知，要计算任意工况下的 P_2，必须具有电机的 $\eta—P_1$ 曲线，要么不易得到，要么与实际被测电机的运行情况差距较远。由式（7-3）可知，要求出 $\sum \Delta P$ 的值，必须做电机的各种实验（如空载、负载及温升等实验），并进行电机的损耗分析。故此法在生产现场应用亦受

到多种条件限制。

（2）常用的电机效率现场测试方法。

1）铭牌法。这是一种最简单的效率估计方法，即假定不同负载时电机的效率都等于铭牌所示的效率，但实际上效率随负载变化而变化，尤其对于小功率、多极数的电机，效率随负载变化甚大。另外如果电机经过维修，其铭牌数据更不能代表实际的状态，因此这种方法所得效率的误差很大，在最坏的情况下，在半载与满载之间，效率误差可以超过 10%。

2）转差率方法。这种方法是假定电机负载与额定负载的比例正比于转差率与额定负载时转差率的比值，从而电机轴端的输出功率可近似用下式表达

$$\text{电机输出功率} = \frac{\text{测量所得转差率}}{\text{额定转差率}} \times \text{额定输出功率} \tag{7-4}$$

此方法只需在现场测量转差率和输入电功率，因此较为简单，但是由于对电机基本性能要求的标准中，容许电机的实际转差率与额定转差率有±20%的偏离，因此，铭牌所示的转差率可能与实际电机的数值有较大的偏差，从而给这种方法也带来一定的误差。

3）电流方法。电流方法是假定负载的比例正比于所测得的电机电流与额定负载电流的比例，因此电机轴端输出功率可表示如下

$$\text{电机输出功率} = \frac{I}{I_N} \times \text{额定输出功率} \tag{7-5}$$

式中：I_N 为铭牌满载电流；I 为现场所测得的电机输入电流。

由于电机电流中包含空载电流，这部分电流分量不会随负载的减小而相应减小，因此给这种方法带来较大的误差，从而使得往往在低负载时，过高地估计负载值，如图 7-2 所示。如果有可能对被测电机进行空载试验，测得空载电流，则可由下式求得轴端输出功率

$$\text{电机输出功率} = \frac{I - I_O}{I_N - I_O} \times \text{额定输出功率} \tag{7-6}$$

式中：I_O 为空载电流。

如图 7-3 所示，由此式计算所得的负载要较实际负载低，因此较好的方法是将以上两式所获得的轴端输出功率取平均值，这将能较好地接近电机实际的负载情况。应该指出，对于一般通用的异步电机其铭牌值与实际满载电流可能有 10%的偏差，从而使这种方法的准确性受到较大的影响。

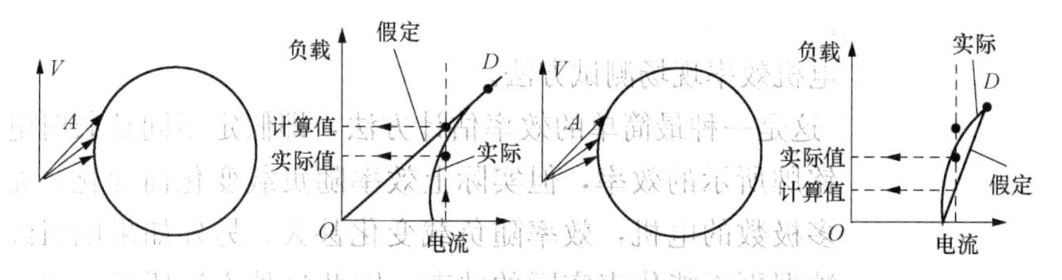

图 7-2　按负载电流确定电机输出功率　　图 7-3　按不含空载电流的负载电流确定电机输出功率

4）统计方法。统计方法建立在经验公式基础上，仅需测量少量数据即可求得电机的效率。这种方法往往对一特定系列或某一范围的产品已积累了相当多的试验数据，然后经过统计处理后，用于经验公式中。例如，加拿大安大略电力公司的经验公式就假定电机的风摩耗与铁损耗之和为额定输入功率的 3.5%，负载杂耗则按 IEEE 112 标准所规定的数据，即 0.735～91.875kW 为 1.8%，92.61～367.5kW 为 1.5%，368.235～1836.765kW 为 1.2%。统计方法比较简单，并对在数据统计范围内的产品有一定的准确性，但对于不同设计或不在统计范围内的产品则误差就可能较大。

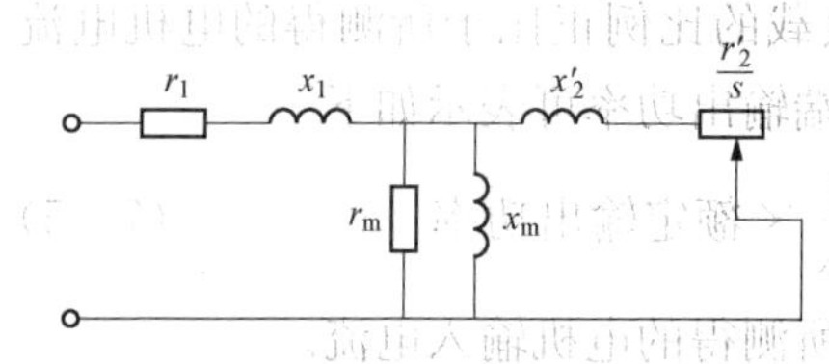

图 7-4　异步电机 6 阻抗等效电路

5）等效电路法。电机效率的评估可以通过等效电路的计算求得，如图 7-4 所示为异步电机的等效电路图。其中共有 6 个阻抗，这些参数可通过两个空载试验和电阻测试求得。一个空载试验是在额定电压下电机空载运转，测量其电压、电流和功率等数据；另一个是在空载情况下，电压降至转差率等于额定负载时的转差率，在此状态下测量有关数据。借助于该等效电路可求得不同转速情况下的输入功率、输出功率以及效率。此方法相当于美国 IEEE 112—F1 标准，其中杂散损耗是按上节所述 IEEE 规定的假定值计算。等效电路法可达一定的准确度，但需进行改变电压下的空载试验，这在一般现场条件下具有一定的困难。

6）损耗分析法。损耗分析法要求通过获得 5 项损耗，即定子铜损耗、转子铜损耗、铁损耗、负载杂耗和风摩耗后求得总损耗，然后获得效率。此方法相当于 IEEE 112—E1 标准。由于在现场条件下不易测得这些损耗值，因此往往将此方法与前述统计方法结合，通过对电压、电流、输入功率、绕组电阻和转速的测定，结合采用一些经验数据，然后求得 5

项损耗的数值，从而求得效率。应用这种方法国外已有一些仪器投入应用，可以测量已经安装在现场的电机的效率。

上述6种方法为现场测试电机效率的一些基本方法，可以通过这些方法的组合产生一些其他的方法，使其更适应现场的条件并具有一定的准确性。例如，在电流方法中，在一定的产品范围内应用其空载电流的统计值，也可达到一定的准确性，并且具有简单方便的特点。此处不再一一赘述。

（3）新型的现场测试方法。由于电子和数字技术的迅速发展，近年来出现了一些新的效率测试方法，下面介绍其中的两种方法。

1）气隙转矩法。气隙转矩法的基本原理为通过测试电机输入端电压、电流，再利用式（7-7）求得 T 时间内的平均输入功率 P_1，即

$$P_1=\frac{\int_O^T(U_a i_a+U_b i_b+U_c i_c)\mathrm{d}t}{T} \tag{7-7}$$

式中：U_a、U_b、U_c为三相瞬时相电压；i_a、i_b、i_c为三相瞬时相电流。

对于三相定子绕组，其电压方程如下式所示

$$\begin{cases}U_a=\dfrac{\mathrm{d}\Psi_a}{\mathrm{d}t}+ri_a\\U_b=\dfrac{\mathrm{d}\Psi_b}{\mathrm{d}t}+ri_b\\U_c=\dfrac{\mathrm{d}\Psi_c}{\mathrm{d}t}+ri_c\end{cases} \tag{7-8}$$

式中：Ψ_a、Ψ_b、Ψ_c 为a、b、c三相绕组的磁链；r 为绕组相电阻。

将式（7-8）代入式（7-7）可得

$$P_1=i_a\left(\frac{\mathrm{d}\Psi_a}{\mathrm{d}t}+ri_a\right)+i_b\left(\frac{\mathrm{d}\Psi_b}{\mathrm{d}t}+ri_b\right)+i_c\left(\frac{\mathrm{d}\Psi_c}{\mathrm{d}t}+ri_c\right)$$

由式（7-8）可得

$$\begin{cases}\Psi_a=\int(U_a-ri_a)\mathrm{d}t\\\Psi_b=\int(U_b-ri_b)\mathrm{d}t\\\Psi_c=\int(U_c-ri_c)\mathrm{d}t\end{cases} \tag{7-9}$$

将输入功率减去铜损耗和与储存在绕组中能量有关的项目后，可得气隙转矩方程为

$$T_1 = \frac{p}{2\sqrt{3}}\left\{\begin{aligned}&(i_A - i_B)\int[U_{CA} - R(i_C - i_A)]dt\\&-(i_C - i_A)\int[U_{AB} - R(i_A - i_B)]dt\end{aligned}\right\} \tag{7-10}$$

式中：T_1为气隙转矩；p 为极数；i_A、i_B、i_C 为线电流；U_{CA}、U_{AB}为线电压；R 为 1/2 的线间电阻值。

当采用三线制时，由于 $i_B=-(i_A+i_C)$，所以上述气隙转矩仅需输入 2 个线电压和 2 个线电流数据即可求解，即式（7-10）可简化为

$$T_1 = \frac{p\sqrt{3}}{6}\left\{\begin{aligned}&(2i_A + i_C)\int[U_{CA} - R(i_C - i_A)]dt\\&-(i_C - i_A)\int[-U_{BA} - R(2i_A + i_C)]dt\end{aligned}\right\} \tag{7-11}$$

式（7-11）中的积分方程由于测试时间间隔很小，可以采用简单的梯形法，也可采用其他方法，如辛普森法或高斯法求解。如图 7-5 所示为气隙转矩法试验的示意图。

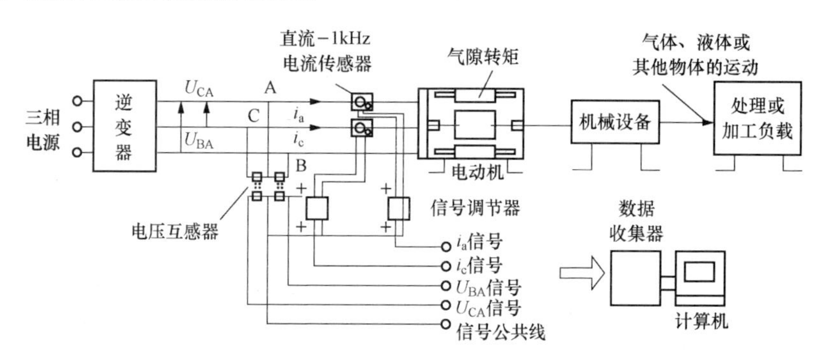

图 7-5　气隙转矩法测试图

电机的输出功率 P_2可由电机轴端的输出转矩 T_2与转速 n（r/min）的乘积表示，即

$$P_2 = T_2 \frac{2\pi n}{60} \tag{7-12}$$

式（7-12）中的输出转矩是电机的气隙转矩与相应于机械损耗（P_{fw}）和负载杂耗（P_δ）的转矩损失的差值，即

$$T_2 = T_1 - \frac{P_{fw}}{2\pi\frac{n}{60}} - \frac{P_\delta}{2\pi\frac{n}{60}} \tag{7-13}$$

式（7-13）中的 P_{fw}可通过电机空载运行时测量其气隙转矩求得，P_δ 则可按 IEEE 112 标准规定的假定值选用。根据式（7-12）和式（7-13）

即可求得电机的效率 η

$$\eta = \frac{T_1 2\pi \frac{n}{60} - P_{fw} - P_\delta}{P_1} \tag{7-14}$$

在表 7-7 中列出了一台 5.5kW 二极三相异步电机采用气隙转矩法所测得的效率与用转矩仪测量法所测得的效率对比。在应用气隙转矩法测试时，使用了一台四通道可存储的数字示波器，其频率范围为直流到 175MHz，最大取样数为每秒 100 兆。从表 7-7 数据可见，这两种方法的转矩测试数据颇为接近，但在轻载时，转矩的微小差异将使效率产生较大的差别。

表 7-7　　气隙转矩法与转矩仪法效率对比（5.5kW，二极）

负载率（%）	100		75		50		25		0	
	T_2 (N·m)	η（%）	T_2 (N·m)	η（%）	T_2 (N·m)	η（%）	T_2 (N·m)	η（%）	T_2 (N·m)	η（%）
气隙转矩法	173.7	85.9	135.3	86.2	89.5	86.1	35.1	77.5	1.2	9.8
转矩仪方法	173.9	86.3	135.1	86.4	88.3	84.8	33.1	72.1	−0.9	−9.8

根据以上介绍可知，气隙转矩法与 IEEE 112—E1 损耗分析法相似，仍需进行空载试验，这在某些现场情况下可能有一定困难，但此方法的优点是可以在电源三相不平衡时仍然能准确地测定电机的效率。因为根据传统的损耗分析法，认为电机不平衡所产生的逆序磁场分量所产生的损耗均已包含在空载损耗中，不需要在负载试验时给予考虑，而实际上电机在负载时的试验需给予考虑，但实际上电机在负载时的负序分量与空载时并不相同，有时相差还很大，这样会导致所测得的效率偏高。而在气隙转矩法中由于计算输出功率所用的气隙转矩已经包含了逆序磁场所引起的转矩损失，因此能较准确地反映电机现场的效率水平。

表 7-8 列出了一台 36.75kW 电机，当其电源三相出现不平衡时，电压、电流的正序和负序分量情况。从表中数据可见，电机电压、电流的负序分量，负载时数值比空载时要增加不少，从 4.2A 增加到 13.7A，因此空载损耗不可能包括负载时负序分量所产生的全部损耗。气隙转矩法除了适用于三相不平衡的情况外，还由于采用了较高采样频率的数字仪表，因此还可用于各种交流变频调速电机的效率测试。

表 7-8　在不平衡电源下电机电压、电流的正序分量和负序分量（36.75kW）

负载率（%）	正序分量		负序分量		比值
	U_+（V）	I_+（A）	U_-（V）	I_-（A）	U_-/I_-
100	451.5	60.0	20.9	13.7	1.53
75	452.8	43.7	20.8	12.8	1.62
50	454.2	30.8	20.4	11.5	1.78
25	455.4	19.0	18.7	8.6	2.17
0	457.9	12.2	16.0	4.2	3.81

2）基于遗传算法的效率现场测试方法。由于不少效率测试方法都需进行电机空载试验，以确定铁损耗和风摩耗，这样就需将电机与被驱动设备的机械连接分开，这在很多现场情况下具有一定的困难，因此近年来出现了一些不需进行空载试验，运用参数识别方法，确定电机的等效电路参数，从而求得效率的方法。基于遗传算法的效率测试法即为其中的一种。

遗传算法是基于自然选择和自然基因原理求解优化问题的仿生类算法，近年已发展成一种迭代自适应启发式的搜索算法。该方法不是盲目的穷举或完全的随机选择，而是具有全局最优和效率高的优点，因此近年在非线性问题和系统参数识别等方面日益受到重视。

遗传算法的原理是首先产生一群个体（基因组），构成一个种群，然后模拟生物进化适者生存的原则，反复对这群个体（基因组）进行选择、交叉和变异，直到获得全局最优或接近全局最优解为止。为了实施遗传算法，每个未知参数（基因）随机地用 1 个二进制的编码表示。通过若干次的重复随机选用，可得到由一定数量系统参数组（即个体或称基因组）构成的种群。典型的遗传算法是由 3 种操作组成：复制（Reproduction）、交叉（Crossover）和变异（Mutation）。

复制是对各个参数组（基因组）根据其适配性情况，进行选择。适配性是由每一参数组与其目录函数接近情况的好坏算法而得。根据各个参数组的适配性来复制，意味着下一代参数组（个体）产生适配性高的几率将增大。

交叉是先将两个参数组（基因组）配对，然后将其中部分参数（基因）进行交换。通过交换就产生了两个新的参数组进入下一代。

变异是通过改变参数组（基因组）中某一参数（基因）值，使其变为在所取范围内随机选取的一个值。因为复制和交叉可以产生新的基因组，但不能产生新的基因，每个基因只能是被复制或死亡，如果所有基因组某一位置的基因都相同，则这一基因所表征的性状就永远不会改变，变异算法的引入可打破这种僵局，从而保证了生物的继续进化。

3）遗传算法在电机现场效率试验中的应用。遗传算法在电机效率现场试验时，是以损耗分析法为基础，但不需进行空载试验。现以一台 3.675kW、4 极异步电机为例介绍该方法的应用。

首先在停机时测得定子绕组机电阻 r_1，然后在电机运行时，测量其不同负载时的定子线电压 V_1、线电流 I_1、输入功率 P_1 和转速 n。该方法可通过这些数据确定等效电路参数和电机的效率。图 7 - 6 为异步电机的等效电路。图 7 - 6（a）中 x_m 为互感，r_m 为对应于铁损耗和风摩耗的电阻。当 r_m 和 x_m 串联接法改为并联接法后，得图 7 - 6（b）所示等效电路，图中 R_m、X_m 表达如下：

$$R_m = \frac{r_m x_m^2}{r_m^2 + x_m^2}, X_m = \frac{r^2 x_m}{r_m^2 + x_m^2}$$

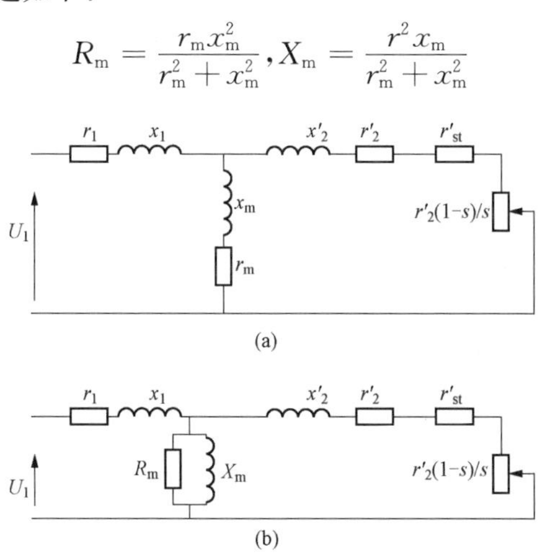

图 7 - 6　异步电机的等效电路

图 7 - 6（a）和图 7 - 6（b）中的 r'_{st} 就考虑负载杂耗的电阻（归算值）。根据 IEEE 112 标准的假定值，该损耗在满载时的数值为 1.8% 的满载输出功率，而在其他负载时则随电流平方而变化，因此可得如下关系

$$r_{st} = 0.018 r_2 (1 - s_n)/s_n \tag{7 - 15}$$

式中：s_n 为满载时的转差率。

在图 7 - 6（b）中仅有电阻 r_1 是已知的，定子电抗与转子电抗的比例 x_1 / x'_2，可由 IEEE 112 标准取 0.67，因此该等效电路需确定 x_1、r'_2、x_m（或 X_m）和 r_m（或 R_m）等 4 个参数。现应用遗传法来求取这 4 个参数。首先随机给予每一个参数一个 14 位的二进制数码，从这 4 个参数就

得到一个56位的参数组（基因组）。这些参数的编码通过若干次数的随机选择得到足够大的参数组数（本次应用中为250组），然后将这些参数转换成十进制，形成相应的250个参数组。图7-6（a）所示电路的复导纳为

$$\overline{Y}_2 = \frac{1}{r_2'/s + r_{st}' + jx_2'} \tag{7-16}$$

$$\overline{Y}_m = \frac{1}{r_m + jx_m} \tag{7-17}$$

$$\overline{Y}_1 = \frac{1}{r_1 + jx_1} \tag{7-18}$$

于是可得定子电流计算值 I_{le} 为

$$I_{le} = \left| \frac{\overline{U}_1\ \overline{Y}_1(\overline{Y}_2 + \overline{Y}_m)}{\overline{Y}_1 + \overline{Y}_2 + \overline{Y}_m} \right| \tag{7-19}$$

式中：$\overline{U}_1 = U_1/\sqrt{3} + j0$，其中 U_1 为外施线电压。

转子电流（归算值）I_2' 为

$$I_2' = \left| \frac{\overline{U}_1\ \overline{Y}_1\ \overline{Y}_2}{\overline{Y}_1 + \overline{Y}_2 + \overline{Y}_m} \right| \tag{7-20}$$

经过电阻 r_m 的电流 I_m 为

$$I_m' = \left| \frac{\overline{U}_1\ \overline{Y}_1\ \overline{Y}_m}{\overline{Y}_1 + \overline{Y}_2 + \overline{Y}_m} \right| \tag{7-21}$$

输入功率的计算值 P_{1e} 为

$$P_{1e} = 3[I_{le}^2 r_1 + I_2'^2(r_2'/s + r_{st}') + I_m{}^2 r_m] \tag{7-22}$$

输出功率的计算值 P_{2e} 为

$$P_{2e} = 3I_2'^2 R_2' \frac{1-s}{s} \tag{7-23}$$

于是可得效率 η 为

$$\eta = \frac{P_{2e}}{P_{1e}} \times 100\% \tag{7-24}$$

图7-6所示等效电路的输入参数为输入功率和定子电流，遗传算法的目标是使这两个参数的测量值和计算值之间的误差最小。

定子电流的误差函数 f_1 和输入功率的误差函数 f_2 分别为

$$f_1 = (I_{le} - I_1)100/I_1$$

$$f_2 = (P_{le} - P_1)100/P_1$$

由这两个函数产生的适配函数 ff 为

$$ff = \frac{1}{f_1{}^2 + f_2{}^2} \tag{7-25}$$

从式（7-25）可见，遗传优化方法也就是求取适配函数最大值的过程。对于每一新的参数组（基因组）重复上述过程直至获得250组参数组及相应的适配函数，然后对这些参数组进行复制、交叉和变异等操作运算，最终经过10～20代的运算，使得 f_1 和 f_2 获得很小的数值（小于0.1%）。这一结果表明此时参数组所选择的数值所计算的输入参数已能符合所测量的输入参数数值。因为有4个未知参数，但仅有2个独立输入参数可利用，所以求得的解不是唯一解。遗传算法的不同路径将会得出不同的电机参数和效率值，但其差别应控制在可以接受的范围内（此处为 f_1、f_2<0.1%）。表7-9列出了应用遗传算法和转矩仪方法对这台3.675kW、4极电机分别测得的效率值。从表中数据可见，在50%负载以上时，两种试验方法的效率测试值颇为接近。

表7-9　遗传算法与转矩仪法效率测定值对比（3.675kW，4极）

负载率（%）	25	50	75	100
遗传法 η（%）	56.38	83.51	85.59	83.18
转矩仪法 η（%）	47.8	84.3	84.8	83.5

（4）各种现场效率测试方法的比较。根据有关分析，一般认为采用较准确的试验方法（如IEEE 112—B）进行试验，其试验值与设计值的差别将受到下面三方面因素的影响：

1）设计计算的准确性，影响效率精度约±0.5%。

2）制造和材料的波动，影响效率精度约±0.5%。

3）试验的精度，影响效率精度约±0.5%。

由此可见，效率的设计值和试验值的最大偏差可达±1.5%。对于各种电机效率的现场测试方法，无疑转矩仪方法具有相对最高的准确度。这种方法是将转矩传感器代替联轴器放在电机与负载设备之间，通过电机轴端输出转矩和转速的直接测定来求取电机效率，不包含任何假定值（如风摩耗、负载杂耗等），因此在原理上是最准确的，其测量精度如上述评估约为±1%（对应于制造波动和试验误差）。应该指出，这种方法虽然精度较高，但在现场很难实施，在此主要作为试验精度比较的一个参照基准。在图7-7中给出了对各种效率现场测试方法试验精度的一个粗略估计。该图主要是对各种试验方法在半载和满载范围中效率测试精度的比较。从图中可见，铭牌方法的精度最低，效率误差可达±10%，其他各种方法的精度介于铭牌方法与转矩直接测量法之间。由于统计方法精度范围变化甚大，取决于样本的代表性和应用范围，因此未包含在

图 7-7 中。

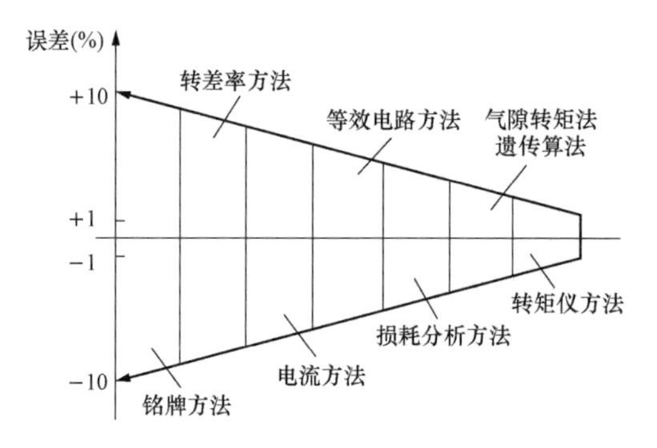

图 7-7　各种现场试验方法效率精度的估计值

应该指出，对电机效率现场测试方法的比较，除了准确性之外，尚应考虑现场实施的可行性和经济性。例如某些电机运行现场，不允许将电机与被驱动机械在机械连接上分解，也没有可改变电压的电源，因此就不可能进行空载试验来确定铁损耗和风摩耗，于是一些精度尚可的测试方法，如等效电路法和损耗分析法就实施困难，为此通常将这些方法与统计方法结合，对一些损耗或参数采取一些统计数据，从而产生一些混合的方法，使其既能方便操作，又能达到一定的精度。另外，基于遗传法的效率实测方法具有一定的精度，并且不需分解系统的机械连接，也无对电源的特殊要求，因此这类通过数值搜索方法求取电机等值电路参数，从而获得电机效率的方法具有应用优势。

7.3.2　电机驱动典型负载——空压机现场节能量测量方法

空压机根据工作原理不同，可以分为容积型和动力型两大类，如图 7-8 所示。容积型空压机把一定容积的空气先吸入到气缸里，继而在气缸中强制缩小其容积，当达到一定压力时气体便被强制从气缸中排除。容积型空压机可以细分为许多种类，其中往复式及螺杆式空压机目前应用最为广泛。动力型空压机，又称速度型空压机，其工作原理是将气体的动能转换为压力能，主要有离心式和轴流式两种，其中离心式空压机比较常见。

根据压缩机级数不同，往复式空压机分为单级空压机和多级空压机。而多级空压机以两级为主。根据作用方式往复式空压机有单作用和双作用两种。通常情况下，单作用空压机的比功率范围为 7.8～8.5kW/（m^3/min），而双作用空压机为 5.3～5.7kW/（m^3/min）。

螺杆式空压机可以分为单级和两级螺杆式空压机，在压缩相同质量、

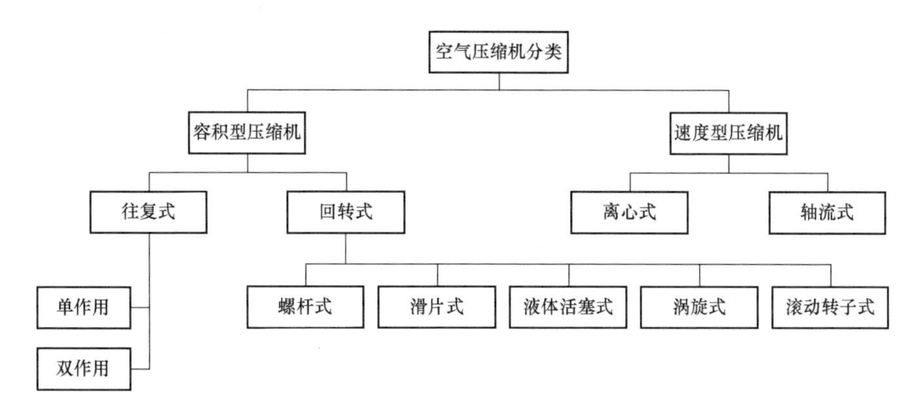

图 7-8　空压机分类

流量的压缩空气时，两级压缩机的效率高于单级压缩空压机。螺杆式空压机有可以分为喷油型和无油型两种，喷油螺杆式空压机主要用于普通工业供气场合，无油型螺杆空压机通常用于食品、制药以及电子行业。一般而言，喷油螺杆式空压机的比功率范围为 5.7～6.7kW/（m^3/min），无油螺杆式空压机的比功率范围为 6.4～7.5kW/（m^3/min）。

当系统流量需求比较大时通常会采用离心式空压机，其流量可达 3000m^3/min 甚至更大，其比功率范围大约为 5.7～7.1kW/（m^3/min）。当容量超过 45m^3/min 且作为基本负载时，离心式空压机在效率和运行成本方面比大型的螺杆式压缩机具有一定优势。

1. 空压机的基本参数

（1）压力。流体和气体垂直作用于单位面积上的力称为“压强”，在工程技术上一般称它为“压力”，其法定计量单位为帕斯卡，符号为 Pa。其常用单位还有兆帕、千帕、标准大气压、毫米汞柱等。压缩空气中常用的压力为大气压力、绝对压力和表压。

1）大气压力。大气压力是指包围在地球表面一层很厚的大气层对地球表面或表面物体所造成的压力。大气压力值随气象情况、海拔高度和地理纬度等不同而改变。

2）绝对压力。绝对压力是指以绝对真空为基准来表示的压力，它可以高于大气压力也可以等于或低于大气压力。压缩空气所有理论压缩计算是采用绝对压力来进行的。

3）表压。表压是指以实际大气压为基准来表示的压力，它是气体实际压力和当地大气之间的差压。表压在压缩空气系统中比较常用，是决定系统能够提供能量多少的一个关键因素。

（2）湿度。空气中的水蒸气在一定的条件下会凝结成水滴，水滴不仅会腐蚀用气设备而且还会对系统的稳定性带来不良影响。因此，常采用一些措施防止水蒸气被带入系统。空气中所含水蒸气的程度用湿度来表示。

1）绝对湿度。单位体积湿空气中所含水蒸气的质量称为湿空气的绝对湿度。

2）相对湿度。在某温度和压力条件下，湿空气绝对湿度与饱和绝对湿度之比称为该温度下的相对湿度。

（3）露点。露点是指气体中的水分从未饱和水蒸气变成饱和水蒸气的温度，当未饱和水蒸气变成饱和水蒸气时，有极细的露珠出现，出现露珠时的温度叫做“露点”，它表示气体中的含水量，露点越低，表示气体中的含水量越少，气体越干燥。露点和压力有关，因此又有大气压露点（常压露点）和压力下露点之分。

（4）流量。压缩空气汇总常用的流量单位主要有自由空气流量。

自由空气流量是指在空压机出口处获得的换算成空压机进口条件下的空气的体积流量。该流量是指在周围环境条件下空气的体积流量，压力、温度或者相对湿度的改变不能改变该值。空压机铭牌上注明的流量就是自由空气流量，其单位常用立方米/分钟（m^3/min），升/秒（L/s）表示。

2. 空压机的性能曲线

（1）螺杆式空压机。螺杆式空压机有加载/卸载、恒压、转子长度控制和变速驱动等几种控制方式，每种控制方式导致空压机的能效特点各不相同。

1）加载/卸载控制方式。加载/卸载控制是螺杆式空压机最早使用的控制方式之一，其压力控制范围大约从 0.07MPa 到 0.1MPa。空压机将运行在全容量下，直到测定的系统压力达到压力开关的最高设定点。当该设定点达到时，发出一个信号，关闭进气阀，同时释放一些或者全部润滑油分离器箱的压力。通过关闭进气阀，压缩机就可以空载运行。当系统压力降低到更低的压力设定点时，发出信号重新打开进气阀，同时压缩机再次在满载条件下运行。加载/卸载控制空压机负荷功率对比曲线如图 7 - 9 所示。

2）恒压调节控制方式。恒压调节控制的空压机通过最低限度的阀门动作保证系统供气压力的稳定。系统压力上升时空压机进气阀关小，空压机流量降低，压缩比增加。调节压缩机部分载荷运行需要的功率比较

大，效率明显降低。恒压控制空压机负荷功率对比曲线如图 7 - 10 所示。

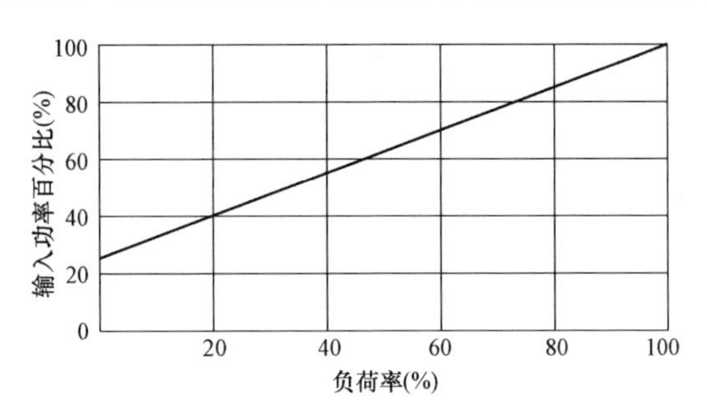

图 7 - 9　加载/卸载控制空压机负荷功率对比曲线

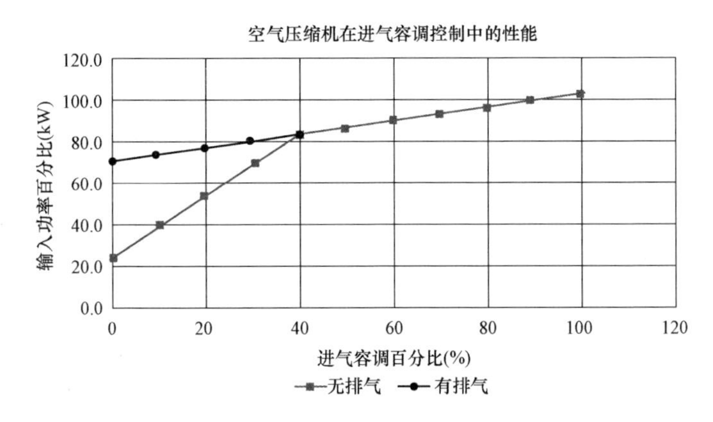

图 7 - 10　恒压控制空压机负荷功率对比曲线

3）转子长度控制方式。转子长度控制可以使得空压机在压缩比不增加的情况下实现空压机输出与系统要求相匹配。

通过有效控制转子压缩区域的长度，空压机可以在 50%～100%容量的范围内保持进气压力和压缩比非常的稳定。该种控制方式由于在降低空气质量流量时压缩比并不增加，在部分压力运行时比调节控制和加载/卸载控制空压机在效率上具有一定的优势。当空压机负荷低于 50%时，空压机首先进行入口阀恒压控制，控制范围一直到入口阀完全关闭，或者当负荷低于 40%时空压机进行卸载。转子长度控制空压机负荷功率对比曲线如图 7 - 11 所示。

4）变速控制方式。变速控制是通过改变压缩机主机的速度来使压缩空气的供气与用气相匹配的，变速驱动通常采用变频调速电机来实现。由于采用变速驱动后，空压机排气压力变化很小并且进气口压力非常恒定，在设计和匹配合理时这种控制类型非常有效。一些变速驱动空压机

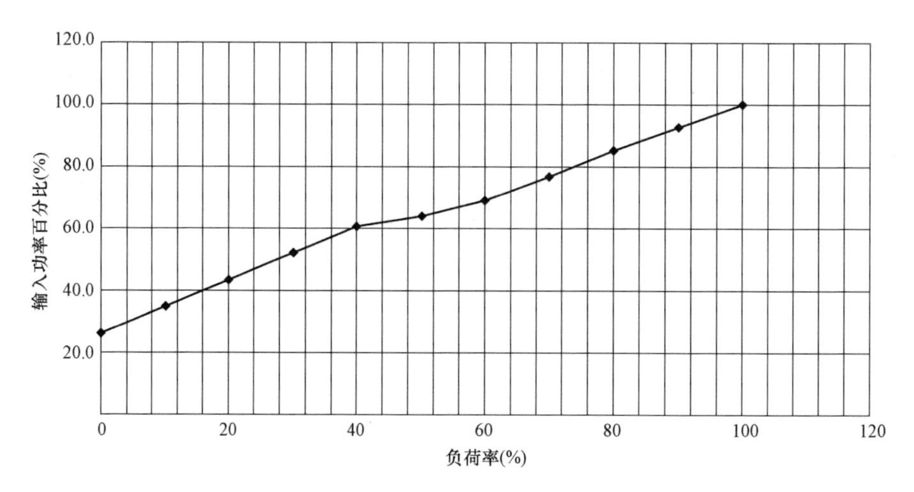

图 7 - 11　转子长度控制空压机负荷功率对比曲线

在电机转速降低到 20％左右时空压机会停机，或者在负荷降低到 40％～50％时空压机会卸载，其卸载功率为加载功率的 10％～15％。变速驱动空压机也需要配备适当容量的储气罐。变速控制空压机负荷功率对比曲线如图 7 - 12 所示。

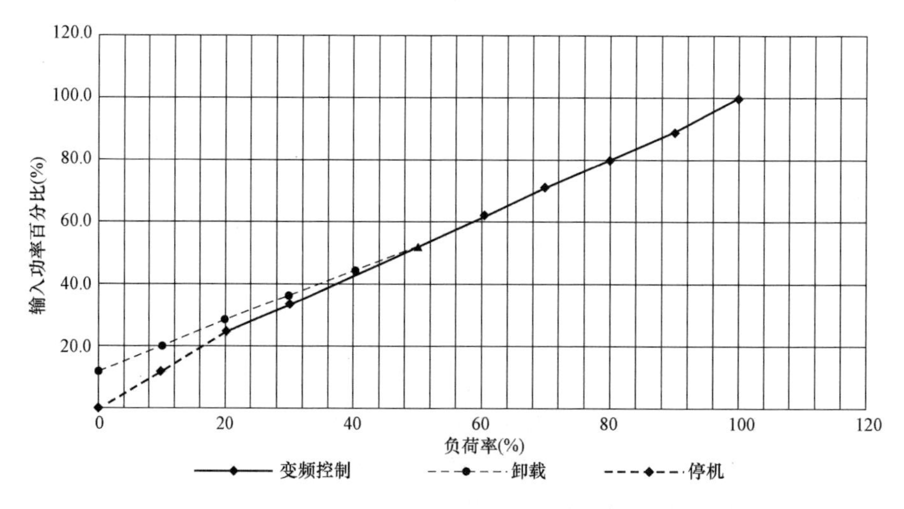

图 7 - 12　变速控制空压机负荷功率对比曲线

由于变速驱动过程存在一些内在损耗，因此在选用变速驱动压缩机时必须特别注意。变速驱动控制模式在负荷变化比较大且很少处于满载状态的单个压缩机应用场合工作效果最佳，在多压缩机应用场合，变速控制压缩机应当只作为调节压缩机使用。这种控制类型在部分负载时效率最高，但是当空压机处于连续满负荷运行时，驱动装置的内部损耗使该控制模式的能效反而降低。

（2）离心式空压机。离心式空压机性能曲线如图 7 - 13 所示，排气压力随着流量的增加而降低。叶片数量越多，曲线越平坦；叶片越向后倾斜，曲线越陡。当空压机入口温度降低时空气密度增加，空压机质量流量和压力也随之增加。当离心式空压机负荷降低到一定程度时扩散器中可能会产生回流现象，这对离心式空压机的运行是非常不利的，目前大多数离心式空压机负荷控制具有一定的控制该现象的设定。

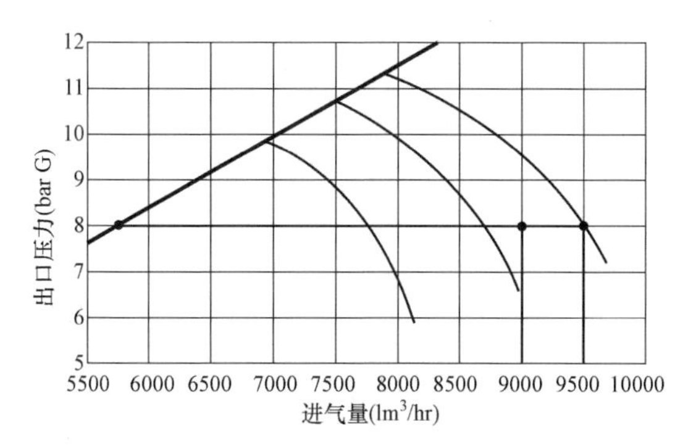

图 7 - 13　离心式空压机性能曲线

需要说明的是，离心式空压机流量必须在设计点附近才能保持良好的功能，而不应当被使用于用气量波动的场合。

3. 容积式空压机组效率测算方法

对空压机组进行效率测试，目的是了解空压机运行效率的高低，为企业进行节能改造提供科学依据。容积式空压机组的效率测算方法参照 DB11/T 176—2003《容积式空气压缩机组电能平衡计算方法》、GB/T 16665—1996《空气压缩机组及供气系统节能监测方法》、GB 19153—2009《容积式空气压缩机能效限定值及能效等级》，结合现场条件制定。

（1）测试工况的确定。为了客观反映空压机运行状况，测试工况需要满足下列条件：

1）测试必须在空气压缩机组及空气系统正常工况下进行，且该工况应具有统计值的代表性。

2）对稳定负荷的空气压缩机组，以 2h 为一个检测周期，对不稳定负荷的空气压缩机组，以一个或几个负荷变化周期为一个检测周期。

3）检测周期内，同一工况下的各被测参数应同时进行采样，被测参数应重复采样3次以上，采样间隔时间为10～20min，以各组读数值的平均值作为计算值。

（2）测试仪表的要求。电量、温度、压力和流量应在仪表规定的使用范围内，仪表要在检定的有效期内，测量仪表的准确度不小于表7-10规定，且容积流量的检测用流量计按GB 3853规定。

表7-10　测试仪表要求

序号	仪表名称	准确度
1	温度计	1.0级
2	超声波气体流量计	0.5级
3	大气压力表	2.0级
4	压力表	0.25级
5	计时表	0.5级
6	电测仪	1.0级

（3）流量的测量。使用超声波气体流量计测量，不影响、不破坏管道现状，克服了以往测量时影响管路的工况，不影响测试精度；能够长时间连续存储记录管路瞬时流量、累计流量，以便分析节能潜力。

1）技术指标。

a. 测量原理。同一台主机可以采用时差相关原理、多普勒原理检测流量。其中，采用时差相关原理时，管壁与气体的声阻抗比＜3000的气体，所有导声流体气泡或固体颗粒的体积含量＜10%（液体）；采用多普勒原理时，测量气泡或固体颗粒的体积含量＞10%的导声流体（液体）。具体参数有：流速为±0.01～±35m/s（气体）、±0.01～±25m/s（液体），±0.5%读数，视应用而定。分辨率为0.025cm/s，重复性为0.15%读数，视应用而定，精度为流场充分发展且径向对称，体积流量为±1%～±3%读数，视应用而定，±0.5%读数，经过标定。

b. 测量项目。工况体积/工况质量流量（瞬时流量及累积流量），标况体积/标况质量流量（需温压补偿），声速、流速，各种诊断值（包括信号强度、信号质量、声速、雷诺数等）。

c. 可测管径范围。测量气体为（7～1600mm选配不同管径范围应用的气体传感器），测量液体为（6～6500mm及以上选配不同管径范围应用的液体传感器）。

d. 可测温度范围。常温传感器（液体）为－40～＋130℃，高温传感器（液体）为－30～＋200℃，短时间可到 300℃。

e. 双通道（标准配置）。可在同一条管线上同时安装两对传感器进行测量，提高测量精度（平均值测量），或同时在两条不同管线上进行流量测量及两条不同管线的流量总和测量、差值测量。

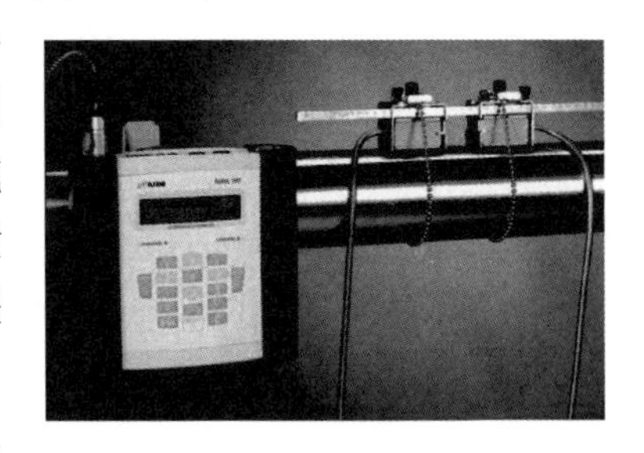

图 7-14　超声波气体流量计

f. 计算功能为平均值、差值、总和。

g. 测量量为工况体积/工况质量流量、流速、声速，标况体积/标况质量流量（需温压补偿）。

数据记录。可记录的参数包括所有测量量及累积量。容量大于100000条测量量。

2）现场测量安装和测试要点。

a. 传感器的安装。在每个传感器上刻有不同的标记，如果两个传感器上的标记合起来能构成一个箭头符号，就说明传感器是正确安装的。指示测量值有关的箭头符号应与液体（气体）流动方向一致，如图 7-15 所示。

b. 传感器的连接。打开需要连接传感器的通道插口罩，将传感器电缆插入插口，插头上的红点应对正插口上的红色标志，如图 7-16 所示。

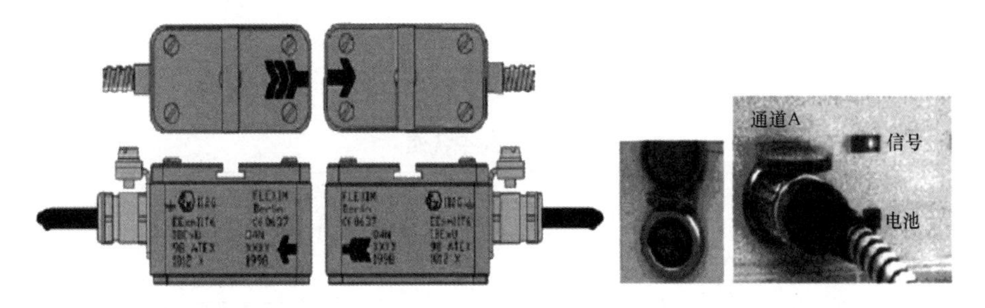

图 7-15　传感器的方向

图 7-16　传感器的连接

c. 传感器在管路上的安装位置，如图 7-17 所示。水平管路选择的位置应使传感器安装在管路的侧面，使得传感器发射的声波能在管中水平传播。固体颗粒沉积在管道底部，气泡扩展到管道顶部，从而不会影响声信号的传播。对于具有自由进出口的管截面：选择测量点所在位置外的管路中不能有闲空。垂直管路：选择滚流向下的位置作为测量点位置，管路中必须完全充满。

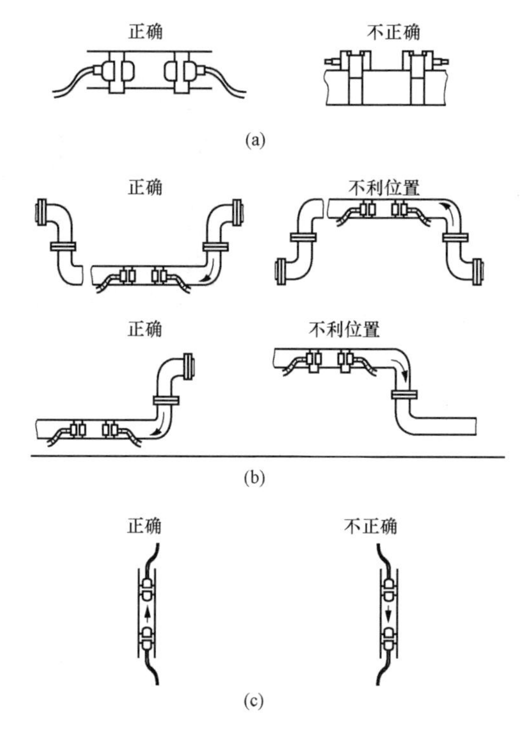

图 7-17　传感器在管路上的安装位置

（a）水平管路；（b）对于具有自由进出口的管截面；（c）垂直管路

d. 管路内的干扰源见表 7-11。

在管路上安装传感器时，应尽量避免管路内的干扰源。

表 7-11　　管路内的干扰源

干扰源	图　　例
90°弯道	入口 $L>10D$　　$L\geqslant 5D$ 出口
2×90°弯道，在同一平面	入口 $L\geqslant 20D$　　$L\geqslant 5D$ 出口

续表

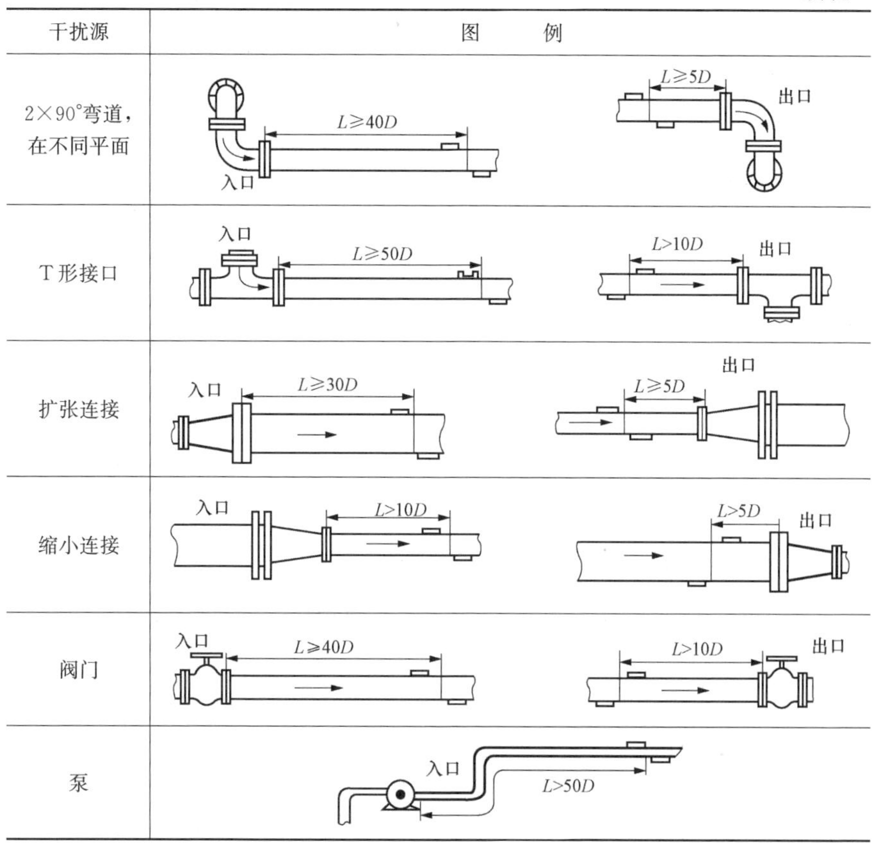

干扰源	图　　例
2×90°弯道，在不同平面	入口 $L \geqslant 40D$；$L \geqslant 5D$ 出口
T 形接口	入口 $L \geqslant 50D$；$L > 10D$ 出口
扩张连接	入口 $L \geqslant 30D$；$L \geqslant 5D$ 出口
缩小连接	入口 $L > 10D$；$L > 5D$ 出口
阀门	入口 $L \geqslant 40D$；$L > 10D$ 出口
泵	入口 $L > 50D$

e. 测试参数和测点布置。

环境温度 t_{hj}、大气压力 P_k，在离压缩机吸气口 1m 处。

电机输入功率（包括电控或调速装置）N_r，在电机配电装置的进线处。

压缩机吸气温度 T_x，在压缩机标准吸气位置（距吸气法兰前的距离为两倍管直径）处。

压缩机排气温度 T_p，在压缩机标准排气位置（距排气法兰前的距离为两倍管直径）处。

压缩机吸气压力 P_x，在压缩机标准吸气位置（距吸气法兰的距

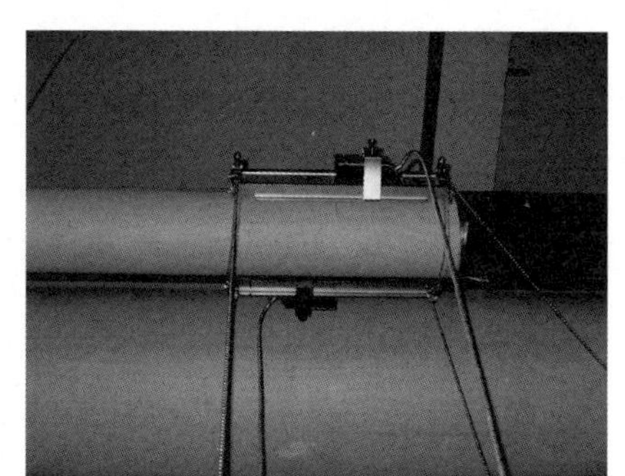

图 7-18　传感器的正确安装方式

离为一个管直径）处。

压缩机排气压力 P_p，在压缩机标准排气位置（距排气法兰的距离为一个管直径）处。

压缩机冷却水进水温度 t_1，在压缩机冷却水进口处。

空气压缩机排气端气量 G_p，在空气压缩机储气罐后第一个切断阀门出口位置（距法兰后距离为两倍管直径）处。

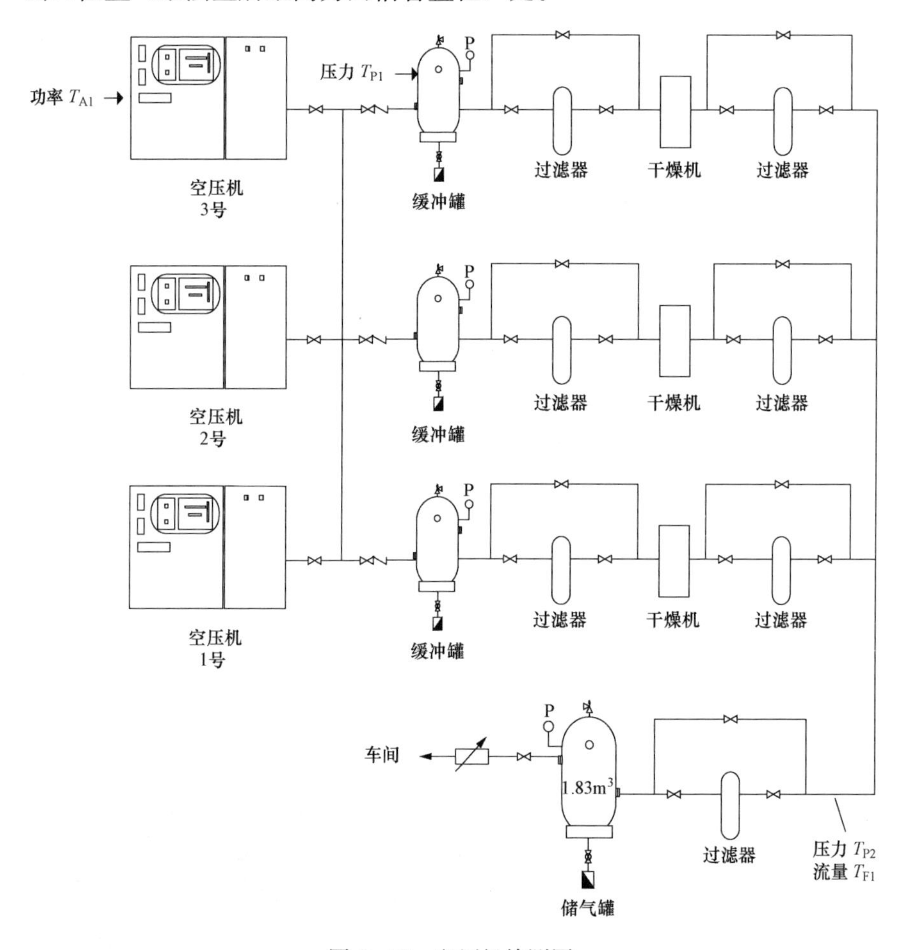

图 7-19　空压机检测图

7.3.3　电机驱动典型负载——风机现场节能量测量方法

风机是对气体压缩和气体输送机械的习惯简称，通常所说的风机包括通风机、鼓风机、压缩机以及罗茨鼓风机、离心式风机、回转式风机、水环式风机，但是不包括活塞压缩机等容积式鼓风机和压缩机。

风机主要由风叶、百叶窗、开窗机构、电机、皮带轮、进风罩、内框架、机壳、安全网等部件组成。开机时由电机驱动风叶旋转，并使开窗机构打开百叶窗排风。停机时百叶窗自动关闭。风机广泛用于工厂、矿井、隧道、冷却塔、车辆、船舶和建筑物的通风、排尘和冷却；锅炉和工业炉窑的通风和引风；空气调节设备和家用电器设备中的冷却和通风；谷物的烘干和选送；风洞风源和气垫船的充气和推进等。风机的工作原理与透平压缩机基本相同，只是由于气体流速较低，压力变化不大，一般不需要考虑气体比容的变化，即把气体作为不可压缩流体处理。

1. 风机分类

（1）风机按使用材质分类可以分为铁壳风机（普通风机）、玻璃钢风机、塑料风机、铝风机、不锈钢风机等。

（2）风机分类可以按气体流动的方向分为离心式、轴流式、斜流式（混流式）和横流式等类型。

（3）风机根据气流进入叶轮后的流动方向分为轴流式风机、离心式风机和斜流（混流）式风机。

（4）风机按用途分为压入式局部风机（以下简称压入式风机）和隔爆电动机置于流道外或在流道内，隔爆电动机置于防爆密封腔的抽出式局部风机（以下简称抽出式风机）。

（5）风机按照加压的形式也可以分单级、双级或者多级加压风机。如罗茨风机是多级加压风机。

（6）风机按照用途划分可以分为轴流风机、混流风机、罗茨风机、屋顶风机、空调风机等。

（7）风机按压力可分为低压风机、中压风机、高压风机。

2. 通风机的用电系统的构成

工厂企业中的通风机大都是使用电机来驱动的，因此通风机的用电系统，可用能源串联图 7 - 20 所示来表示。

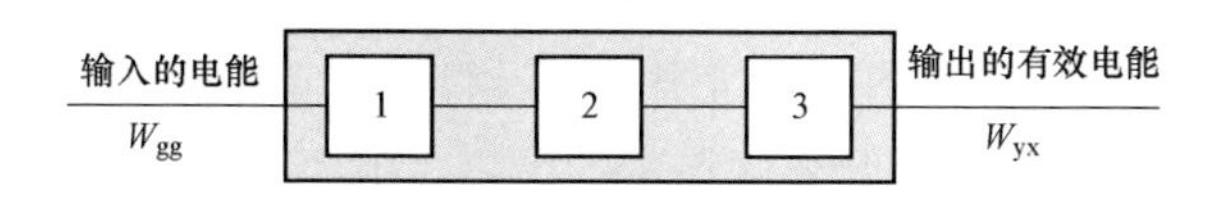

图 7 - 20　能源串联图

1—电机；2—联轴器；3—通风机

通风机的总电能利用率 η 为

$$\eta = \frac{W_{yx}}{W_{gg}} \times 100\% = \eta_d \eta_1 \eta_f \quad (7-26)$$

式中：W_{yx}为用电系统的有效电能，kW·h；W_{gg}为用电系统的供给电能，kW·h；η_d 为电机的电能利用率，即电机的效率；η_1 为联轴器的电能利用率，即传动效率；η_f 为通风机的电能利用率，即通风机效率。

3. 风机现场电能利用率的测试

鉴于风机的有效电能是有效电功率与使用时间的乘积，风机的有效电功率随着风机的工况（流量、全压）变化而变化，同时电能系统输入功率也会随着变化。因此在电能平衡测试中，往往用瞬时功率来计算。由于风机使用工况不同，相应的电能利用率或效率亦不同，可分为常用工况下的电能利用率或效率和最大工况下的电能利用率或效率。

为了分析风机用电系统的电能利用状况，提高风机系统的电能利用率，风机本身的效率是影响整个用电系统电能利用率的主要环节，因此在风机系统的电能利用效率分析中首先应测出风机本身的效率。

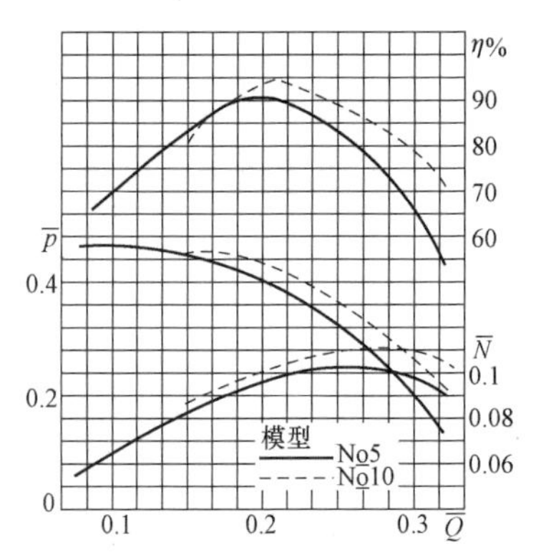

图 7-21 风机性能曲线图

(1) 风机的基本特性。风机是输送气体的机械，其做功能力的大小用流量 Q 和全压 p 乘积的大小来反映，在一定的转速条件下，一台风机的 Q 于 p 之间存在位移对应关系，风机在某一对应的 p-Q 值运行时将达到最高效率，这时的 P、Q 及通风机效率值即为该风机的额定参数。由于风机在特定系统中运行，其流量将根据生产工艺的需要来决定，全压根据管道阻力来决定。当风机运行点落在低效区域时，风机的运行就不经济了。

(2) 通风机运行效率的测试与计算。

1) 基本概念。本方法适用于压比不超过 1.15 的离心式和轴流式风机，包括输送介质中含有低浓度粉尘的风机，但不包括输送风机。

根据定义，通风机用电系统的电能利用率为

$$\eta = \frac{W_{yx}}{W_{gg}} \times 100\% = \frac{N_e}{N_s} \times 100\% = \frac{PQ}{1.732\cos\varphi U_{线}\ I_{线}}$$

对通风机运行效率的测试，目的是要了解该风机在固定管道系统中使用的好坏，为节电改造提供科学依据，以便采取相应措施，提高通风机的运行效率，达到节电的目的。现场运行效率测试同于风机特性曲线的测试，对长期稳定在某一负载下运行的风机，通常只需测试在该工况下的效率；对于受生产及季节性影响而负载变化幅度较大的风机，应根据生产中所出现的最大、最小负载工况及常用工况分别测其效率。

2）测试仪表介绍。压力测试仪表。作用在单位面积上的垂直力称为压力，压力分绝对压力和相对压力（表压力）。所谓绝对压力就是指作用在单位面积上的全部压力 P，等于表压力 P_b 和大气压力 P_a 之和。用来测量大气压力的仪表叫气压表。用来测量气体介质压力的仪表叫做压力表。绝对压力小于大气压力时，其差值称为负压力或真空度 P_s，测量负压力的表叫真空表。

a. U 形管压力计。属液柱式压力计。根据流体静力学原理，用一定高度的液柱所产生的静压力平衡被测压力的方法来测量正压力、差压和真空度。由于它结构简单、坚固耐用、价格低廉、使用寿命长、读取方便，而且在 0.1MPa 范围内其测量准确度比较高，并可通过注入不同的工作液而灵活地测量不同介质的正压力、差压和真空度，因此被广泛地用于工矿企业和科研院所各场所。U 形管压力计的 U 形管是用高硼玻璃加工而成，其物理和化学性质稳定，透明度好且不易碎裂，安装架是用优质木材加工的平板，可根据现场工作需要在上面灵活的钻孔和安装挂钩等配件。

b. 倾斜式微压计。实验室和工厂试验站用的携带式仪器，可测量 200mm 水柱以下气体的表压、负压或压差。配上皮托管可测量气体流速。

c. 电子微压计。主要应用于各种管道内较小静压、全压、动压的测量。体积小、重量轻、现场测量准确、简便、快速。若配标准型、S 形皮托管则能通过另外的计算，得出体流速。

流量测试仪表。

a. 皮托管是一个复合压力计，由两个同心管组成。测量时，将皮托管正对气流流动方向，管头部通过测量气体的全压，管外周小孔测量气体的静压。

b. 集流器。当需要测量风机流量时，还可以在吸风口装设集流器来测量。集流器有弧形和锥形两种，其形状尺寸已标准化。通过测量集流器特定处的动压（全压与静压之差），同样可以得到气体流速，进而得到流量。

c. 手持式风量风速仪如图 7-22 所示。在现场测试条件比较合适的情况下，可以采用手持式风量风速仪来测量风量。首先要选择比较好的管

图 7-22 手持式风量风速仪

路，然后测出风速，再根据管路有效横截面积和当时的环境温度进行风量计算，得到风量。

3）测点的选择。通风机的测点位置应根据通风机的类型、工作方式并结合具体系统进行选择。

a. 风量测点的选择。风量测点应设在风机进气平直管道上和排气平直管道上。直管段长度至少应大于 4～5 倍管径长度，如现场无此条件，只能装在较短的直管道上时，应增加测点数量。这里说的管径是管道的当量直径，对于圆管就是其直径。

风量测点选定后，应按管道截面积形状和大小来确定纵横向测孔数量。对于圆形管道，首先把管道截面积等分成若干个环形，且所有圆环共心；再平分圆环面积；画水平轴和垂直轴与圆环相交，交点即为各测点位置。不同直径管道的测点位置和测点数见表 7-12、如图 7-23 所示。

表 7-12　管道直径对应的划分环数

管道直径 D（mm）	划分环数 n
$L \leqslant 200$	3
$200 \leqslant D \leqslant 400$	4
$400 \leqslant D \leqslant 600$	5
$600 \leqslant D \leqslant 800$	6
$800 \leqslant D \leqslant 1000$	8
$D \geqslant 1000$	10

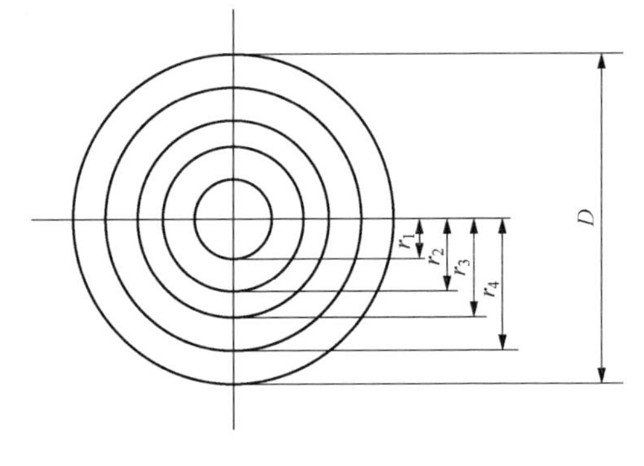

$$r_i = r\sqrt{\frac{2i-1}{2n}}$$

式中：r_i 为管道的测点位置，mm；r 为管道半径，mm；i 为由圆心算起同心环序数；n 为根据直径 D，由表 7-12 提供的划分环数。

图 7-23　不同直径管道的测点位置和测点数

表 7-13　矩形管道测点数确定

管道截面边长 L(mm)	$L \leqslant 500$	$500 < L \leqslant 1000$	$1000 < L \leqslant 1500$	$1500 < L \leqslant 2000$	$2000 < L \leqslant 2500$	$L \leqslant 2500$
测点排数	3	4	5	6	7	8

对于矩形管道测点数确定方法如图 7 - 24 和表 7 - 13 所示，每一小截面的截面积不小于 0.05m²，每个截面所划分的小截面不得少于 9 个。

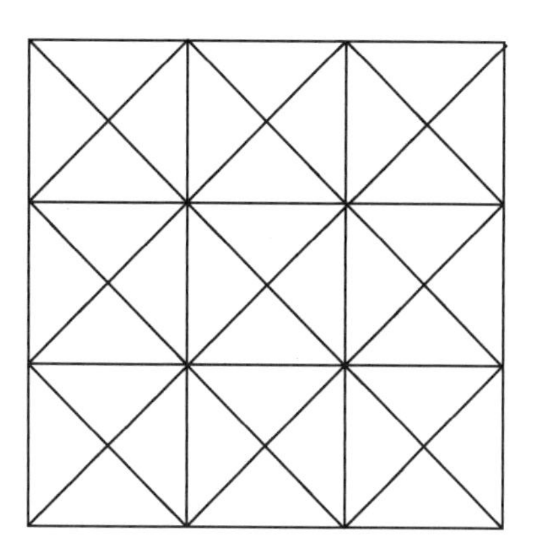
图 7 - 24　截面的划分

b. 静压测点的选择。静压测点位置应设在靠近风机进、出口气流较平稳的直管段上；送风机进口静压测点一般装在导向器前；出口静压测点一般装在风机出口法兰盘附近；当风机进出口直管段长度较短，不能满足测量的精度时，可越过 1～2 个弯头，选择适当的直管段安装测压管，而弯头的损失则应当补上。

由于风管内气流分布十分不均匀，对已选定的静压测量截面，在管壁上至少需装设通过中心线的、相互垂直的四个测点。

测压孔直径为 1～2mm，且风管内壁应光滑平整。测静压接管可用直径 6～8mm 的铜管或钢管垂直焊接在管壁上而成。实际测量时，可用橡皮管将四个测点连接到连通器。

当安装管壁静压测管有困难时，可用静压测针沿截面不同半径测量，然后取其算术平均值。测点数量应按管道截面的形状尺寸来确定，具体方法与风量测点相同。介质的温度测点、成分测点均应放在风量测点附近处。

c. 电参数测点的选择。对于电参数的测量，应排除线路中其他并联或串联的电器设备，测量对目标风机直接供电的线路。需要指出的是，现在许多企业都有自己的电力监控，我们需要测试的风机可能企业也有仪表监控，他们用的方法大多也是通过电流互感器，取得电流值并传送到相应仪表。这种情况下，在布置电流环时可以靠近其测点，这样做的好处一是可以减少出错的可能性，二是可以和企业的仪表进行对照，多了一次核查的机会。

d. 测试注意事项。检查风道是否有泄漏、检查仪器完好。尽量让通风系统正常运行，显示其真实性。注意记录数据以及数据测试的位置。当读数波动较大时，取数据平均值。各测点读数应重复二次或二次以上，其读数误差不得超过 2%，否则应重测，以保证测试的精确性。

注意安全性，做好必要的绝缘防护措施。

7.3.4 电机驱动典型负载——水泵现场节能量测量方法

泵是输送液体或使液体增压的机械，主要用来输送包括水、油、酸碱液、乳化液、悬乳液和液态金属等，也可输送液体、气体混合物以及含悬浮固体物的液体。

衡量泵性能的技术参数有流量、吸程、扬程、轴功率、效率等；根据不同的工作原理可分为容积式泵、动力式泵等类型。容积式泵是利用其工作室容积的变化来传递能量；动力式泵是利用回转叶片与介质的相互作用来传递能量，有离心泵、轴流泵和混流泵等类型。泵的分类如图 7 - 25 所示。

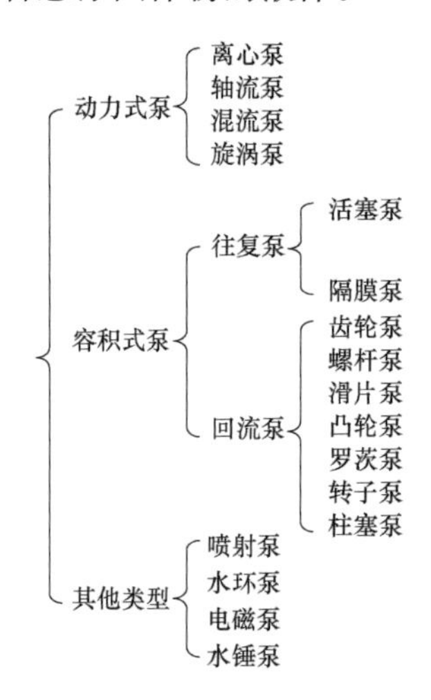

图 7 - 25 泵的分类

1. 泵系统的构成

工业企业的泵大都是由电机驱动的，其运行方式除了单机之外，有时为了增加输送能力，可采用多机联合运行（并联或串联）。为了便于对泵系统用电状况进行分析，这里从单机的电能平衡出发，综合提高整个泵站的经济运行水平。因此其用电系统可用能源串联图如图 7 - 26 所示来表示。

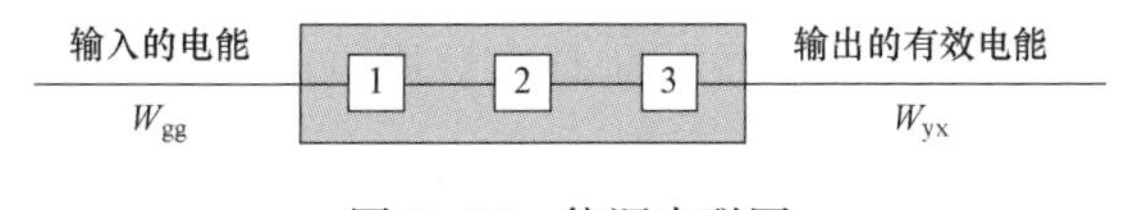

图 7 - 26 能源串联图

元件 1 是电机；元件 2 是联轴器；元件 3 是泵。

泵的总电能利用率 η 为

$$\eta = \frac{W_{yx}}{W_{gg}} 100\% = \eta_d \eta_1 \eta_s \tag{7 - 27}$$

式中：W_{yx} 为用电系统的有效电能，kW·h；W_{gg} 为用电系统的供给电能，kW·h；η_s 为泵的电能利用率，即泵效率。

2. 水泵现场电能利用率的测试

水泵在某段时间的有效电能是水泵的有效电功率平均值与时间的乘积。在现场测试过程中，水泵的有效电功率随着水泵的工况变化而变化，通常采用瞬时有效功率来计算水泵的电能利用率。

为了正确反映某台水泵电能利用情况，当水泵的工况变化比较大，应分别测量负荷最大时、负荷最小时及一般常用工况下的电能利用率。

（1）离心式水泵的基本特性。

1）流量。单位时间通过水泵的液体体积称为水泵的体积流量，用符号 Q 表示，常用单位 m^3/s。

2）扬程。把单位重量液体通过泵的叶轮后所获得的能量增加值定义为泵的扬程，用符号 H 表示，单位 mH_2O。

$$H=\frac{P_2-P_1}{\gamma}10^6+\frac{v_2^2-v_1^2}{2g}+Z_2-Z_1 \tag{7-28}$$

式中：P_1，P_2 为水泵进出口的压力，MPa；v_1，v_2 为水泵进出口的流速，m/s；Z_1，Z_2 为水泵进出口处压力表安装位置的高度，m；H 为水泵扬程，mH_2O；γ 为介质的重度，$\gamma=\rho g$；g 为重力加速度，$9.81m/s^2$。

当进口是真空时，进口压力采用真空表，则计算公式为

$$H=\frac{P_2-P_0}{\gamma}10^6+\frac{v_2^2-v_1^2}{2g}+Z_2-Z_1 \tag{7-29}$$

式中：P_0 为真空表读数，MPa。

3）转速。水泵每分钟的转动次数，用符号 n 表示，单位 r/min。

4）有效功率、轴功率。单位重量的液体经水泵后获得的总能量称为有效功率，用符号 N_e 表示，单位 kW。

$$N_e=\frac{\gamma HQ}{1000} \tag{7-30}$$

式中：Q 的单位取 m^3/s。

5）水泵的效率。有效功率与轴功率之比称为水泵的效率 η_s

$$\eta_s=\frac{N_e}{N_1}100\% \tag{7-31}$$

（2）离心式水泵的特性曲线。从有效功率 N_e 公式可知，水泵做功的能力与其流量 Q 及扬程 H 有关。在一定的转速下，一台水泵的流量 Q 与扬程 H 之间有一个对应关系，可以用 Q-H 曲线来表示，这就是水泵的 Q-H 性能曲线。一个典型的水泵性能曲线如图 7-27 所示。

从图 7-27 中可以看出，水泵在某一对应 Q-H 值运行时，将有最高效率，这时的 Q、H、η_s 值即为该台水泵的额定参数。由于水泵总是在一定的管路系统中运行，因此其运行工况点由自身的特性曲线与管道特性曲线的交点来确定。当该点落在低效区域或节流运行时，水泵运行就不经济了，因此掌握水泵的特性曲线就能正确选择和经济合理地使用水泵。

（3）水泵运行效率的测试与计算。

1）基本概念。用电机驱动的普通离心泵、轴流泵和混流泵，当输送

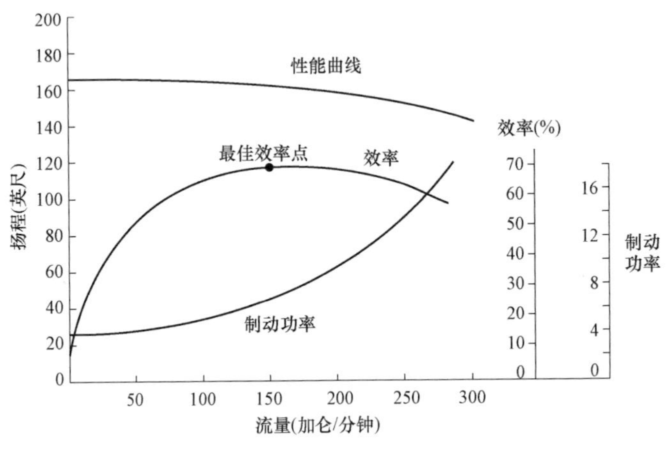

图 7-27　水泵性能曲线

的介质以工业所允许的清水及物理性质类似清水的液体时，水泵系统的电能利用率为

$$\eta=\frac{W_{yx}}{W_{gg}}\times 100\%=\frac{N_e}{N_d}\times 100\%=\frac{\gamma HQ}{1.732\cos\varphi U_{线}\ I_{线}} \quad (7-32)$$

2）测定工况的确定。水泵运行效率的测试，目的是测定该水泵现行运行状态下的效率高低，以便找寻合适措施来达到节能的目的。

水泵的运行效率，不仅是某一工况下的效率，为了正确反映水泵的运行效率，选择的工况点应是全年经常运行的工况。若泵在流量变化较大的场合下运行，则应选择最大流量和最小流量等不同工况分别测试相应的效率。

多机联合运行的水泵，以单机效率为测算标准。有条件的情况下，应同时测试管路特性，以供改造时应用。

3）测试仪表介绍。要想得到水泵系统的电能利用率，需要知道水的重度、水泵的扬程、流量、电机的功率因数、电机运行电压和电流。这其中，电机的功率因数、运行电压和电流在风机的测试中已经讲过，不再赘述；水的重度受密度变化影响，随着温度的不同而变化，可从相关热工性质表中查得。水泵的扬程近似地可用水泵进出口压力表压差来代替；流量可用各种流量计测量，下面对流量计简要做一介绍。

a. 水表（叶轮式流量计）。叶轮式流量计是应用流体动量矩原理测量流量的装置。叶轮流量计的工作原理是基于这样一个事实：浸入流体中的叶轮其旋转速度与流体的流速成比例，测得旋转角速度就可测得流量值。叶轮转速几乎不受流体的密度、压力和温度的影响。常用水表、煤气表均是按照这种原理工作的流量计。我国目前市场上供应的水表，流量测定范围 3～1400m^3/h，最大累计流量指示值达 108m^3。常用的叶轮式流量计有切线叶轮式流量计、轴流叶轮式流量计、子母式流量计等类型。

b. 涡轮流量计。涡轮流量计是速度式流量计中的主要种类，它采用多叶片的转子（涡轮）感受流体平均流速，能直接推导出流量或总量的仪表。一般它由传感器和显示仪两部分组成，也可做成整体式。涡轮流量计和容积式流量计、科里奥利质量流量计称为流量计中三类重复性、精度最佳的产品。

c. 压差式流量计。差压流量计由节流装置、引压管和差压计三部分组成，其中差压计就可以用我们在风机测试中提到的 U 形管压力计。节流装置可以是标准孔板、喷嘴等，是差压流量计的测量元件，装在管道里造成流体的局部收缩。流体在流经节流装置时由于管道截面积变小，流速增加，而压力变小，当流过节流装置后，管道截面积复原，流速也回到原来大小，但由于在节流装置处产生了阻力损失，压力无法回复到节流前的水泵，其损失与流速的平方成正比，由此求得流速，进而求出流量。

d. 超声波流量计。可以发现以上流量计有一个共同点，就是必须在管路中加装某种装置，许多情况下不允许停泵来进行流量计的安装，我们需要在不影响正常生产的情况下测量流量。而这正是超声波流量计的一大优势，使其成为目前实际测试中广泛采用的一种方法。

当超声波束在液体中传播时，流体的流动将使传播时间产生微小变化。在待测流量管道外表面上，按一定相对位置安装一对超声探头，一个探头受电脉冲激励产生的超声波脉冲，经管壁—流体—管壁被另一个探头所接收，分别测量顺流传播时间和逆流传播时间及差值，该值正比于液体的流速，由此可求出液体的流速和流量。

图 7 - 28 所示为超声波液体流量计测试现场，使用超声波液体流量计测量，不影响、不破坏管道结构，克服了以往测量时影响管路的工况，不影响测试精度；能够长时间连续存储记录管路瞬时流量、累计流量，以便分析节能潜力。

现场测量安装和测试要点：

a）传感器的安装。在每个传感器上刻有不同的标记，如果两个传感器上的标记合起来能构成一个箭头符号，就说明传感器是正确安装的。指示测量值有关的箭头符号应与液体（气体）流动方向一致如图 7 - 15

所示。

b）传感器的连接。打开需要连接传感器的通道插口罩，将传感器电缆插入插口，插头上的红点应对正插口上的红色标志如图 7 - 16 所示。

c）传感器在管路上的安装位置如图 7 - 17 所示。

d）管路内的干扰源。

在管路上安装传感器时，应尽量避免管路内的干扰源，如表 7 - 11 所示。

图 7 - 28　超声波液体流量计测试现场

（4）流量的测定方法。

1）利用容积法测量流量。可利用管路系统中，容积水池测量流量，但水池的形状应能精确计算容积，注水或吸水时，水池的水位能保持平稳；每次测量时间要持续一分钟以上；初水位与末水位位差值应在 0.2m 以上。

2）利用称重法测流量。一般用于小流量的水泵，只要称出水的重量和测出注水时间，即可计算水泵的流量。

3）利用水表测量流量。水管直径在 200mm 以下时，可利用水表或涡流流量计测量，表前后应有 10～15 倍管径的直管段。如无此条件，表前可减为 4～7 倍管径的直管段；表后可减为 2～3 倍的直管段。

4）利用皮托管测 U 形。管径在 200mm 以上的水泵，可利用皮托管测定水流的动压，从而求出流量。皮托管应安装在直管段中，管前有 4～7 倍的直管段，管后有2～3 倍的直管段。

5）利用压差流量计测量流量。节流装置前应有 4～7 倍管径的直管段，节流装置后应有 2～3 倍管径的直管段。

6）利用超声波流量计测量流量。超声波流量计工作时，高频脉冲声波由换能器（探头）发出，遇被测物体（水面）表面被反射，折回的反射回波被同一换能器（探头）接收，转换成电信号。脉冲发送和接收之间的时间（声波的运动时间）与换能器到物体表面的距离成正比。

故障征兆：系统是否带有节流流量控制，特别带有显著的节流阀；系统是否使用常开旁通管进行流量控制或进行泵的最小流量保护；系统是否带有多泵并联配置，并且泵的运行数量很少改变；运行操作的周期性或循环启动/停止模式下的系统，泵的循环是否非常频繁；在泵或系统（诸如节流阀）当中是否存在显著的气蚀噪声，气蚀在低等级时所产生的噪声如同碎石被泵送通过系统，而在高等级气蚀时所产生的噪声如同刺耳的吼叫。

（5）水泵运行效率测试注意事项。流量测点应根据不同的测试方法进行布置，一般均在出水管的直管段上，静压测点一般设在水泵进出口两端，根据现场具体条件，确定各项参数的测量方法、测点位置。需要注意的事项如下：

1）真空表装在水泵进口法兰前 1～2 倍进水管直径（D1）处，表前应保证 4～7 倍 D1 的直管段；压力表装在水泵出口法兰后 1～2 倍出水管直径（D2）处，表后应保证 3～4 倍 D2 的直管段。如直管段不能满足要求，可将表计装在泵体进出口法兰处。真空表、压力表的测孔应垂直于管道内壁，孔径为 2～3mm，管内壁测孔处应平整、无毛刺。

2）压力表量程应选择合理，水泵额定扬程值应在压力表量程的 1/3～2/3。

3）对于用节流阀调节流量的泵，当节流阀开度较小时，应在节流阀后 4～7 倍管径处加装压力表，表后保证有 2～3 倍管径的直管段，该表用来测定节流损失。如阀后的直管段不能满足要求，则可越过 1～2 个弯头，选择适当的直管段安装压力表，这时需要除去弯头损失的影响。

4）测试时力求同时记录各测试仪表的指示值。

5）各参数至少进行 2 次测试，测试数据相互差异不得大于 20%，否则需重新测试。

（6）水泵转速变化时的换算。由于某种原因，水泵实际转速与额定转速不一致时，为了便于和水泵额定参数比较，需要进行换算，即

$$Q = Q' \frac{n}{n'}$$

$$H = H' \left(\frac{n}{n'}\right)^2$$

$$N = N'\left(\frac{n}{n'}\right)^3$$

式中：Q、H、N、n 为铭牌上的流量、扬程、功率、转速；Q'、H'、N'、n'为实测流量、扬程、功率（轴功率，非电功率）、转速。

7.4 电机系统节能评估与分析

7.4.1 边界确定技术

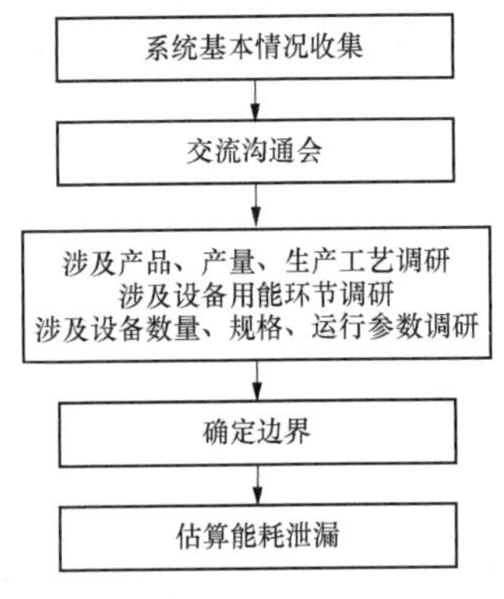

图 7 - 29　边界确定流程图

1. 边界确定流程

如图 7 - 29 所示，项目边界为确定项目节能措施影响的用能设备或系统的范围和地理位置界限；能耗泄漏是在项目范围内进行的节能活动对项目边界以外的影响。在项目节能量计算中应当包括能耗泄漏影响（扣减或增加）。典型负载边界示意图如图 7 - 30 所示。

2. 电机驱动空压机、风机、水泵典型负载边界确定方法

1）典型负载边界通常包括控制装置、电机、传动机构、典型负载、输入管网及附属设备、输送管网及附属设备。

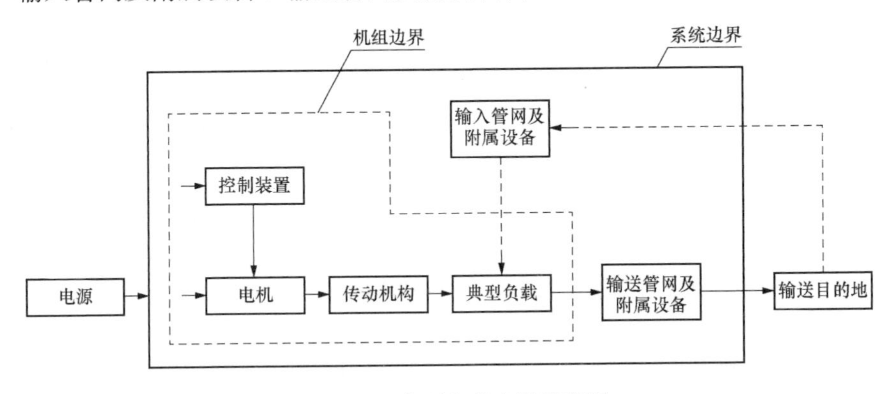

图 7 - 30　典型负载边界示意图

2）典型负载边界的输入点通常是电源的输出点。

3）典型负载边界的输出点通常是输送管网的起始端。

4）典型负载存在相互影响的多台设备，应将所涉及的设备划入系统

边界内。

5）通常控制器应划入系统边界内。

6）典型负载改造（如变频改造）新增耗能设备，应将新增耗能设备划入系统边界内。

7）与1个产品（工序）直接相关联的所有用能环节，即是单个产品（工序）节能量计算的边界。

8）典型负载边界应包括所有影响项目能耗消耗状况的设备和设施（包括附属设备、设施）。

9）确定系统边界时应关注影响节能量的其他因素，如原材料构成、产品种类与品种构成、产量、质量、气候变化、环境控制等的变化。

7.4.2　节能量测量和评估方法

1. 节能量测量和评估流程及要求

（1）节能量测量流程如图7-31所示，并确定：

1）项目边界——项目节能措施影响的用能设备或系统的范围和地理位置界限。

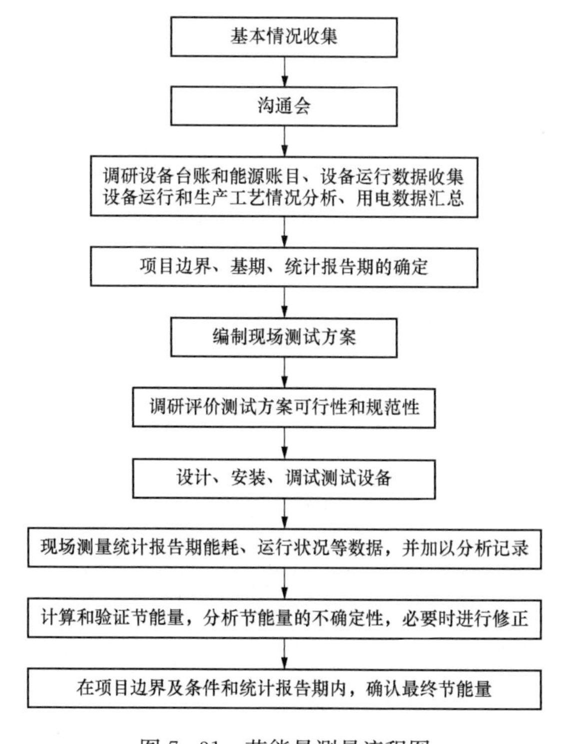

图7-31　节能量测量流程图

2）基期——改造项目能耗基准的节能措施实施前的时间段。

3）统计报告期——改造项目节能量的节能措施实施后的时间段。

（2）节能量测量要求。

1）项目边界及条件应包括所有影响项目能源消耗的设备。

2）设定项目基期和统计报告期时，均应覆盖项目的典型工况，且应保持对应和一致。

3）基期和统计报告期的数据应在生产正常、设备正常稳定运行条件下进行采集。

4）项目的计量器具配备应符合 GB 17167—2006《用能单位能源计量器具配备和管理通则》和 GB/T 3485—1998《评价企业合理用电技术导则》的有关规定。

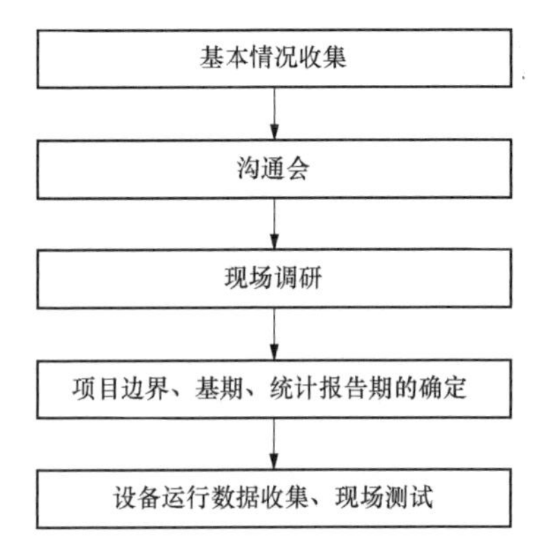

图 7-32　节能量评估流程图（第一阶段）

5）项目除技术以外影响能源消耗因素应加以分析计算，并对节能量加以修正。这些因素如：原材料构成、产品种类与品种构成、产品产量、质量、气候变化、环境控制等因素的变化。

（3）节能评估流程。

1）第一阶段：节能技改前评估，评估流程如图 7-32 所示。

2）第二阶段：节能技改实施，实施流程如图 7-33 所示。

3）第三阶段：节能技改后评估，评估流程如图 7-34 所示。

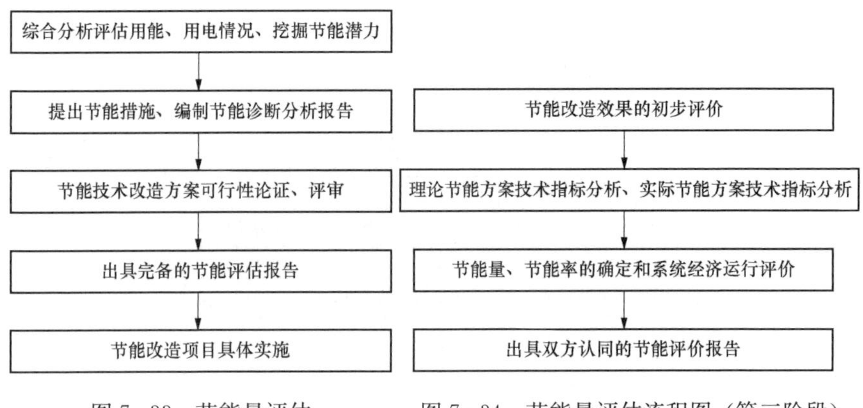

图 7-33　节能量评估流程图（第二阶段）

图 7-34　节能量评估流程图（第三阶段）

（4）节能评估要求。

1）电机系统节能改造应在满足生产工艺需求和不降低劳动生产率的基础上，提高电机系统的能源利用效率，降低能源消耗。

2）电机系统的节能改造应根据节能诊断结果，结合节能改造判定原则，从技术可靠性、可操作性和经济性等方面进行综合分析，选取合理可行的节能改造方案和技术措施。

3）节能改造时，用能设备应采用节能型产品或高效低耗产品，不得使用已被明令禁止生产、使用的低效高耗产品。

4）节能改造后，各用电系统应符合相关设备经济运行和能效等级的国家标准要求：

GB/T 13466—2006《交流电气传动风机（泵类、空气压缩机）系统经济运行通则》。

GB/T 13469—2008《离心泵、混流泵、轴流泵与旋涡泵系统经济运行》。

GB/T 13470—2008《通风机系统经济运行》。

GB/T 15913—2009《风机机组与管网系统节能监测方法》。

GB/T 16665—1996《空气压缩机组及供气系统节能监测方法》。

GB/T 16666—1996《泵类及液体输送系统节能监测方法》。

GB 18613—2012《中小型三相异步电动机能效限定值及能效等级》。

GB 19153—2009《容积式空气压缩机能效限定值及能效等级》。

GB 19761—2009《通风机能效限定值及能效等级》。

JB/T 11706.1—2013《三相交流电动机拖动典型负载机组能效等级 第 1 部分：清水离心泵机组能效等级》。

5）电机节能改造评价程序和参数测试应参照 GB/T 21205—2007《旋转电机整修规范》等相关流程及相应电机试验方法进行。

6）电机系统的能效检测方法应符合现行国家标准或行业标准的有关规定。

7）电机系统能效检测应由具备相应资质的机构进行。

（5）节能诊断要求。

1）电机系统节能改造前应对电机系统的设备、装置、控制方式和运行管理措施进行节能诊断，通过分析电机系统使用环境及运行要求，在检测现有系统运行能效的基础上，对节能改造可行性和改造方案进行论证，并预估改造效果。

2）电机系统节能诊断前，根据电机系统节能改造的目的和需求，可以选择性提供下述部分或全部资料：①设备运行图纸和技术文件以及电机系统的改造记录；②相关设备技术参数和运行记录；③系统工艺需求及技术条件；④节能改造前应制定详细的诊断方案，进行检测，编写节能诊断报告。节能诊断报告应包括系统概况、检测结果、能效诊断与能效分析、改造方案建议、节能效果预测和投资回报分析等内容。

（6）节能诊断方法。节能诊断的基本方法是现场调研、现场测试、分析评估及项目评审。

1）现场调研：从电机系统用电输入端开始，调研控制装置、电机、负载设备、必要的管路或传输系统、负载调节装置等电机系统节能改造范围内的主要设备的型号、数量、主要性能、分布、工况等情况；调研系统涉及的生产工艺需求。

2）现场测试：通过现场调研了解设备实际的运行情况和使用时间，初步分析各设备的装机容量、用电量，确定测试范围和测试方法及测试的时间和周期。现场测试可根据情况采用简单测试或全面测试方法进行。

a. 简单测试。主要依靠企业现场配备的电力和热工仪表进行。测试范围原则上包括电机系统计划实施改造的所有边界参数，对于现场仪表不能满足全部要求的情况，可参照现场调研的情况和系统日常运行记录数据及运行特点进行估算。

b. 全面测试。对系统运用专业测试仪器设备或依靠企业现有的仪表进行现场测试，测试范围包括评价边界内所有的用电设备的输入电参数测试和输出参数测试，测试周期应能反映系统的运行周期，在测试基础上结合系统日常运行记录数据和运行特点，对系统节能潜力进行量化计算。

3）分析评估。根据现场调研数据和测试数据，编制节能诊断分析报告。报告主要包括节能方案，预估改造后节能量和节能率，并计算投资回报期。

4）项目评审。节能诊断分析报告编制完成后，建设单位根据项目具体情况组织由工艺和设备技术专家、现场检测单位检测人员、改造实施单位和相关人员组成的评审小组，对节能技术改造方案的可行性进行论证，并确定评价边界。

（7）项目实施。

1）项目实施时，首先应对按确定好的评价边界内的能耗情况进行能效检测或收集能耗及运行等相关数据，能效检测宜采用全面测试的方法进行。

2）建设单位应委托具备相应资质条件的改造实施单位进行改造施工，改造实施单位应按照经评审通过的改造方案进行设计、安装、调试、试运行和测试，同时负责培训企业有关工程技术人员和有关操作人员。

3）试运行前建设单位要会同改造实施单位编制完善的试运行方案，落实好各项安全生产措施，保障停、开车安全。系统正常运行后，使用单位负责其日常维护。涉及的检测、检验，属法定检测、检验的，必须由有资质的单位进行，其他的可委托改造实施单位承担。

2. 现场测试解决方案

现场测试涉及情况较为复杂，既不能影响测试的精度，又不能断电，影响企业正常生产、设备正常运转。因此根据现场测试的特殊要求，结合各种设备的特点，需要准备适合现场测试的高精度便携式仪器和移动式现场能效检测装置，对各类系统的用电情况、液体（气体）压力、液体（气体）流量、风速、风压、温度、湿度等参数进行检测。测试仪器设备覆盖变压器、电机、泵、风机、空压机、制冷与空调、电能消耗、电能质量的测试工作，并根据记录的数据应用专业分析软件，对各类系统进行诊断评估。

表 7 - 14　现场测试仪器及解决方案

仪器设备名称	测量参数	适用设备	解决方案
三相电参数分析仪（电能质量分析仪）	电压、电流、频率、功率、功率因数、耗电量、谐波电压、谐波电流、波形畸变、波形分析等	所有耗电设备	（1）使用不同量程的柔性电流钳、电压钳，测量时设备不断电不影响正常生产； （2）能够长时间连续存储记录各类测量参数，以便分析节能潜力
手持式超声波液体流量计	管道壁厚、管道液体瞬时流量、累计流量	各类泵管道内液体的瞬时流量、累计流量	（1）使用超声波信号测量，不影响、不破坏管道现状，克服了以往测量时影响管路的工况，不影响测试精度； （2）能够长时间连续存储记录管路瞬时流量、累计流量，以便分析节能潜力
手持式超声波气体流量计	管道壁厚、管道气体瞬时流量、累计流量	各类空压机管道内气体的瞬时流量、累计流量	（1）使用超声波信号测量，不影响、不破坏管道现状，克服了以往测量时影响管路的工况，不影响测试精度； （2）能够长时间连续存储记录管路瞬时流量、累计流量，以便分析节能潜力
多参数环境通风测量系统	风速、压差、温度、湿度、风量	各类风机、通风机	不影响设备运行，能够长时间存储记录测量参数

7.4.3 电机系统节能评价方法

电机系统通过采用高效节能电机、风机、泵及空压机等设备，优化电机系统配置，改善电机系统调节方式，优化电机系统运行和控制等手段进行改造后，根据改造前后的电机综合效率变化来计算项目节能量，改造前电机综合效率作为基准能耗指标，可采用式（7-33）计算

$$\eta_c = \frac{\beta P_N}{\beta P_N + \Delta P_c} \times 100\% \qquad (7-33)$$

式中：η_c为单台电机的综合效率，%；β为单台电机运行负载系数，%；P_N为单台电机的额定功率，kW；ΔP_c为单台电机系统的综合功率损耗，kW。

1. 空压机系统的节能效果评价

（1）空压机系统节能量计算的基本原则。空压机系统节能量计算所用的改造前后的能源消耗量均应为实际能源消耗量；应根据不同的工况，采用相应的计算方法。

（2）空压机系统节能量的测试。空压机系统节能改造前，应先检查设备及系统的气密性，在保证没有气体泄漏的状况下，选取空压机系统在原有的设备、工艺和工况条件下达到较好的运行状态的时间点，记录空压机系统的环境温度、大气压力值、露点温度、排气压力、产气量、电流、电压等技术参数。

空压机系统节能改造后，选取在与改造前环境温度、大气压力值、露点温度相同或接近的状态下，记录空压机系统的排气压力、产气量、电流、电压等技术参数。

对恒气量系统，即改造前后运行气量保持不变或均为恒定值的系统，实施节能技术改造前后应分别对电机的运行功率或用能等情况进行测试，测试时间视现场情况而定，分别取其平均值。

对变气量系统，即改造前后运行气量均为周期变化的系统，实施节能技术改造前后，应分别在各运行工况下对空压机系统的能耗进行测试，对于短周期的系统，测试时间应不少于三个变化周期，取平均值。对于长周期的系统，应对不同工况段分别做能耗测试。

（3）空压机系统节能量的计算。

1）恒气量系统节能量计算。恒气量系统节能量可按式（7-34）或式（7-35）计算

$$\Delta E_q = (P_{jq} - P_{bq})T \qquad (7-34)$$

$$\Delta E_{q}=\left(\frac{W_{jq}}{T_{jq}}-\frac{W_{bq}}{T_{bq}}\right)T \tag{7-35}$$

式中：ΔE_q为恒气量系统在统计期内的节能量，kW·h；P_{jq}为改造前空压机系统运行时的输入功率，kW；P_{bq}为改造后空压机系统运行时的输入功率，kW；T 为改造后空压机系统在统计期内的运行时间，h；W_{jq}为改造前空压机系统测试期内的耗电量，kW·h；T_{jq}为改造前空压机系统测试期的运行时间，h；W_{bq}为改造后空压机系统测试期内的耗电量，kW·h；T_{bq}为改造后空压机系统测试期的运行时间，h。

2）变气量系统节能量。变气量系统中，对于短周期的情况可按式（7-35）计算，对于长周期的情况，空压机系统节能量按式（7-36）计算

$$\Delta E_{g}=\sum_{i=1}^{n}\left(\frac{W_{jgi}}{T_{jgi}}-\frac{W_{bgi}}{T_{bgi}}\right)T_{i} \tag{7-36}$$

式中：ΔE_g为变气量系统统计期内的节能量，kW·h；W_{jgi}为改造前空压机系统在第 i 种工况下运行一个变化周期的耗电量，kW·h；T_{jgi}为改造前空压机系统在第 i 种工况下一个变化周期内的运行时间，h；W_{bgi}为改造后空压机系统在第 i 种工况下运行一个变化周期的耗电量，kW·h；T_{bgi}为改造后空压机系统在第 i 种工况下一个变化周期内的运行时间，h；T_i为改造后统计期内空压机系统在第 i 种工况下的运行时间；n 为空压机系统运行工况种类数。

（4）节能率的计算。

1）恒气量系统节能率的计算。改造前后运行气量相同或均为恒值时，按式（7-37）或式（7-38）计算节能率

$$\xi_{q}=\frac{P_{jq}-P_{bq}}{P_{jq}}\times 100\% \tag{7-37}$$

$$\xi_{q}=\frac{\dfrac{W_{jq}}{T_{jq}}-\dfrac{W_{bq}}{T_{bq}}}{\dfrac{W_{jq}}{T_{jq}}}\times 100\% \tag{7-38}$$

式中：ξ_q为恒气量空压机系统的节能率，%。

2）变气量系统节能率的计算。改造前后空压机系统在同等工艺条件的第 i 种工况下运行时，空压机系统节能率按式（7-39）计算

$$\xi_{gi}=\frac{\dfrac{W_{bgi}}{T_{bgi}}-\dfrac{W_{jgi}}{T_{jgi}}}{\dfrac{W_{bgi}}{T_{bgi}}}\times 100\% \tag{7-39}$$

式中：ξ_{gi}为第i种工况下变气量系统的节能率，%。

n种工况的变气量系统改造后的平均节能率按式（7-40）计算

$$\xi_g = \frac{\sum_{i=1}^{n} \xi_{gi} T_i}{\sum_{i=1}^{n} T_i} \tag{7-40}$$

式中：ξ_g为变气量系统节能改造平均节能率，%。

（5）节约电费及投资回收期。

1）节约电费的计算。空压机系统节能改造后在统计期内所节约的电费按式（7-41）或式（7-42）计算

$$G = \Delta E_q G_w \tag{7-41}$$

$$G = \Delta E_g G_w \tag{7-42}$$

式中：G为统计期内节约电费，元；G_w为电价，元/kW·h。

2）投资回收年限计算。空压机系统投资回收期按式（7-43）计算

$$T_h = \frac{G_t}{G_n} \tag{7-43}$$

式中：T_h为回收年限，年；G_t为空压机系统节能改造投入费用，元；G_n为年节约电费，元/年。

2. 泵系统的节能效果评价

（1）泵系统节能量计算的基本原则。

1）泵系统节能量计算所用的改造前后的能源消耗量均应为实际能源消耗量。

2）泵系统节能量计算应根据不同的工况，采用相应的计算方法。

（2）泵系统节能量的测试。

泵系统节能改造前，应采取阀门调整等措施调整系统的流量、压力，使泵系统在原有的设备、工艺和工况条件下达到较好的运行状态。

对恒流量系统，即改造前后运行流量保持不变或均为恒定值的系统，实施节能技术改造前后应分别对电机的运行功率或用能等情况进行测试，测试时间视现场情况而定，分别取其平均值。

对变流量系统，即改造前后运行流量均为周期变化的系统，实施节能技术改造前后，应分别在各运行工况下对泵系统的能耗进行测试，对于短周期的系统，测试时间应不少于三个变化周期，取平均值。对于长周期的系统（如中央空调等），应对不同工况段分别作能耗测试。

（3）泵系统节能量的计算。

1）恒流量系统节能量计算。恒流量系统节能量可按式（7-44）或式（7-45）计算，即

$$\Delta E_{\mathrm{q}} = (P_{\mathrm{jq}} - P_{\mathrm{bq}})T \tag{7-44}$$

$$\Delta E_{\mathrm{q}} = \left(\frac{W_{\mathrm{jq}}}{T_{\mathrm{jq}}} - \frac{W_{\mathrm{bq}}}{T_{\mathrm{bq}}}\right)T \tag{7-45}$$

式中：ΔE_{q}为恒流量系统在统计期内的节能量，kW·h；P_{jq}为改造前泵系统运行时的输入功率，kW；P_{bq}为改造后泵系统运行时的输入功率，kW；T为改造后泵系统在统计期内的运行时间，h；W_{jq}为改造前泵系统测试期内的耗电量，kW·h；T_{jq}为改造前泵系统测试期的运行时间，h；W_{bq}为改造后泵系统测试期内的耗电量，kW·h；T_{bq}为改造后泵系统测试期的运行时间，h。

2）变流量系统节能量。变流量系统中，对于短周期的情况可按式（7-45）计算，对于长周期的情况，泵系统节能量按式（7-46）计算

$$\Delta E_{\mathrm{g}} = \sum_{i=1}^{n}\left(\frac{W_{\mathrm{jg}i}}{T_{\mathrm{jg}i}} - \frac{W_{\mathrm{bg}i}}{T_{\mathrm{bg}i}}\right)T_i \tag{7-46}$$

式中：ΔE_{g}为变流量系统统计期内的节能量，kW·h；$W_{\mathrm{jg}i}$为改造前泵系统在第i种工况下运行一个变化周期的耗电量，kW·h；$T_{\mathrm{jg}i}$为改造前泵系统在第i种工况下一个变化周期内的运行时间，h；$W_{\mathrm{bg}i}$为改造后泵系统在第i种工况下运行一个变化周期的耗电量，kW·h；$T_{\mathrm{bg}i}$为改造后泵系统在第i种工况下一个变化周期内的运行时间，h；T_i为改造后统计期内泵系统在第i种工况下的运行时间；n为泵系统运行工况种类数。

（4）节能率的计算。

1）恒流量系统节能率的计算。改造前后运行流量相同或均为恒值时，按式（7-47）或式（7-48）计算节能率

$$\xi_{\mathrm{q}} = \frac{P_{\mathrm{jq}} - P_{\mathrm{bq}}}{P_{\mathrm{jq}}} \times 100\% \tag{7-47}$$

$$\xi_{\mathrm{q}} = \frac{\dfrac{W_{\mathrm{jq}}}{T_{\mathrm{jq}}} - \dfrac{W_{\mathrm{bq}}}{T_{\mathrm{bq}}}}{\dfrac{W_{\mathrm{jq}}}{T_{\mathrm{jq}}}} \times 100\% \tag{7-48}$$

式中：ξ_{q}为恒流量泵系统的节能率，%。

2）变流量系统节能率的计算。改造前后泵系统在同等工艺条件的第i种工况下运行时，泵系统节能率按式（7-49）计算

$$\xi_{\mathrm{g}i} = \frac{\dfrac{W_{\mathrm{bg}i}}{T_{\mathrm{bg}i}} - \dfrac{W_{\mathrm{jg}i}}{T_{\mathrm{jg}i}}}{\dfrac{W_{\mathrm{bg}i}}{T_{\mathrm{bg}i}}} \times 100\% \tag{7-49}$$

式中：ξ_{gi}为第 i 种工况下变流量系统的节能率，%。

n 种工况的变流量系统改造后的平均节能率按式（7 - 50）计算

$$\xi_g = \frac{\sum_{i=1}^{n} \xi_{gi} T_i}{\sum_{i=1}^{n} T_i} \tag{7 - 50}$$

式中：ξ_g 为变流量系统节能改造平均节能率，%。

（5）节约电费及投资回收期。

1）节约电费的计算。泵系统节能改造后在统计期内所节约的电费按式（7 - 51）或式（7 - 52）计算

$$G = \Delta E_q G_w \tag{7 - 51}$$

$$G = \Delta E_g G_w \tag{7 - 52}$$

式中：G 为统计期内节约电费，元；G_w为电价，元/kW·h。

2）投资回收年限计算。泵系统投资回收期按式（7 - 53）计算

$$T_h = \frac{G_t}{G_n} \tag{7 - 53}$$

式中：T_h 为回收年限，年；G_t为泵系统节能改造投入费用，元；G_n为年节约电费，元/年。

3. 风机系统的节能效果评价

（1）风机系统节能量计算的基本原则。

1）风机系统节能量计算所用的改造前后的能源消耗量均应为实际能源消耗量。

2）风机系统节能量计算应根据不同的工况，采用相应的比较标准。

（2）风机系统节能项目节能量的测试。风机系统节能改造前，应采取阀门调整等措施调整系统的风量、压力，使风机系统在原有的设备、工艺和工况条件下达到较好的运行状态。

对恒风量系统，即改造前后运行风量保持不变或均为恒定值的系统，实施节能技术改造前后应分别对电机的运行功率或用能等情况进行测试，测试时间视现场情况而定，分别取其平均值。

对变风量系统，即改造前后运行风量均为周期变化的系统，实施节能技术改造前后，应分别在各运行工况下对风机系统的能耗进行测试，对于短周期的系统，测试时间应不少于三个变化周期，取平均值。对于长周期的系统（如中央空调等），应对不同工况段分别作能耗测试。

（3）风机系统节能量的计算。

1）恒风量系统节能量计算。恒风量系统节能量可按式（7-54）或式（7-55）计算

$$\Delta E_{\mathrm{q}}=(P_{\mathrm{jq}}-P_{\mathrm{bq}})T \tag{7-54}$$

$$\Delta E_{\mathrm{q}}=\left(\frac{W_{\mathrm{jq}}}{T_{\mathrm{jq}}}-\frac{W_{\mathrm{bq}}}{T_{\mathrm{bq}}}\right)T \tag{7-55}$$

式中：ΔE_{q}为恒风量系统在统计期内的节能量，kW·h；P_{jq}为改造前风机系统运行时的输入功率，kW；P_{bq}为改造后风机系统运行时的输入功率，kW；T 为改造后风机系统在统计期内的运行时间，h；W_{jq}为改造前风机系统测试期内的耗电量，kW·h；T_{jq}为改造前风机系统测试期的运行时间，h；W_{bq}为改造后风机系统测试期内的耗电量，kW·h；T_{bq}为改造后风机系统测试期的运行时间，h。

2）变风量系统节能量。变风量系统中，对于短周期的情况可按式（7-55）计算，对于长周期的情况，风机系统节能量按式（7-56）计算

$$\Delta E_{\mathrm{g}}=\sum_{i=1}^{n}\left(\frac{W_{\mathrm{jg}i}}{T_{\mathrm{jg}i}}-\frac{W_{\mathrm{bg}i}}{T_{\mathrm{bg}i}}\right)T_{i} \tag{7-56}$$

式中：ΔE_{g}为变风量系统统计期内的节能量，kW·h；$W_{\mathrm{jg}i}$为改造前风机系统在第 i 种工况下运行一个变化周期的耗电量，kW·h；$T_{\mathrm{jg}i}$为改造前风机系统在第 i 种工况下一个变化周期内的运行时间，h；$W_{\mathrm{bg}i}$为改造后风机系统在第 i 种工况下运行一个变化周期的耗电量，kW·h；$T_{\mathrm{bg}i}$为改造后风机系统在第 i 种工况下一个变化周期内的运行时间，h；T_i为改造后统计期内风机系统在第 i 种工况下的运行时间；n 为风机系统运行工况种类数。

（4）节能率的计算。

1）恒风量系统节能率的计算。改造前后运行风量相同或均为恒值时，按式（7-57）或式（7-58）计算节能率

$$\xi_{\mathrm{q}}=\frac{P_{\mathrm{jq}}-P_{\mathrm{bq}}}{P_{\mathrm{jq}}}\times 100\% \tag{7-57}$$

$$\xi_{\mathrm{q}}=\frac{\dfrac{W_{\mathrm{jq}}}{T_{\mathrm{jq}}}-\dfrac{W_{\mathrm{bq}}}{T_{\mathrm{bq}}}}{\dfrac{W_{\mathrm{jq}}}{T_{\mathrm{jq}}}}\times 100\% \tag{7-58}$$

式中：ξ_{q} 为恒风量风机系统的节能率，%。

2）变风量系统节能率的计算。

改造前后风机系统在同等工艺条件的第 i 种工况下运行时，风机系统节能率按式（7-59）计算

$$\xi_{gi}=\frac{\frac{W_{bgi}}{T_{bgi}}-\frac{W_{jgi}}{T_{jgi}}}{\frac{W_{bgi}}{T_{bgi}}}\times 100\% \tag{7-59}$$

式中：ξ_{gi}为第i种工况下变风量系统的节能率，%。

n种工况的变风量系统改造后的平均节能率按式（7-60）计算

$$\xi_{g}=\frac{\sum_{i=1}^{n}\xi_{gi}T_{i}}{\sum_{i=1}^{n}T_{i}} \tag{7-60}$$

式中：ξ_{g}为变风量系统节能改造平均节能率，%。

（5）节约电费及投资回收期。

1）节约电费的计算。风机系统节能改造后在统计期内所节约的电费按式（7-61）或式（7-62）计算

$$G=\Delta E_{q}G_{w} \tag{7-61}$$

$$G=\Delta E_{g}G_{w} \tag{7-62}$$

式中：G为统计期内节约电费，元；G_{w}为电价，元/kW·h。

2）投资回收年限计算。风机系统投资回收期按式（7-63）计算

$$T_{h}=\frac{G_{t}}{G_{n}} \tag{7-63}$$

式中：T_{h}为回收年限，年；G_{t}为风机系统节能改造投入费用，元；G_{n}为年节约电费，元/年。

4. 节能效果评价的关键点

主要关注内容包括项目基准能耗状况、项目实施后能耗状况、能源管理和计量体系、能耗泄漏四个方面。

（1）项目基准能耗状况。项目基准能耗状况指项目实施前规定时间段内，项目范围内所有用能环节的各种能源消耗情况。主要审核内容包括：

1）项目工艺流程图。

2）项目范围内各产品（工序）的产量统计记录（制成品、在制品、半成品等根据行业规定的折算方法确定）。

3）项目能源消耗平衡表和能流图。

4）项目范围内重点用能设备的运行记录（如动力车间抄表卡、记录簿、各车间用电及各种能源的记录簿等）。

5）耗能工质消耗情况。

6）项目能源输入输出和消耗台账，能源统计报表、财务账表及各种原始凭证。

（2）项目实施后能耗状况。项目实施后能耗状况指项目完成并稳定运行后规定时间段内，项目范围内所有用能环节的各种能源消耗情况，主要内容包括：

1）项目完成情况。

2）其他审核内容参照项目基准能耗状况审核内容。

（3）能源管理和计量体系。能源管理和计量体系主要审核内容包括：

1）项目单位能源管理组织结构、人员和制度。

2）项目能源计量设备的配备率、完好率和周检率。

3）能源输入输出的监测检验报告和主要用能设备的运行效率检测报告。

（4）能耗泄漏。能耗泄漏指节能措施对项目范围以外能耗产生的正面或负面影响，必要时还应考虑技术以外影响能耗的因素。主要审核内容包括：

1）相关工序的基准能耗状况。

2）项目实施后相关工序能耗状况变化。

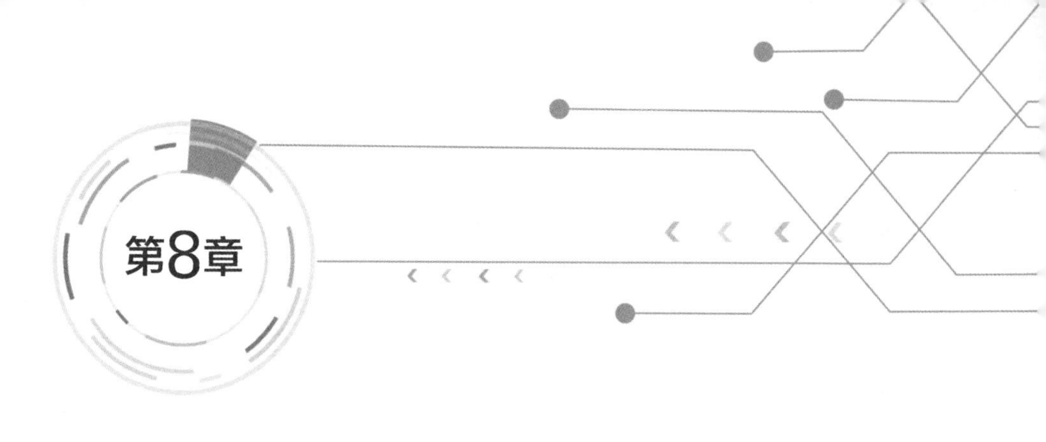

电机系统节能技术及分析方法

8.1 电机系统节能的技术途径

电机系统就是通过电机将电能转化为机械能，实现各种所需功能，包括：电机、被拖动设备、控制装置、管网等。对于一个具体的电机系统节能改造项目，可能有多个节能技术方案可供选择，节能改造技术方案的最终确定，不可简单地根据各可选方案的节能效果来决断，而不考虑经济收益、产品的产量和质量以及工作环境等情况，应该根据有关经济原则，并综合考虑产品的产量和质量、环境条件、技术的复杂程度和可靠性等多种因素，在此基础上对各方案进行技术经济综合评估，并确定最终的、当然也是最佳的节能改造技术方案。目前电机系统节能改造的技术途径主要有以下几个方面。

1. 加速低效设备淘汰更新

我国已陆续公布了若干批能耗高、技术落后的淘汰机电产品目录，为机电系统老旧设备淘汰更新提供了指南，相关目录如下：

（1）高耗能落后机电设备（产品）淘汰目录（第一批）　（工节〔2009〕第67号）。

（2）高耗能落后机电设备（产品）淘汰目录（第二批）（工信部公告2012年第14号）。

（3）高耗能落后机电设备（产品）淘汰目录（第三批）（工信部公告2014年第16号）。

2. 改进电机拖动系统负荷调节方式

推广变频调速、变极调速、内反馈调速等先进电机调速技术，改善风机、泵类电机系统调节方式，逐步淘汰挡板、阀门等机械节流调节方式。

对变工况电机系统进行调速改造，合理匹配电机系统，消除“大马拉小车”现象。

3. 改进电机与设备之间的传动方式，提高传动效率

采用低速大转矩、超高速等特殊设计的电机，取消电机与设备之间的齿轮、变速箱；针对风机、水泵、压缩机等设备，采用电机与设备转子一体化设计技术，取消电机与设备之间的联轴器、皮带轮，实现直驱；采用永磁涡流柔性传动等技术，提高设备传动效率。

4. 优化电机系统的运行和控制

推广软启动装置、无功补偿装置、计算机自动检测和控制系统等，实现设备之间的负荷调度、微电网控制、合理配置能量，实现系统经济运行。

针对电机系统节能可以选择的节能技术有很多，但是并不是每一项节能技术用在任何一个系统中都会起到很好的节能效果。提高电机系统效率的最有效的方法就是应用系统的方法对系统进行评估，不仅需要分析系统的供应端和使用端，而且要分析两者之间的相互作用，把关注的重点从单一设备转移到整个系统。

对一个电机系统开展节能工作，通常需要按以下方法进行：

（1）分析当前的工艺生产需求以及未来的生产发展需求。

（2）了解系统当前的运行状态和参数。

（3）收集系统运行数据并对其进行分析。

（4）提出替代的系统设计方案和改进措施。

（5）对潜在的节能方案进行比较，确定技术上最可行、投资回报最合理的方案。

（6）实施确定的方案。

（7）继续检测和优化系统。

（8）继续运行并维护系统，保证系统高效运行。

实践证明，开展电能平衡，在此基础上实施系统诊断评估，最后开展系统改造是一个尚佳选择。企业电能平衡工作是对供电电量在电机系统内的输送、转换、利用进行考核、测量、分析和研究，并建立供给电量、有效电量和损失电量之间平衡关系的全过程。从企业电力计量点开始，通过普查、统计、测试、计算等手段，全面摸清企业用电设备家底，揭示企业在整个生产过程中各个用电环节的设备运行状况、电能使用情况和损耗情况，掌握企业的用电水平以及设备管理中的薄弱环节，分析

挖掘企业用电系统的节电潜力，制定切实可行的节电措施和建议，促进企业节能降耗增效。

企业通过电能平衡工作实现电机系统节能步骤如下。

第一步：基础工作。深入企业生产第一线，摸清企业用电设备情况，将电机系统按不同负载进行分类，通常将电机系统分为水泵类、风机类、压缩机类、制冷空调类、其他电机类（如机床、起重、输送、搅拌等）。将每一台电机的额定数据、运行数据（工作电流、运行时间）、工况数据（负荷变化情况、负荷调节情况）进行测试、统计。

第二步：节能方案制定。根据电能平衡统计数据，对具有节能潜力的电机设备和系统进行初步筛选。根据筛选结果进行技改方案设计，必要时辅以系统专项测试。可设计多个方案，根据技术方案计算设备投资、节电量、节电费用、投资回收期，完成电能平衡报告。

第三步：改造方案确定与实施。企业根据电能平衡报告，讨论确定最终方案后实施方案。

第四步：节能量审核。改造完成后，为确认改造后节能效果，进行现场测定，确定节能量是否达到设计预期。

8.2 高效电机的选择和应用

随着国际、国内有关中小型电机能效等级标准的实施，加上国家近几年“高效电机惠民工程”、“电机能效提升计划”等政策的支持和推动，高效电机的应用越来越多；一般来说，高效电机是通过降低自身损耗来提高效率的，所以采用高效电机一定节能，但节能的多少、节能效果的好坏直接与拖动设备的机械特性及设备的运行工况密切相关。

目前，可供选用的高效节能电机类型很多，比如 YE2 系列、YE3 系列高效和超高效三相异步电机，YX 系列高压高效率三相异步电机，铸铜转子三相异步电机，风机、水泵、压缩机专用高效三相异步电机，变频调速三相异步电机，自启动永磁同步电机和各种伺服永磁电机等；而电机所驱动的各种设备，其负载特性也有不同，如恒转矩特性、恒功率特性、平方递减转矩特性、递减功率特性等；针对不同的设备、不同的运行要求，采用不同的高效电机，才能达到满意的节能效果。

8.2.1 高效电机的选型

电机的选择首先要与它的使用环境相适应，使用地点的环境温度、海拔高度、相对湿度、户内还是户外、环境中是否多粉尘、是否有易燃或易爆气体、是否潜入水中或其他介质中，环境条件的不同决定电机采用不同的防护等级和冷却方式，环境条件将影响电机是否能达到正常输出功率、是否能安全可靠运行。

电机选型一般遵循如下原则：

（1）合理选择电机的大小，电机的功率应能充分利用，防止出现“大马拉小车”的现象。

1）通过计算确定出合适的电机功率，使设备需求的功率与被选电机的功率能合理的匹配。

2）高效电机应使用于长时间、高负荷率（高于 3/4 满载）情况下运行。

3）为避免电机长时间运行在低负荷率（小于 50%）下，导致系统效率很低，应该根据要求的最大负载和启动转矩来选择合适大小的电机。

4）由于高效电机比普通电机温升低，其过载能力更强。因此，通常不会因为偶尔的尖峰负载而选择较大的电机。

5）当用高效电机替换现有的普通电机时，应仔细评估所要求的功率大小。

（2）电机应满足所拖动负载的机械特性和工况要求，如转速、转向、速度的调节、启动方式、启动时间 、制动时间等。

（3）所选择的电机的可靠性高并且便于维护。电机的互换性能要好，一般情况尽量选择标准电机产品。

（4）综合考虑电机的极数和电压等级，使电机在高效率、低损耗状态下可靠运行。

8.2.2　高效电机的应用

（1）满负荷长时间工作的应用场合。电机从一个能效水平到高一级能效水平时，电机的损耗可以降低 15%～20%（见图 8 - 1）。在满负荷、长时间工作的场合，高效电机的节能潜力得到充分发挥。

（2）持续轻负载运行的应用场合。当电机不要求输出满载转矩时，可通过减小电压来减少磁通损耗。这类装置的典型应用就是功率因数调节器，功率因数调节器就是通过调节电压来使电机得到一个合适的功率因数。

（3）负载转矩随转速增加情况下的应用（泵、风机等）。一般来说，高效笼型感应电机具有较低的转差率（见表 8 - 1），即与低效电机相比具有较高的转速。当应用在转矩与转速平方成比例的工况时（如泵、风扇等），转速的增加将会导致输出功率（转矩）的增加，有时会削弱提高效

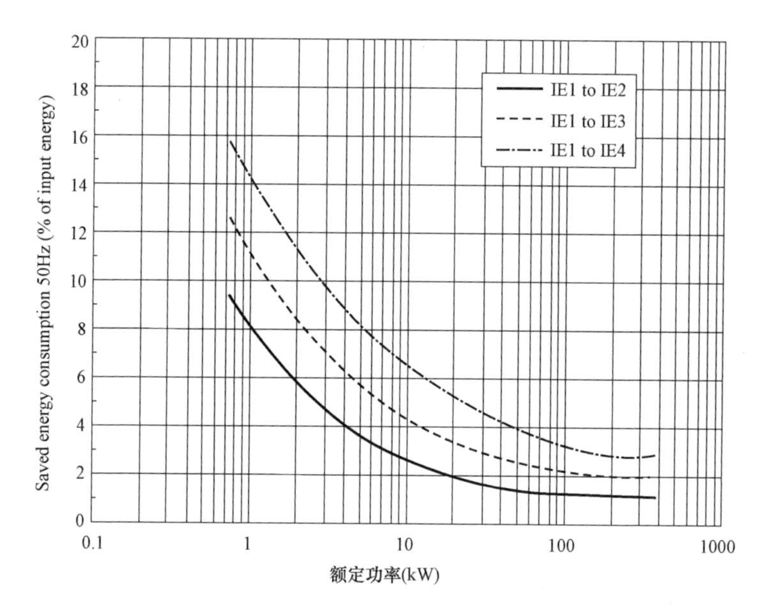

图 8-1　电机运行在额定负载时改变能效等级潜在的节能效果

率所带来的好处（见图 8-2）。

例如：11kW、50Hz 电机在相同应用场合下不同效率变化时转速、转矩要求随能效等级的变化情况见表 8-1。

表 8-1　　能效等级与转速、转矩对照表

能效等级	效率 E_{ff}（%）	转速 n(r/min)	输出转矩 T(N·m)	输出功率 P_{out}(kW)	输入功率 P_{in}(kW)
IE1	87.6	1464	75.4	11559	13195
IE2	89.8	1474	76.4	11792	13131
IE3	91.4	1480	77.1	11948	13073

当电机用来驱动二次方转矩特性的风机、水泵类负载时，由于风机、水泵的工作特性不变，简单地更换成高效电机，其节能效果并不明显。如图 8-2 所示，高效电机（IE2）与普通电机（IE1）相比，转速有所增加，虽然总效率提高了 2.2%，但输入功率仅下降了 0.485%，如果多输出的流量无用，则节能效果将大打折扣。

因此，在这种负载应用中，当一台低效率的电机替换为高效率电机时，前后两台电机的效率相比较，改造后电机的输入功率不会降低到所

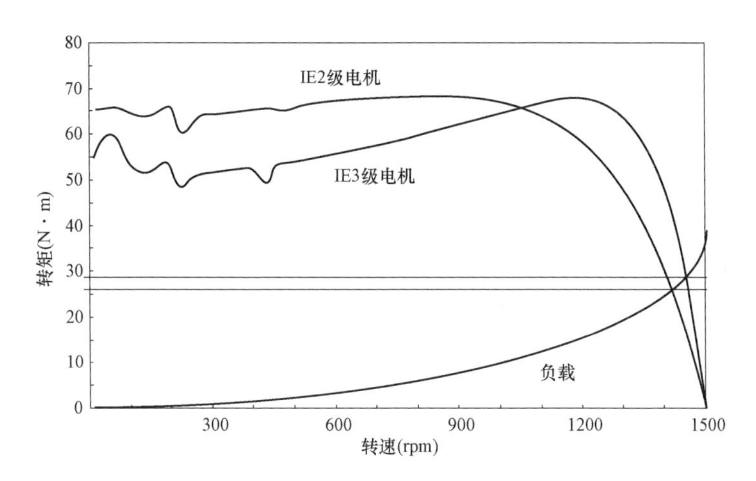

图 8 - 2　风机、水泵负载特性与电机扭矩关系图

期望的值。在某些应用场合，与低效率电机相比，实际上高效电机的输入功率可能会增加。

针对离心式风机、水泵等设备，高效电机的应用还需根据设备的运行工况来具体分析。

（4）通过速度控制的节能。在很多情况下，根据负载的使用要求，改变电机的转速能节约大量的能源。典型的应用就是使用变频装置。由于全面的改善了应用效率，变频器的损耗可以轻易得到补偿。当前很多泵、风机使用过程中需要控制流量和压力，使用所谓的节流和旁路装置串并联来获得所需要的动力，通过改变驱动系统的速度来控制风机和水泵的流量和压力，损耗可以明显减少。

（5）频繁启动/停止场合的应用。设计高效电机时，典型的是通过增加有效材料，如增大电机尺寸或改进转子材料（如铸铜转子来代替铸铝转子）来降低 I^2R 损耗。但是，当输出功率相同时，将高效电机和低效电机进行比较，发现以上两种设计会使转子的惯量增加。

在要求频繁启动—停止的场合，转子惯量的增加将会增加启动时间及启动过程所消耗的能量，这也会降低电机每小时允许的启动次数，因此可能限制使用设备的生产能力。而且，当使用机械制动系统进行制动时，制动圆盘的磨损和制动时间都会随转子惯量的增加而增加。

一般来说，高效电机在频繁启动—停止或机械制动阀的场合应用是不利的。

8.2.3 高效电机的适用范围

目前常用的高效电机，根据其适用范围分为以下几种类型：

（1）一般用途高效异步电机。适用于负载率较高（70%以上）、年运行时间较长的恒转矩、恒功率设备，如压缩机、机床等。

（2）永磁高效同步电机。适用于负载率变化较频繁，经常运行于空载、轻载状态的设备；如压力机、拉丝机、抽油机等。

（3）水泵、风机专用高效电机。适用于不需要流量增量、但系统运行效率低，如“大马拉小车”、阀门和挡风板开度较小的水泵、风机负载。

（4）变频电机。适用于工艺需要频繁调节流量、压力的场所，如风机、水泵、压缩机等。

（5）变极电机。适用于需要调节流量、压力，但不需要频繁调节的场所，如风机、水泵等。

8.2.4 根据拖动设备选择高效电机

按电机所驱动的负载设备特性和运行工况来合理选用高效电机，适用于制定存量电机系统的节能改造方案。

（1）风机、泵类用电机。

1）风机、水泵的输出流量基本不变，且电机也在额定点附近运行，则分成两种情况：多输出流量有用，宜更换成高效电机；多输出流量无用，则可以不用高效电机。

2）风机、水泵的输出流量基本不变，电机长期低负荷率运行，则可以更换成低转速、降容量的高效电机。

3）风机、水泵的输出流量变化较大，且需频繁调节，则更换为变频调速电机。

4）风机、水泵的输出流量变化较大，但不需频繁调节，则更换为双速或多速电机。

（2）压缩机用电机。

1）电机在额定点附近长期运行，则更换为高效电机。

2）电机在低负荷率下长期运行，则更换成降容量的高效电机。

3）压缩机经常变负荷运行，则更换为变频调速电机。

4）压缩机为周期性定比例变负荷运行，则将电机更换为双速或多速电机。

（3）机床用电机。

机床用电机基本上是恒功率或恒转矩工况、连续运行工作制。

1）电机在额定点附近长期运行，则可更换为高效电机。

2）电机在低负荷率下长期运行，则更换成降容量高效电机或永磁高效同步电机。

（4）输送带用电机。该类电机如果经常会处于轻载情况，则可更换为永磁高效电机；如果长期接近满负荷运行，则可更换为高效异步电机。

8.3　电机系统节能改造方法

电机系统可以分别从电机、控制装置、传动装置、被驱动设备和管网等多方面来考虑其节能改造方案。风机系统、泵系统、空气压缩机系统是电机系统中的三类典型负载系统。根据我国近几年来进行的节能改造经验表明，风机系统的节能潜力为20%～60%，泵系统的节能潜力为20%～40%，空气压缩机系统的节能潜力多在10%～50%，由于这三类系统占了电机系统耗电量的40.7%，因此开展这三大类典型负载系统研究，对提高我国电机系统的能效水平具有重要意义。

8.3.1　电机的改造

（1）电机的替换。根据被驱动设备的机械特性和运行工况，选用合适的高效节能电机直接替换原低效电机。选用高效电机时，要同时注意适应使用场所的环境条件。

（2）电机的高效再制造。电机的高效再制造是将低效电机通过重新设计、更换零部件等方法，再制造成高效率电机或适用于特定负载和工况的系统节能电机（如变极电机、变频电机和永磁电机等），一般包含以下几种情况：

1）对低效电机通过重新设计，再制造成高效电机或超高效电机。

2）对低效电机通过重新设计，再制造成变极变速电机。

3）对低效电机通过重新设计，再制造成变频调速电机。

4）对低效电机通过重新设计，再制造成高效永磁电机。

适用范围：对年运行时间大于3000h、负载率大于60%的恒速运行的普通三相异步电机，宜对电机再制造成高效或超高效三相异步电机；对负载率变化较大，速度变化范围较大但不要求连续平滑变化的普通三相异步电机，宜对电机再制造成变极变速专用电机；对负载率变化较大，速度变化范围较大且连续平滑变化的普通三相异步电机，宜对电机再制造成变频调速专用电机；对年运行时间大于3000h、负载率大小变化，轻载运行时间较长，恒速运行的三相异步电机，可再制造成高效永磁同步电机。

（3）电机的降容改造。对电机的额定功率（或标称功率）进行降低或减少的重新设计和改造活动。适用范围：当电机驱动系统经实测或评估，系统最大功率未能达到电机的额定功率时，对电机可进行降容改造。

（4）电机的增容改造。对电机的额定功率（或标称功率）进行提高或增加的重新设计和改造活动。适用范围：当电机驱动系统经实测或评估，系统所需的最大功率虽然超过电机的额定功率，但电机的原始设计较为富裕，对电机可进行增容改造，但同时应对改造后的系统安全性进行评估。

（5）电机的降压改造。对电机在适当范围内降低控制电压时的节能改造。适用范围：当电机系统的负载率在运行范围内有较大变化，但同时不允许转速变化时，可对电机进行降低电压的控制改造。

（6）电机的升压改造。对电机在适当范围内提高控制电压时的节能改造。适用范围：当电机系统由于线路损耗等原因需对电机由低压改造为高压时，应对电机的材料等进行全面重新设计和改造。

（7）电机的变极改造。对电机由单一转速改变为多极变速运行的节能改造。在满足负载变化的要求下，可采用多速三相笼型异步电机。适用范围：当存在因某种因素周期变化（如季节），系统所需亦可随之周期变化，允许电机在停机状态下进行变极切换时，可对电机进行变极调速改造，但此种改造所使用的控制方式应允许电机停止运行后进行。或当运行工况非频繁变化，且系统所需呈阶梯状，在调速可满足需求时，可采用多速电机，一般可选用双速三相笼型异步电机，变极电机宜采用全压启动。

8.3.2 控制装置的改造

对电机系统通过改变控制装置来达到最佳的节能效果所进行的节能改造。控制装置的改造应对改造后的电机系统运行安全性进行评估。

（1）变频调速控制改造。对电机由单一转速或由低效的调速方式改变为在变频器控制下的平滑调速运行的节能改造。适用范围：当负载运行工况频繁变化，且变化范围较大，系统所需电机的功率亦随之频繁变化时，可对电机进行变频调速改造，但此种改造所使用的控制方式应允许电机停止运行后自由进行。

变频调速改造时宜将原电机再制造成变频调速专用三相笼型异步电

机。变频器与电机的匹配一般应遵循以下原则：

1）电压匹配，变频器输出额定电压与电机额定电压相符。

2）电流匹配，变频器额定电流应大于电机实际运行最大电流。

3）变频器与电机之间安装距离较远时，应适当增大变频器容量或在变频器输出端加装电抗器。

对变频器的一般要求有：

1）变频器输出电压、频率连续可调。

2）变频器一般性能应符合 GB/T 12668.2—2002《调速电气传动系统 第2部分》和 GB/T 12668.4—2006《调速电气传动系统 第4部分》的规定。

3）对于风机、水泵专用低压变频器，应符合 GB/T 21056—2007《风机泵类负载变频调速节电传动系统及其应用技术条件》的规定。

4）对于电力行业所用高压变频器，应符合 DL/T 994—2006《火电厂风机水泵用高压变频器》的规定，其他行业可参考执行。

5）变频器的过载能力应大于额定电流的20%，并持续60s。

6）变频器应具有各种保护功能，如输入过电压、欠电压保护，缺相保护，过电流保护，短路保护，防雷电冲击保护等。

7）高压大容量变频调速电机系统应采取限制产生轴电流的措施。

8）变频器的电磁兼容性能应符合 GB/T 12668.3—2003《调速电气传动系统 第3部分》的规定。

（2）相控节能控制改造。对电机在适当范围内降低控制电压时的节能改造。适用范围：当电机系统的负载率在运行范围内有较大变化，但同时不适用于变频改造时，可对电机使用降低电压的控制方式。

（3）串级调速控制改造。对于额定电压为3kV以上、功率较大的电机，由单一转速或由低效的调速方式改变为在一定范围内平滑调速运行时的节能改造，可选用串级调速方式。

适用范围：当负载运行工况变化（非季节性周期），且变化范围不大，系统所需电机转速变化时，可对电机系统进行串级调速改造，但此种改造应允许电机停止运行后自由进行。串级调速改造宜选用内馈或外馈调速装置，对采用三相异步电机的设备在进行串级调速改造时宜对原电机进行重新设计再制造成与调速设备相匹配的专用电机。

（4）开关磁阻电机及控制器调速改造。对电机由单一转速或由低效的调速方式改变为在开关磁阻电机及控制器控制下的平滑调速运行时的节能改造。

适用范围：当负载运行工况频繁变化，且变化范围较大，系统所需电机的功率亦随之频繁变化，并且可选择到需求功率的开关磁阻电机及控制器时，可对电机及系统进行开关磁阻电机及控制器调速改造。

（5）控制模式的改造。对于适合采用更节能的控制模式进行控制的电机系统，可进行控制模式改造。适用范围：在不影响电机系统的运行效果，通过改变电机系统的控制模式可提高电机系统能效的电机系统，可进行控制模式改造。

控制模式改造可对控制装置进行闭环控制改造、反馈信号采样点或采样信号类型改造、细化运行分级改造、优化控制算法改造等。控制模式改造时应尽可能利用原控制装置或原控制装置的零部件。控制模式改造时应充分考虑改造后对相关电机系统的影响，一般控制模式改造宜对相关的所有电机系统进行综合改造，保证所有相关的电机系统运行的协调一致和运行的综合能效水平提高。控制模式改造时应对改造后的运行情况进行预分析，确认改造后不影响生产时进行。

8.3.3 传动装置的改造

对于可采用高效传动装置替代现有低效传动装置的电机系统，可进行传动装置改造，对传动装置改造时应对改造后的电机系统运行安全性进行评估。

（1）液力耦合器的改造。在电机系统进行调速改造或启动方式改造时，可同时对液力耦合器进行改造。适用范围：液力耦合器起调速作用，在进行控制装置调速改造时宜将液力耦合传动装置改造成联轴器连接；液力耦合器起软启动作用，在进行控制装置调速改造或软启动改造时宜将液力耦合传动装置改造成联轴器连接。

（2）齿轮变速箱的改造。在电机系统传动装置采用普通齿轮变速箱时，可进行齿轮变速箱的改造。适用范围：电机改造时选用的新电机的运行转速足以取消齿轮箱时，宜将齿轮箱传动装置改造成联轴器连接；当高效变速装置足以代替普通齿轮变速箱时或普通齿轮箱需要更新时也可改造成联轴器连接。

8.3.4 被拖动装置的改造

对于可采用高效被拖动装置替代现有低效被拖动装置的电机系统或可提高被拖动装置的能效时，可进行被拖动装置的改造。在实施被拖动装置改造时，应对改造后的电机系统运行安全性进行评估。

（1）高效替代改造。对于有成熟的高效被拖动装置足以代替现有拖动装置，可进行高效替代改造；对于现行工作点不合理的机组，可进行机组替代改造。

适用范围：高效被拖动装置的性能完全满足使用需要，现有运行环境或通过改善运行环境能完全满足高效被拖动设备的运行环境要求，通过重新设计、计算或测试，确认机组运行工作点在非高效工作区，替代改造后能提高能效的机组。

（2）被拖动设备的改造。对于现有被拖动装置可以通过改造或更新零部件的方法提高被拖动设备的实际运行效率时，可进行被拖动设备改造。适用范围：不改变现有设备的安装方式和连接方式，被拖动设备的实际运行能效水平低下或工作在非高效工作区。

（3）被拖动设备的损耗能量回收改造。对于被拖动装置损耗的能量型式可进行回收再利用时，可进行被拖动设备的损耗能量回收改造。适用范围：被拖动设备损耗的能量具有回收价值，且回收后的能量有足够的再利用场所。对于被拖动设备的损耗能量回收改造项目，在综合评估时，应将回收的能量计入系统输出能量中。

8.3.5　管网的改造

以提高综合能效水平为目标，可对管网进行如下改造：

1）改造管网的排列形式、连接形式或减少阀门数量，降低管网管阻。

2）提高管网的保温性能，减少管网传输过程中能量损失。

3）增加管网中的阀门数量，进行管网调度管理。

4）改变管网中阀门类型，实现自动控制。

5）增加管网间互通管路，满足跨区调度。

6）隔离不同类型的管网，实现分类供给。

8.3.6　风机系统的节能改造

（1）高效风机置换。一些离心风机，主板采用轻型钢板，外缘加上折边以加强结构刚度，轮毂轻量化设计，侧盖板流线型设计，以旋压方式制作风机入风口，增加进口端长度这样可以改善风机进口的流场和叶轮流道，从而提高风机的效率，降低电能消耗。一些大中型轴流风机，叶片采用可装卸式并且角度可按需调节，不同的系统可以采用不同叶型和不同材质的叶轮，上述都是高效风机。

采用高效风机实际上就是根据现有系统的工况点，以及风机的特性曲线，校核风机的运行效率。然后在此基础上进行风机置换的改造。以高效率、低能耗的风机来置换运行效率低、能耗过高的风机，以达到节能的目的。

我国现在生产的风机样本上标注的风机效率一般都在55%左右，而实际上由于各方面的原因，其实际运行的效率在40%～45%。而现在的高效风机标注效率高达80%以上，若扣除传动以及系统的损失等原因，风机的效率至少可以维持在77%以上，其节能效率在20%以上。高效风机的置换主要针对中央空调系统，系统管网比较复杂的煤矿通风系统，锅炉鼓风机系统等。

（2）变频控制改造。采用变频器对风机进行控制，属于减少空气动力的节电方法，它和一般常用的调节风门控制风量的方法比较，具有明显的节电效果。

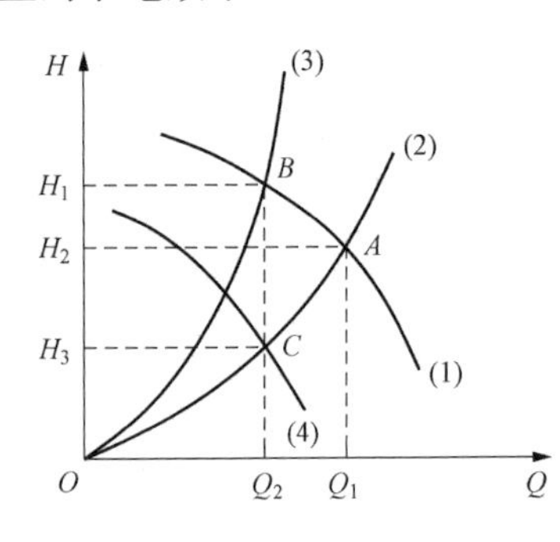

图8-3　风机运行曲线

如图8-3所示，曲线（1）为风机在恒定转速n_1下的风压—风量（H—Q）特性，曲线（2）为管网风阻特性（风门全开），曲线（4）为变频运行特性（风门全开），假设风机工作在A点效率最高，此时风压为H_2，风量为Q_1，轴功率N_1与Q_1、H_2的乘积成正比，在图中可用面积AH_2OQ_1表示。如果生产工艺需要风量从Q_1减至Q_2，这时用调节风门的方法相当于增加管网阻力，使管网阻力特性变到曲线（3），系统由原来的工况点A变到新的工况点B运行。从图中看出，风压反而增加，轴功率与面积BH_1OQ_2成正比。显然，轴功率下降不大。如果采用变频器调速控制方式，风机转速由n_1降到n_2，根据风机参数的比例定律，画出在转速n_2风量（Q—H）特性，如曲线（4）所示。可见，在满足同样风量Q_2的情况下，风压H_3大幅度降低，功率N_3随着显著减少，用面积CH_3OQ_2表示。节省的功率$\Delta N=(H_1-H_3)Q_2$，用面积BH_1H_3C表示。显然，节能的经济效果是十分明显的。

从流体力学原理得知，风机风量与电机转速、功率相关：风机的风量与风机（电机）的转速成正比，风机的风压与风机（电机）的转速的平方成正比，风机的轴功率等于风量与风压的乘积，故风机的轴功率与风机（电机）的转速的三次方成正比（即风机的轴功率与供电频率的三次方成正比）。

表 8 - 2　　变频器应用在风机改造中的节能效果表

频率 f（Hz）	转速 n（%）	流量 Q（%）	扬程 H（%）	轴功率 P（%）	节电率（%）
50	100	100	100	100	0.00
45	90	90	81	72.9	27.1
40	80	80	64	51.2	48.8
35	70	70	49	34.3	65.7
30	60	60	36	21.6	78.4
25	50	50	25	12.5	87.5

变频节能系统（装置）在各类调速系统中使用时其节能效果对于单台设备可做到 20%～55%，在风机这类设备的节能效果平均也可做到 20%～50%，在未受到其他因素影响的情况下一般可取平均值，这些节能效果平均值是由实际应用中得到。变频器应用在风机改造中的节能效果见表 8 - 2。

（3）风机的叶型、结构系统改造。随着风机生产工艺的进步，对风机本体改造的可能性也越来越大，可以通过以下方面的考量来对风机系统进行改造。

风机的设计、工艺制造、原材料使用近年来有较大的革新，如采用机翼型的 4 - 72 通风机效率已达 90%以上，比一些旧的低效风机效率提高很多。因此风机的改造中可以采用高效型叶轮代替旧的低效风机叶轮，原有风机外壳和电机仍可使用。如一台 Y9 - 57 - lno - 16 风机，参照 4 - 72 -11 机型叶片，用 10 只叶片代替旧风机 32 只前弯叶片，功率从 30kW 下降到 21kW，全年节电 58000kW·h。轴流风机采用玻璃钢或铝合金扭曲型叶片代替 Y - 12 型平板叶片，效率可提高 40%以上。

风机的结构改造可改善风机气流的流动状态，提高效率。通过改进进气室的结构，采用流线型集流器代替一般圆柱形集流器，效率可提高 8%左右；采用对数螺旋形外壳；控制蜗壳舌部与叶轮之间的间隙；保持一定的扩散角；轴流风机加装集流圈、集流罩、整流罩，效率可提高 8%～10%。

轴流风机可更改叶片角度，满足变工况要求。

（4）风机系统集中控制改造。对于一些造纸、石化等对通风要求比较高的行业和工艺场所，一般的风机都是以群配置的。在系统负荷不稳定或负荷变化比较大的情况下，可以考虑应用风机系统集中控制技术。

风机系统集中控制技术，可以考虑工艺的实时工况，根据末端对风量和风压的实际需求，按照设定的周期，实时地调整风机的开启台数以及风机运行的工况，使系统能够尽量长时间的处于高效区运行，以提高系统效率，使风机功耗降至较低水平。

(5) 送风管网优化改造。通过对管网系统的综合评估和优化，减少送风过程中的能耗，降低系统设备的能耗，以达到节能的目的。

对现有系统进行实地的勘察、具体检测，在此基础上进行管网改造，具体包括：①风管泄露问题改造；②风管保温改造；③风管管网局部阻力改造；④风管清洗。

8.3.7 泵系统的节能改造

由于选型不当，管道设计、安装不合理，维护检修不良，使用管理落后以及设备陈旧等原因，造成了泵效率的降低，经现场调研和效率测试，有很多水泵的效率低于 GB/T 13469—2008《离心泵、混流泵、轴流泵和旋涡泵系统经济运行》规定的 70%要求，电力浪费严重。如经过重新选型、叶型改造、多级泵抽级、切割叶轮、转速调节等方式进行改造，一般都能节电 20%～30%。

水泵由于种类、性能、应用场合、使用工况、管道布置等均不相同，因此低效水泵改造应根据其实际运行条件，先进行运行效率的测试分析，然后再制订改造方案。改造主要是从提高水泵的运行效率和减少节流损失着手，使得水泵经济运行，以达到节约用电的目的。主要改造方法如下：

(1) 低效泵的更换。对于一些由于制造工艺结构等原因而效率较低，或因年久失修的水泵或属淘汰的水泵，当原有水泵处于其特性曲线所标识的高效区域，但其运行效率比较低时均可以采用重新选型的方法，用新的高效水泵去替换，使新水泵在输出与原有水泵相同的流量和扬程时，水泵的输入功率比原来有所减少，从而达到节能目的。

在更换新的泵时，要先对现有泵的流量、压力做测试，以此作为选择新泵的依据，避免选择的新泵容量过大，与系统不匹配而造成低效运行。

(2) 置换与系统不匹配的水泵。针对目前工矿企业流体介质输送系统和中央空调循环水系统普遍存在“大流量、低效率、高能耗”的状况，按最佳工况运行原则，建立专业水力数学模型和参数采集标准，通过检测复核当前运行的工况参数和设备额定参数，准确判断引起高能耗的各种原因，准确找到最佳工况点，并提出最佳匹配方案；然后通过整改不利因素，按最佳运行工况参数选择合适流量和扬程的水泵替换目前处于不利工况、低效率运行的水泵，消除因系统配置不合理引起的高能耗，达到最佳节能效果。

应用与系统阻力特性和系统需求更匹配的水泵置换原有水泵的前提是对原有系统进行充分的前期调研、系统诊断和分析，做到量体裁衣。这种方法广泛应用于中央空调循环水系统、供热采暖循环水系统、工业工艺冷却循环水系统的节能改造。

（3）叶轮切削。水泵叶轮切削技术是把水泵的原叶轮外径在车床上切削得小一些，再安装好进行运转的节能技术。经过切削后的叶轮，其特性曲线就按一定的规律发生变化，如式（8 - 1）

$$\begin{aligned} \frac{Q'}{Q} &= \frac{D'}{D} \\ \frac{H'}{H} &= \left(\frac{D'}{D}\right)^2 \\ \frac{N'}{N} &= \left(\frac{D'}{D}\right)^3 \end{aligned} \tag{8-1}$$

式中：Q'、H'、N'为相应叶轮外径切削为D'时的流量、扬程和轴功率。

切削率是建于大量试验资料的基础上，如果叶轮的切削量，控制在一定限度内时，则切削前后水泵相应的效率可视为不变，但叶轮切削率也会使水泵的效率有所降低。切割叶轮时，要逐次切割，避免发生一次切割过多的现象。

（4）多级泵抽级运行。对于扬程选型过高的多级泵而言，可选用抽级运行的方式节能。如目前对锅炉供水的多级泵往往由于压力有余，可抽去一到二级，达到提高效率，减少损耗的目的。抽级时，抽一级可以抽中间的任意一级，抽二级时可抽中间二、四级或三、五级均可，首末二级不抽。如某厂 6.5t 锅炉，运行工作压力为 8kg/cm^2，抽级前每吨水用电 1.039kW・h，抽掉一级改为 4 级运行时，每吨水用电为 0.935kW・h，该厂每天用水 40t，全年可节电 1400kW・h。

（5）采用调速调节。当泵负载有经常性变化或有明显季节性变化时，可采用调速方法来解决，如多速电机、变频调速技术等。调速是泵技术改造中广泛使用的一种方法，通过调速使水泵性能曲线移动，相当于变成许多不同容量的水泵，来适应负荷的变化，使水泵运行处于高效区域，减少节流损失。变频器调速技术内置 PID 调节功能，可对转速实现无级调节；另外，还可避免大电机启停时的电压冲击，同时降低了对电网的容量要求和无功损耗，是目前主流的调速技术。

（6）优化不合理的管系布置，减少管道阻力。

1）尽量减少管道的突变连接；减少拐弯，避免直角或“Z”形管网；拆除不必要的挡板；增装导向叶片；及时清除管道水垢、积灰，减少阻力。

2）控制流速，适当加大管道口径，减少管道损失。

（7）加强维护检修，减少水泵各类损耗提高效率。

1）定期检查水泵，更换磨损掉的叶轮；保持密封良好，及时调整各部分间隙，减少泄漏损失；清洗流道，减少流道损失。

2）保持轴承清洁，定期更换润滑油脂。

3）改进流道形状，提高流道光洁度。

4）提高检修装配质量，修复的零件或使用的配件必须符合设计要求，各项间隙符合安装要求；叶轮进出口中心线与蜗室中心对准；水泵的水平度、联轴器的同心度要符合技术要求。

8.3.8 空压机系统的节能改造

（1）提高空压机自身效率。提高空压机自身的运行效率是保持压缩空气系统高效运行的最基本要求，主要是通过对现有空压机的组成部件进行周期性保养或用高效机组替换原有机组的方式达到。根据产品供应商要求，对现有机组进行及时地保养对于维持机组的高效率运行非常关键，一种能够指导压缩机能否得到很好维护的最好办法就是定期测试压缩机的功率、排气压力和流量，如果空压机在一定的排气压力和流量情况下的功率消耗增加了，则表明其效率已经下降。目前随着压缩机级数的不断进步，空压机效率也在逐步提高，如双级压缩螺杆式空压机。企业可以考虑在进行产品更新时选择效率比较高的空压机，则会达到非常好的节能效果。

采用提高空压机自身效率的方法来提高整个压缩空气系统的运行效率方法比较简单易行。

对系统进行定期保养来保持空压机高效运行适用于任何机组，而用高效机组替代现有机组则更适用于企业对一些老的空压机进行更新换代时进行。

（2）空压机集中控制系统。空压机中央控制系统就是根据系统压力需求变化，通过中央控制系统的分析来控制不同容量空压机的启动/停止、上载/下载和容积变化等，以保持系统一直有合适数量和容量的空压机处于运行状态，维持系统供气压力的稳定和整个系统高效运行。

中央控制系统的特点是技术含量高，可以协调控制整个空压机系统的高效运行。与人为控制空压机的运行相比，压力控制精度更高，对于系统需求变换做出反应的时间更及时，可靠性更高。

中央控制系统特别适合于在多台空压机同时运行的场合，系统负荷变化范围越大节能效果越明显。

（3）压力流量控制技术。任何一个压缩空气系统的流量负荷都是动态变化的，变化又是非常巨大的，这通常会造成系统供气压力的大范围频繁波动。所有压缩空气系统都是具有保证系统正常运行的最低压力，一旦系统供气压力超过最低压力，那么系统将正常运行，系统供气压力再高则会导致系统耗气量和空压机能耗的增加。系统供气压力每增加 0.1MPa 将会使系统多消耗 14%的压缩空气量。为了保证系统供气一直满足所有生产的正常运行，通常企业会抬高整个系统的供气压力，使系统压力波动的最低点在大负荷事件发生时仍然高于最高用气压力要求设备的压力需求值。这就导致了在其他时段内系统供气压力高于系统实际的压力需求，系统耗气量也随之增加，最终使空压机能耗增加。压力流量控制系统安装于供气侧（空压站）和用气侧（用气设备）之间，其作用类似于水库出口的水坝，利用其前后的压力差和其上游配备的储气罐储存一定量的空气在系统中，从而保证系统负荷波动时系统仍然以恒定的供气压力向系统供气，从而可以控制系统的耗气量，使系统在供应侧和需求侧达到动态平衡的同时，系统的耗气量最少。

压力流量控制可以保持压缩空气系统在任何情况下的供气压力稳定在±0.01MPa 范围内，而一般压缩空气系统的压力波动范围通常为 0.07MPa，有的甚至超过 0.3MPa。压力流量控制可以减少系统人为虚假用气量和系统泄漏量、提高系统储气能力和供气可靠性，适用于压力波动大的系统，对于用气设备现场无减压控制的系统效果更好。

（4）变频技术改造。传统的加/卸载式空压机，电能浪费严重，能量主要浪费在：

1）加载时的电能消耗。在压力达到所需工作压力后，传统控制方式决定其压力会继续上升直到卸载压力。在加压过程中，一定会产生更多的热量和噪声，从而导致电能损失。另一方面，高压气体在进入气动元件前，其压力需要经过减压阀减压，这一过程同样耗能。

当达到卸载压力时，空压机自动打开卸载阀，使电机空转，造成严重的能量浪费。空压机卸载时的功耗约为满载时的 30%～50%，可见传统空压机有明显的节能空间。

2）工频启动冲击电流大。主电机虽然采用 Y-△减压启动，但启动电流仍然很大，对电网冲击大，易造成电网不稳以及威胁其他用电设备的运行安全。对于自发电工厂，数倍的额定电流冲击，可能导致其他设备异常。

3）压力不稳，自动化程度低。传统空压机自动化程度低，输出压力的调节是靠对加/卸载阀、调节阀的控制来实现的，调节速度慢，波动大，精度低，输出压力不稳定。

4）设备维护量大。空压机工作启动电流大，高达5～8倍额定电流，工作方式决定了加/卸载阀必然反复动作，部件易老化，高速运行，轴承磨损大，设备维护量大。

5）噪声大。持续高速运行，超过所需工作压力的额外压力，反复加载、卸载，都直接导致运行噪声大。

节能调速系统以输出压力作为控制对象，由节电器，压力传感器、电机组成闭环恒压控制系统，工作压力值可由操作面板直接设置，现场压力由传感器来检测，转换成4～20mA电流信号后反馈到节电器，节电器通过内置PID进行比较计算，从而调节其输出频率，达到空压机恒压供气和节能的目的。

采用变频恒压控制系统后，不但可节约一笔数目可观的电力费用，延长压缩机的使用寿命，还可实现恒压供气的目的，提高生产效率和产品质量。

（5）压缩空气干燥工艺改进技术。当空气被压缩时，空气当中的任何物质也同时被压缩，包括固态颗粒、碳水化合物蒸汽、化学物质蒸汽以及水蒸气等。如果环境空气当中的污染物不能从压缩空气当中清除，那么这些污染物将凝聚在使用压缩空气的空分系统内和设备中。压缩空气干燥的主要目的是根据不同工艺对压缩空气的露点需求对压缩空气进行冷冻干燥、再生干燥、吸附干燥，从而保证生产的正常进行。压缩空气干燥工艺改进主要有两种：一种是原系统对空气进行处理时，选择合适的工艺对其进行处理。比如，对于压力露点只需0～5℃的压缩空气系统，将无热再生干燥改为冷冻干燥处理。另一种改进是通过改进干燥工艺以较少的能源消耗达到相同的压缩空气露点需求，如将无热再生干燥改为无热微风干燥，干燥压缩空气的耗气量将会减少10%以上。

将再生干燥改为冷冻干燥使得压缩空气露点由－40℃变为5℃左右，通过更改系统的压力露点指标达到节能目的。通过改进干燥工艺以较少的能源消耗达到相同的压缩空气露点需求，用户无须担心降低空气质量可能带来的影响产品质量问题。

将再生干燥改为冷冻干燥适用于生产需要的压力露点为5℃左右的情

况，改进前要慎重，需要对系统所有需求进行全面细致调研。通过改进干燥工艺以较少的能源消耗达到相同的压缩空气露点需求，特别适用于企业原来使用无热再生干燥工艺的情况。

（6）压缩空气系统管路优化。一个设计合理的压缩空气系统，管路系统的压力损失将不应该超过工作压力的1.5%。管路改造指通过全面的系统测试，找出系统管路配置不合理的地方，进而进行改进，常见的改进方法有将支路布置的管线改为环路布置的管线、将局部阻力偏大的管线优化等。由于空压机排气压力每增加0.1MPa，空压机功耗将会增加约7%，如果系统某部分管段存在阻力偏大的问题，如比正常阻力高0.1MPa，没有仪器测试很难察觉问题所在，企业常用的方法是将系统压力提高0.1MPa。如果将这部分管路优化，则系统供气压力就可以相应降低0.1MPa，整个系统的节能率就会达到7%以上。

管路改造需要在对系统管路压力梯度进行全面测试分析的基础上进行，一旦问题找到后，改造起来比较简单。适用于任何压缩空气系统，特别是用户突然感觉到某一生产设备用气压力不足时。

（7）空压机热回收技术。空压机所消耗的电能有80%～93%转化成了热的形式散失掉了，压缩空气热回收就是利用通过热交换器等合适的手段将空气压缩过程中产生的热量转化为有用的能源来加热空气或水，比较典型的使用包括辅助采暖、工业工艺加热、水加热和锅炉补水预热等。实践证明：通过合理改进，50%～90%的热能可以回收并利用。对于空冷式压缩机，可以利用回收的热量进行辅助采暖、工业干燥和锅炉预热等场合。对于水冷式空压机则可以用来加热冷水或空间加热，回收率在50%～60%。

8.4　电机系统节能产品

经过多年来针对电机系统节能的技术研究、产品开发和应用实践，目前我国成熟的电机系统节能产品越来越多，既有通用型的高效、超高效感应电机，也有针对特殊设备的专用电机，还有各种调速电机、永磁电机、磁阻电机、伺服电机及其控制器，同时还具有多种高效传动装置和高效负载设备，下面就主要的节能产品及其适用场所作简要介绍。

1. YE2系列（IP55）高效三相异步电机

国内首个符合IEC 60034—30标准IE2等级能效的高效电机系列产品，是目前国内中小型电机的主导产品。

（1）机座号范围：H80～H355。

（2）极数：2、4、6。

（3）功率范围：0.75～375kW。

（4）额定电压：380V。

（5）能效标准：IEC 60034—30 标准 IE2 等级。

（6）防护等级：IP55。

（7）产品标准：JB/T 11707—2013《YE2 系列（IP55）高效率三相异步电动机技术条件（机座号 80～355）》。

2. YE3 系列（IP55）超高效三相异步电机

国内首个符合 IEC 60034—30 标准 IE3 等级能效的铸铝转子超高效电机系列产品，是目前国内高效电机推广的主导产品。

（1）机座号范围：H80～H355。

（2）极数：2、4、6。

（3）功率范围：0.75～375kW。

（4）额定电压：380V。

（5）能效标准：IEC 60034—30 标准 IE3 等级。

（6）防护等级：IP55。

（7）产品标准：GB/T 28575—2012《YE3 系列（IP55）超高效率三相异步电动机技术条件（机座号 80～355）》。

3. YZTE3 系列铸铜转子超高效三相异步电机

国内首个符合 IEC 60034—30 标准 IE3 等级能效的铸铜转子超高效率三相异步电机系列产品，转子采用纯铜压铸制造。

（1）机座号范围：H80～H200。

（2）极数：2、4、6。

（3）功率范围：0.75～375kW。

（4）额定电压：380V。

（5）能效标准：IEC 60034－30 标准 IE3 等级。

（6）防护等级：IP55。

（7）产品标准：JB/T 11712—2013《 YZTE3 系列（IP55）铸铜转子超高效率三相异步电动机技术条件（机座号 80～200）》。

4. YE3 系列（IP23）超高效三相异步电机

YE3 系列（IP23）电机安装尺寸、功率等级与（IP55）完全相同，在部分使用环境下，完全可以替换 YE3 系列（IP55）电机；IP23 电机比

IP55 用铜平均减少 15%，用铁量平均减少 13%，用铝量平均减少 13%；主要材料成本平均可降低约 20 元/kW。

（1）机座号范围：H160～H355。

（2）极数：2、4、6。

（3）功率范围：1～355kW。

（4）额定电压：380V。

（5）能效标准：IEC 60034－30 标准 IE3 等级。

（6）防护等级：IP23。

5. YX 系列（IP23）高压高效三相异步电机

国内新一代高效高压电机，总损耗比普通效率高压电机降低 20%以上，具有噪声低、振动小、运行安全、节能环保等优点，是目前国内高效电机推广的主导产品。

（1）机座号范围：H355～H630。

（2）功率范围：220～3550kW。

（3）极数：2、4、6、8、10、12。

（4）额定频率：50Hz。

（5）额定电压：6kV、10kV。

（6）防护等级：IP23。

（7）冷却方式：IC01、IC11、IC21、IC31。

（8）能效标准：GB 30254—2013《高压电动机能效限定值及能效等级》2 级能效。

6. YXKK 系列（IP44）高压高效三相异步电机

全封闭空—空冷却高效高压电机，总损耗比普通效率高压电机降低 20%左右，具有噪声低、振动小、运行安全、节能环保等优点，是目前国内高效电机推广的主导产品。

（1）机座号范围：H355～H630。

（2）功率范围：185～3150kW。

（3）极数：2、4、6、8、10、12。

（4）额定频率：50Hz。

（5）额定电压：6kV、10kV。

（6）防护等级：IP44、IP54、IP55。

（7）冷却方式：IC611、IC616。

（8）能效标准：GB 30254—2013《高压电动机能效限定值及能效等

级》2级能效。

7. YFE2系列（IP55）风机专用高效三相异步电机

产品符合GB 18613—2006标准IE2等级能效，根据风机的启动与运行特性，在功率、转矩、转速等性能上进行特殊匹配设计的专用电机。

（1）机座号：H90～H400。

（2）功率范围：3～560kW（2极），1.5～630kW（4极），1.1～450kW（6极）。

（3）额定电压及频率：380V/50Hz。

（4）能效标准：GB 18613—2006标准IE2等级能效。

（5）产品标准：JB/T 11708—2013《YFE2系列（IP55）风机专用高效率三相异步电动机技术条件（机座号80～400）》。

8. YSE2系列（IP55）水泵专用高效三相异步电机

产品符合IEC 60034—30标准IE2等级能效，该系列产品的开发目的就是为了使电机的运行情况与水泵的工作状态能更加合理匹配，运行的工作点不偏离高效工作区，从而达到节能效果，同时产品增加了功率等级分布，便于水泵配套，与基本系列相比，功率等级向上延伸到450kW。

（1）机座号：H100～H355。

（2）功率范围：3～450kW（2极），2.2～450kW（4极），1.5～355kW（6极）。

（3）额定电压及频率：380V/50Hz。

（4）能效标准：GB 18613—2006标准IE2等级能效。

（5）产品标准：JB/T 11709—2013《YSE2系列（IP55）水泵专用高效率三相异步电动机技术条件（机座号80～355）》。

9. YYSE2系列（IP55）压缩机专用高效三相异步电机

产品符合GB 18613—2006标准IE2等级能效，满足压缩机大转动惯量的负载特性，最高环境温度可达46℃，为了保证机组运行的可靠性，电机引入了1.15或者1.2的使用系数，该系列电机是为压缩机量身定制的一款高效专用电机。

（1）机座号：H90～H355。

（2）功率范围：2.2～375kW。

（3）额定电压及频率：380V/50Hz。

（4）极数：2、4。

（5）能效标准：符合IEC 60034—30标准IE2等级。

（6）产品标准：JB/T 12222—2015《YYSE2 系列（IP55）压缩机专用三相异步电动机技术条件（机座号 80～355）》。

10. 自启动永磁同步电机

（1）低压自启动永磁同步电机。通过控制永磁电机气隙磁密的饱和特性，使变频调速器推定转子位置精度得到提高。采用 150℃/5h 磁稳定工艺及高效率（IE4）、高功率因数（1.0）、高失步转矩（2.2～2.5）的设计技术，使磁损耗控制在 2.5%以内，降低成本 4%。使永磁体不退磁，永磁电机不反转，运行可靠、不失步，节电效果明显。

适用于功率 5.5～55kW 纺织行业的细纱机、倍捻机和捻线机；功率 22～90kW 塑胶行业的开炼机、密炼机、注塑机；功率 5.5～200kW 水泥行业和化纤行业的搅拌机、拌料鼓；功率 22～75kW（变频调速）金属加工行业的金属拉丝机。

（2）高压自启动永磁同步电机。采用实心转子磁极铁心和启动笼复合结构，通过气隙长度、风扇和通风散热风道的优化设计，显著降低电机温升。取消了线圈和硅钢片，降低了铜损耗、铁损耗，减小了转子体积，转子无电流，降低了系统运行电流和损耗，且满足大启动转矩的要求。电机功率因数达到 0.99，效率大于 96%，结构简单，故障率低，高效运行范围宽。

适用于功率 200～2000kW 高压电机系统改造，可应用于钢铁行业水泵、高炉风机、环冷风机、烧结风机、空压机、磨机、皮带机、除尘风机等设备；石化行业风机、真空泵、空压机及热力循环泵等设备；电力行业水泵、浆液泵、渣浆泵、脱硫氧化风机、脱硫增压风机、锅炉风机、引风机、磨煤机等设备；煤炭行业通风机、水泵等设备。

11. 永磁同步电机及伺服控制系统

（1）永磁伺服同步电机。采用短时过载能力强的电源和大功率驱动器件，融入电机参数自动辨识、自动调整的自适应控制技术，保证系统高加速性能的同时，运行智能可靠。采用谐波抑制技术、能量回馈技术以及功率校正技术，实现电机系统应用的高效率和智能控制。

适用于功率 0.75～300kW 高压或低压的电机系统节能改造，可应用于注塑机的液压动力系统拖动部分、数控机床、纺织机械、包装和印刷机械等设备。

（2）数控机床电主轴及控制系统。采用专用驱动器、永磁体内嵌式转子结构及特殊设计的定子绕组，实现 0～4000r/min 的无级调速，简化了主轴结构，省去了传统的主轴齿轮箱、皮带轮等，降低了主轴的振动和噪声，减少了主轴轴承磨损，提高了传动精度、加工精度及光洁度。综合效率可提高20%左右，切削效率较传统机械主轴可提高2.7倍，主轴刚度提高至219N/mm，电机温升控制在30K以下，提高了主轴静态刚度和系统热稳定性并显著降低成本。

适用于主轴通孔直径ϕ82mm或ϕ62mm、转速4000r/min及以下的数控车床设备。

（3）永磁同步无齿轮曳引机。采用低速大转矩永磁同步电机直驱技术，整机体积相对有齿轮的电机减少50%。通过优化电磁和机械方案，使电机输出稳定，运行平稳，可适配多种变频器。自主开发了静音制动器，噪声降低至55dB。整机能耗低、使用寿命长、传动效率高、综合效率由60%提高到85%以上，且基本不用维修。与采用减速齿轮箱的异步电机相比，综合节电率达40%以上。

适用于功率1.9～110kW电梯曳引机的电机系统节能改造，可应用于工业电梯、民用住宅、医用电梯等设备。

（4）高动态响应控制稀土永磁伺服电机。采用高动态响应稀土永磁伺服电机电磁及结构场路优化设计、高功率密度、小惯量电机制造技术，使电机加减速电流及损耗下降50%，成本降低50%。主要解决了频繁加减速状态运行中自身惯量产生的损耗及发热、动态响应及高精度定位问题。

适用于1～250kW注塑机伺服泵系统节能改造，除用于注塑机外，还可应用于军工火炮及雷达、铝合金挤出机、数控机床等设备。

（5）TYPL系列（IP55）隔爆型永磁变频螺杆泵专用电机。采用高效低速大转矩永磁电机，利用无位置传感器的直接转矩控制等智能化控制技术，实现转速可在15～200r/min范围内无级调节，并具有防反转、记忆、保护、显示功能。通过将抽油杆、油负荷的承重及其密封等电机结构一体化设计及槽口优化，简化了原螺杆泵抽油机的机械结构，降低了成本，减少了振动和噪声，提高了运行的安全可靠性。相对传统的螺杆泵工作的方式，该系统省去了中间减速装置，成本降低了10%以上，系统综合节电率30%以上。

适用于功率5.5～55kW低压电机系统节能改造，可应用于油田螺杆泵抽油机、油气田煤层气采气设备等。

（6）大功率高效高速永磁同步变频调速电机。采用自主研发的高速大功率内置式磁路转子结构及氟利昂螺旋冷却风道结构，开发了适用高速重载高压油润滑绝缘滑动轴承结构、H级耐氟利昂耐电晕的绝缘体系，电机效率达到97.5%以上，重量仅为同等功率传统空调电机的1/5，成本下降30%以上。电机配套的空调离心机COP（能效比）比国际目前最高水平提高5%～10%，比传统定频压缩机节能30%以上，而体积仅为同规格的1/3。

适用于功率50～1000kW，转速0～20000r/min，电压0～10000V需要大功率高转速电机驱动的商用空调、工业制冷设备、离心式压缩机、螺杆式压缩机、机床电主轴及其他高效伺服驱动系统。

12. 异步电机及调速（变频、变极）系统

（1）大容量高压变频调速电机。采用DSP＋FPGA构架的可变电压、可变频率控制技术及功率模块多电平串联移相式SPWM的方式，省掉了输出升压变压器、输出滤波装置、速度传感器等装置。自主研发了大功率水冷型高压变频装置，解决了大功率变频调速系统中的散热问题。硬件设计简单，运行速度快，成本降低10%，扩展性强，稳定可靠。

适用于功率250～5000kW需要调速的高压三相异步电机，对电机型号无特殊要求，可应用于电力、冶金、水泥、石化、化工、市政等行业引风机、送风机、除尘风机、凝结水泵、循环水泵等。

（2）中压大功率一体化变频调速机电系统。采用一体化机电系统拓扑结构和全光纤同步控制技术，匹配优化电机和变频调速装置，实现了输出谐波电压上升率和波形对电机绝缘影响的最佳控制，控制精度达到0.01，电机损耗下降10%以上。相比传统变频调速技术，主要解决了在特定场合多台一体机拖动同一刚性负载的问题，尺寸更加紧凑，成本降低约20%，线路损耗下降70%以上。

适用于功率160～1000kW，电压1140～3300V的电机系统，可应用于煤矿绞车、掘进机、刮板机、皮带机和压缩机、水泵、风机等设备。

（3）高效节能风机、泵用无刷双馈变频调速电机。采用矢量控制等技术对风机、泵用无刷双馈电机进行调速控制，主要解决了大容量电机配置高、能耗高、效率低的问题，实现低压小容量变频器控制高压大容量电机，控制精度高、响应速度快。相比传统的电机变频调速技术，变频器容量减少50%以上，成本约为原来的1/6到1/3；相比不加调速的电机系统，电机系统平均节电率可达45%。

适用于3000kW以下的高压或低压电机系统，可应用于冶金、石油、化工、纺织、电力、建材、煤炭、医药、食品、造纸等行业风机、泵类负载的调速。

13. 绕线转子异步电机节能改造技术

(1) 无触点切换绕线转子启动电阻电机。电机启动与运行分开设计,通过两种定子接法的切换及特殊的复合绕组转子,实现启动时转子回路通过滑环电刷接入启动电阻,启动完成后自动转换为运行状态的功能,启动时滑环电刷有电流、电压,增大启动转矩后,运行时转子自成回路,转子滑环电刷上无电流、无电压,没有滑环用电,降低更换滑环电刷的维护成本,解决了大容量绕线转子电机的启动问题。

适用于1000kW以上大中型高压电机系统节能改造,可应用于矿山、水泥等行业重载启动机械的球磨机,也可用于风机、水泵等普通机械,可替代YR系列的大型高压电机和传统大功率绕线电机。

(2) 无滑环绕线转子异步电机。采用转子复合绕组技术,降低了启动电流,提高了启动转矩,功率因数高。启动与运行分开设计,分别达到最佳效果,降低了制造和更换滑环电刷的制造和维护成本。

适用于10～3000kW高压或低压的电机系统节能改造,可应用于机械、水利、矿山、油田等行业重载机械以及风机、水泵等普通机械,可替代YR系列低压、高压绕线转子电机。

14. 异步电机节能再制造

(1) 再制造变极双速电机。采用负载与运行工况匹配技术,根据工况需求,匹配风机、水泵的输出压力和流量。采用电机单绕组双速再制造设计技术,根据风机、水泵的输出改变电机的转速,降低电机的输出功率,更换定子绕组,再制造成变极双速电机。

适用于火力发电厂循环水泵、增压风机系统的节能改造。

(2) 再制造铸铜转子高效电机。采用经过优化设计的铸铜转子替换存量老旧Y、Y2系列的电机中的铝转子,在保持定子系统不变的情况下,将电机的能效水平提高一到两个能效等级,把普通电机再制造成为(超)高效电机。与目前使用的其他电机再制造方式相比,由于不需要对定子部分进行任何改造,只是对于转子部分进行整体更换,操作简单可行,技术难度和成本较低。

适用于功率0.55～45kW,机座号从80到200,极数包括2、4、6极的Y系列和Y2系列电机高效再制造。

15. 开关磁阻电机及调速系统

(1) 高效节能开关磁阻电机及调速系统。采用先进的控制策略及电机电磁和结构优化设计等专有技术,解决了开关磁阻电机转矩脉动和噪声两大技术难题，实现了良好的无级调速功能。该技术调速范围可达 25∶1，30%的启动电流可以产生 150%的启动转矩，3s 内可以实现快速刹车。相比传统电机技术，平均节电率达 30%以上，可实现全闭环伺服智能控制，功率和转速可以根据工况系统进行自动调节，与工况系统匹配率达到 95%以上。

适用于功率 2.2～200kW 高压或低压的电机系统节能改造。可应用于石油抽油机、球磨机、注塑机、高铁电机、冶金辊道电机、拉丝机、新能源汽车、重卡或坦克、港口提升机、制冷设备、风力发电设备、水泵、船舶、机床、风机等设备改造。

（2）高效开关磁阻电机及控制装置。采用变斩波频率运行，减小了开关损耗。通过优化槽型设计，降低了杂散损耗。控制采用软斩波技术，减小 IGBT 的开关损耗。创新内部风道设计，提高电机的散热能力，同时减小电机体积。采用转子加固设计，可实现频繁正反转及带载启停，可去掉离合器及变速箱，简化机械结构，高效节能。实时反馈闭环运行，能量根据需求输出，减少了能量浪费。

适用于功率 4～315kW，机座号 132 到 355 电机系统改造，可用于电动螺旋压力机、压砖机、纺织机械、抽油机、曲柄压力机、煤矿机械等。

16. 永磁传动节能技术

（1）永磁涡流柔性传动装置。通过创新磁路结构设计和电磁场建模与优化，利用导体转子和永磁转子之间的磁场实现由原动机到负载的转矩传输，改变了传统的传动和调速方式，节能率达 20%～30%。同时，该系统具有缓冲启动对电网的冲击、过载保护、延长设备使用寿命、减少振动等优点。系统结构简单，安装方便，设备维护量和维修费用极低。

适用于 1.5～3500kW 高压或低压电机系统改造，可用于冶金、发电、矿山、造纸、石化等行业泵机、风机、皮带运输机、装卸设备、压缩机、离心机、削片机、粉碎机、制浆机、碎浆机、破碎机、锤磨机、搅拌机等改造。

（2）电机系统永磁传动装置。可调节磁扭矩的传动轴永磁耦合传动和调速装置，采用筒盘复合式结构和独特散热结构，融合铸造技术、润滑技术、磁悬浮技术、散热技术等，解决了电机堵转的问题，减缓负载冲击。实现机械传动的绝对软连接，容忍轴偏心，隔离并减小振动和降低噪声。电机可在空载状态下软启动，传动效率最高达到 97%，降低启动电流 30%～50%，启动时间缩短 50%，无级调速范围在 0～98%。该技术可靠性高，结构简单，适应恶劣环境，设备维护成本降低 60%以上，针对离心式负载，节电率达到20%～65%。

适用于功率5.5～4000kW高压或低压的电机系统节能改造。可用于火力发电水泵设备和风机，石化行业压缩机，煤矿提升机、皮带机，冶金行业风机、水泵、辊压机，造纸行业粉碎机、造纸机、复卷机，水泥行业制造窑炉风机、压力送风机等设备改造。

17. 高效节能泵系统

采用三元流高效叶轮和高效稳流装置，通过改变整流片的预旋角度来改变叶轮进口的流场分布，调节水泵进水口流量。采用专利纳米喷涂，减少摩擦损失，改善水流动性，减少边界层厚度。通过智能控制和管网优化，降低水泵系统以外的系统能耗损失，综合节电率达30%左右。通过专利稳流装置，将系统实际使用效能稳定在85%以上。

适用于功率5.5～3000kW高压或低压的水泵系统节能改造，可应用于化工、钢铁、水泥等行业。

18. 电机系统关联预测控制技术

通过建立制冷站电机系统的关联数据库，采用智能前馈控制使系统实现全自动稳定可靠运行，设备低速运转而无须频繁启停，减少设备磨损、噪声和振动，延长使用寿命。解决传统制冷站因单点、局部控制造成的运行效率低的问题。相比传统制冷站控制技术，年节电率提高20%以上。

可广泛应用于制药、钢铁、造纸、电路板生产、电子芯片制造、大型数据计算中心、数据灾备中心、工业控制中心、航空航天领域生产及装配厂房、舰艇、船舶、核工业厂房等的制冷站的改造。

8.5 全寿命成本分析法

8.5.1 周期成本分析技术

全寿命周期成本（Life Cycle Cost，LCC）管理是从整个产品寿命周期出发，侧重对产品设计、生产、运行维护等各阶段造价进行控制，使LCC最小的一种管理方法。

LCC管理具有全系统、全费用和全过程三大特点。其中，全系统是指将规划、设计、生产、运行等不同阶段的成本统筹考虑，以总体效益为出发点，寻求最佳方案；全费用是考虑所有会产生的费用，在合适的可用率和全费用之间寻求平衡；全过程是考虑从规划设计到报废的整个寿命周期，要求从制度上来保证LCC方法的应用。

高效节能风机、水泵、压缩机机组全寿命周期成本管理是在可靠性及寿命管理的基础上，将机组整个寿命周期内的全部费用，即设备从采购、安装、运行、检修直至报废停止使用全过程中的总费用最终归纳为财务成本及产出的管理方法，其目标是在保证可靠性的基础上使机组的全寿命周期成本最低，其核心内容是对机组进行分析计算，以量化值为基础对普通压缩机机组和高效节能压缩机机组进行决策。

按照设备寿命周期的运行规律，以在整个经济寿命周期内标准运行所支付的总费用，以标准运行状态及关键控制点作为全过程管理的重点，依据 LCC 理论并根据机组的相关费用支出情况，可构建出机组 LCC 模型，即

$$LCC = IC + OC + MC + FC + DC \tag{8-2}$$

式中：LCC 为设备在全寿命周期内的总费用；IC 为初次投入费用；OC 为运行费用；MC 为维护、检修费用；FC 为故障费用；DC 为设备报废处理费用。

机组 LCC 模型分解如图 8－4 所示。

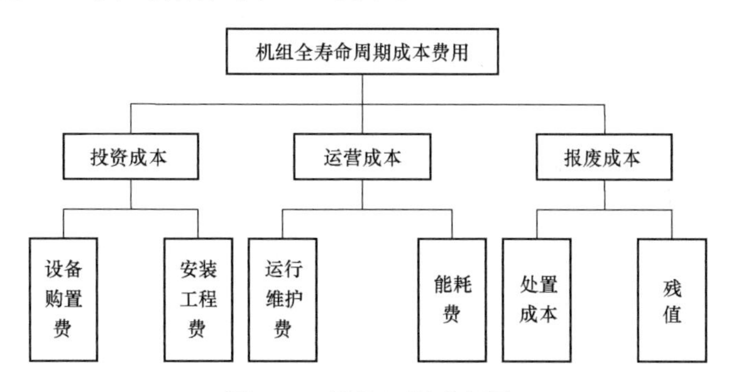

图 8－4　机组 LCC 分解图

（1）初次投资费用，包括购置费、安装工程费等费用。

（2）运行费用，包括设备能耗费用、状态检测费用及人工成本等。

以压缩机机组为例，机组的能耗费用主要是电能费用，其大小由输入功率和实际产气量决定，并不是输入功率越大，机组就越耗能，也不是输入功率越小，机组就越节能，输入功率一定的情况下，产气量越大越节能。行业内把输入功率和实际排气量的比值作为是否节能的依据，这一比值称为输入比功率，输入比功率越小，机组就越节能，其能耗费用越低。压缩机机组在 t_0 时间内电能费用按式（8－3）计算

$$W_p = P_\lambda Q t_0 W_0 \tag{8-3}$$

式中，W_p 为 t_0 时间内电能费用，元；P_λ 为输入比功率，kW/（m^3/min）；Q 为排气量，$\frac{m^3}{min}$；t_0 为时间，h；W_0 为用电单位，元。

（3）维护、检修费用，包括日常设备维护费用、计划检修费用及人员培训费用等。

（4）报废处理费用，包括设备退役处理费和设备残值。

设备报废处置费用成本较低可忽略不计，报废成本可只计算设备残值。根据设备处理价值等于原值减各年的设备折旧额，设备的折旧率 d，按折旧计算中的定率法计算为

$$d = 1-\sqrt[T]{\frac{K_L}{K_0}} \tag{8-4}$$

式中：d 为设备的固定折旧率；T 为设备的折旧年限；K_0 为设备的原始价值；K_L 为设备第 T 年末的残值。

将各值代入计算出 d，则设备第 n 年残值为

$$K_L = K_0\ (1-d)^n$$

8.5.2 高效电机的使用成本分析

（1）高效电机的价格。用户要求一个可靠并且花费合理的电机系统。电机在使用过程中，起初的购买费用相对于运行费用来说是低的。一般来说电机的运行费用占寿命周期总的费用 90%以上。

例如：一台 11kW、IE3 效率的电机，当按年运行时间为满载 4000h，运行寿命为 15 年计算时，其电机购买费用只占 2.3%，维护费用占 1%，而电费占 96.7%（见图 8-5）。

高效电机由于产品质量高并且多使用材料，因此所花费用更高。这些额外的花费与电机的输出功率和类型有关。电机能效等级在 IE1 和 IE2 之间，其价格比普通电机增加 10%～15%，能效等级在 IE2 和 IE3 之间，其价格需额外再增加 10%～15%，因为增加了有效材料（铜和铁）的同时，也需要更高质量的材料。因此，每增加一个效率等级，价格会增加 10%～30%。

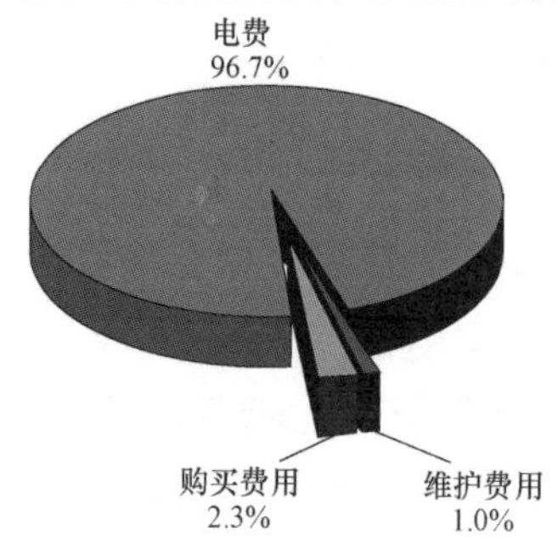

图 8-5 电机的各部分费用比例

用户不论是置换电机还是新安装电机，在购买时都要面对复杂的选择，因为这包括到既要考虑运行费用又要考虑起初的购买费用。必须评估确定是置换电机还是维修电机。

在决定安装高效电机时，应对总的年能效节约量、高效电机额外的购买成本与存在的电机或标准电机的价格等进行经济可行性的评估。通常有两种方法有助于做出选择：①简单的回收方法；②寿命周期费用。

（2）初始的购买成本。初始的购买费用包括电机的计划编制、安装费用和购买价格以及其他附加设备如调速装置的费用。

必须确定每一部分费用的参照基准。在有强制性能效标准要求的国家，参照基准为各自的效率等级，在没有强制性能效标准要求的国家，通常按市场上已有的标准电机作为费用的参照基准。因此，必须明确能效等级为 IE3 以下的高效电机的项目费用情况。

1）如果认为调速装置与给定类型电机匹配，则其费用应包括在项目总费用中。

2）如果置换新的电机失败，不应计及现存继续运行的电机费用。

3）如果提前置换电机，则购买新电机时应计及所损失的运行时间产生的剩余价值。

（3）运行成本。运行成本包括所耗电费、维护和修理的费用。依据以下三个因素来计算预期的耗电能量：

1）平均年负荷率，如图 8-6 所示。

2）平均负荷率下的电机效率。

3）年运行时间。

对于固定转速的电机，以上三个因素可以很容易准确地估计出来。对于带可变负载和可能使用调速装置的电机系统进行运行费用计算时，平均负荷率、各自的运行时间和电机加调速装置的效率的计算应以典型负载分布图为基准。如果现存系统没有一个相关标准的负载分布图可使用，则应采用一个图 8-6 所示平均的负载分布图。

运行费用中的电费通常包括三个因素，这三个因素包括在价目表或与当地电网所签的供应合同中：

1）电费的价格（考虑日/夜，季节性和价目表中的其他因素）。

2）峰值负荷费用记录 15min 峰值。

3）功率因数补偿的费用。

以上电费所含因素和组成结构的局部变化应同时考虑折扣、税金和预计寿命期间的价格提升。价目表中的固定费用因为不受能效提高的影响，可以不考虑。

将维护和维修费用增加到电费中。电机的维护和维修费用应根据工厂中电机每运行 1h 所耗费用来的经验值来估计，这因电机的输出、转速

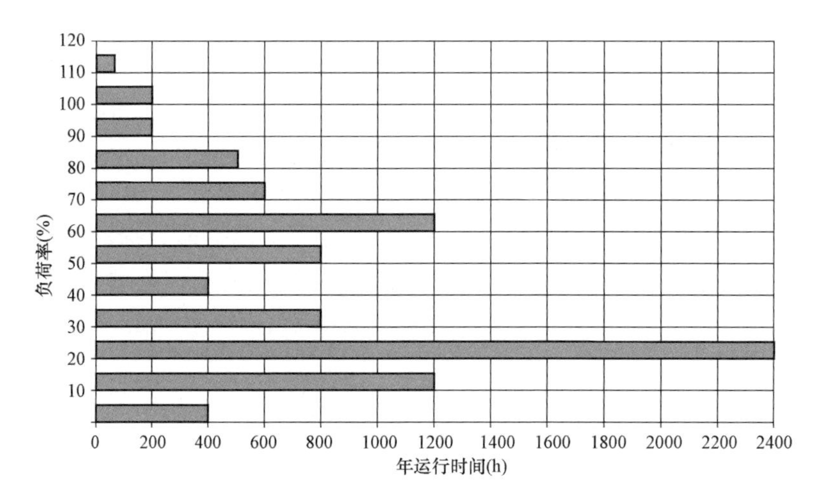

图 8-6　负荷率图的例子—年运行时间的百分数

和年运行时间的不同而不同。

在分析寿命周期费用时，也应评估运行寿命的费用。如果工厂库存电机没有历史数据可参考利用，则可使用表 8-3 中有关寿命的技术数据。

表 8-3　　电机的平均寿命周期

	电机额定输出功率（kW）			
	0.75～1.1	1.1～11	11～110	110～370
平均寿命（年）	10	12	15	20

实际的寿命取决于电机的年运行时间、工作周期、负荷率及电机的可靠性、维护质量和维修方面的因素。由于运行费用尤其是电费目前为止在费用计算中占主要部分，应采用灵敏度分析来进行试验。可以改变运行费用中的一个或几个因素来检查结果是否合理。合理的结果意味着回收时间或寿命周期费用的不同变化并不改变在对比中的顺序。通常，年运行时间的估计是最关键的因素，因此应有变化。

（4）修理成本。除了初始购买成本和运行成本外，电机返修和损坏的成本，也应计算在内。

（5）回报时间。对于高效电机额外投资的简单的回报计算方法，是基于其相对较低的年运行费用（可能包括调速驱动装置和其他设备更新所需费用）。用户应知道以下条款：①不同效率等级的电机（可变项目）和相应调速装置的购买价格；②年运行时间；③电费。

用户可以计算运行成本并比较所提项目中可变部分的回报时间。因为，预计回报时间较短，通常未考虑通货膨胀、维修工费用或能源价格的上升，这些都是将要考虑的因素。基于以上分析，用户现在可以选择解决最短回报时间的问题了。

用户也可以预先在计划中定义一个回报时间，通常为 2～5 年。这个时间比电机系统的预期寿命短很多。这意味着经过一段很短的回报期后，电机继续运行直到技术上所预计的寿命结束为止，在这段期间，对于所增加的投资来说电机是免费运行的，电机会产生一个“黄金结尾”的利润。

（6）寿命周期成本。进行寿命周期费用分析时，应对不同设计的三个阶段所有因素的费用总和以基准价格为基础进行分析：

1）起初的购买（或修理）、计划和安装费用。

2）使用阶段的运行费用（电费，维护和维修费用）。

3）寿命结束阶段拆除和回收再利用费用。

为了精确计算，应将其折算成现金进行分析考虑，同时将利率和通货膨胀利率考虑在内。用户应知道不同效率等级电机和相应驱动装置的购买价格及其年运行时间、电费、预期的持续寿命和维护与维修费用。

在计算时，寿命结束阶段的费用通常被忽略，这是因为电机材料的回收利用所得费用支付了最终的拆卸和运输费用。

用户可以选择具有最低寿命周期费用的设计计划。对用户来说选择最低寿命周期费用是最合算的，在进行大量投资时，最低寿命周期费用可以帮助决定最优设计。

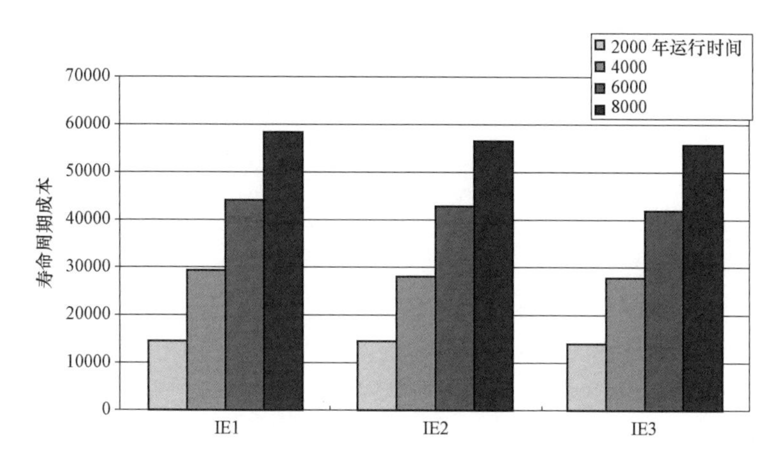

图 8-7　11kW 电机寿命周期成本分析

研究表明：如果功率为 1.1～110kW 的电机年运行时间超过 2000h，则当效率属于 IE3 等级时的寿命周期费用比属于 IE1 等级或 IE2 等级时的寿命周期费用稍低。

环境对高效率电机及其调速装置的影响。较高能效装置的产品额外使用的材料通过较高的购买价格来反映。研究表明对于高效电机来说，如果寿命周期费用较低，是由于考虑到环境因素的影响。

缩 写 符 号 及 释 义

序号	缩 写 符 号	释 义
1	AAMC (Alternate - Arm Multilevel Converter)	桥臂交替导通换流器
2	CDSM (Clamp Double Sub - Module)	钳位双子模块
3	CEMEP (European Motors and Power Electronic Manufacturers Association)	欧洲电机与电力电子制造商协会
4	DTC (Direct Torque Control)	直接转矩控制
5	DTC - SVM (Direct Torque Control with Space Vector Modulation)	空间矢量调制直接转矩控制
6	EPACT (Energy Policy Act)	能源政策法
7	FBSM (Full Bridge Sub - Module)	全桥子模块
8	GTR (Giant Transistor)	双极型晶体管
9	GTO (Gate - Turn - Off Thyristor)	门极可关断晶闸管
10	HBSM (Half Bridge Sub - Module)	半桥子模块
11	HVDC (High Voltage Direct Current)	高压直流
12	HCMC (Hybrid Cascaded Multilevel Converter)	混合级联多电平换流器
13	IEGT (Injection Enhanced Gate Transistor)	电子注入增强门极晶体管
14	IGBT (Insulated Gate Bipolar Transistor)	绝缘栅型双极型晶体管
15	IGCT (Integrated Gate Commutate Thyristor)	集成门极换流晶闸管
16	LCC (Life Cycle Cost)	全寿命周期成本
17	MMC (Modular Multilevel Converter)	模块化多电平换流器
18	NEMA (The National Electrical Manufacturers Association Standards)	美国全国电气制造商协会标准
19	NPC (Neural Point Clamped)	中心点钳位
20	PWM (Pulse Width Modulation)	脉宽调制
21	SCR (Silicon Controlled Rectifier)	晶闸管
22	SGCT (Symmetrical Gate Commutated Thyristor)	对称门极换流晶闸管
23	SPWM (Sinusoidal Pulse Width Modulation)	正弦脉宽调制
24	SRD (Switched Reluctance Drive System)	开关磁阻电机驱动系统

续表

序号	缩 写 符 号	释 义
25	SVPWM（Space Vector Pulse Width Modulation）	空间电压矢量脉宽调制
26	SRM（Switched Reluctance Motor）	开关磁阻电机
27	VC（Vector Control）	矢量控制
28	VVVF（Variable Voltage Variable Frequency）	变压变频

参 考 文 献

[1] 李发海，王岩. 电机与拖动基础. 3版 [M]. 北京：清华大学出版社，2006.

[2] 唐任远. 现代永磁电机：理论与设计 [M]. 北京：机械工业出版社，1997.

[3] Bin Wu. 大功率变频器及交流传动 [M]. 卫三民，译. 北京：机械工业出版社，2008.

[4] 倚鹏. 高压大功率变频器技术原理与应用 [M]. 北京：人民邮电出版社，2008.

[5] 王志新，罗文广. 电机控制技术 [M]. 北京：机械工业出版社，2011.

[6] 詹琼华. 开关磁阻电动机 [M]. 武汉：华中理工大学出版社，1992.

[7] 吴建华. 开关磁阻电机的设计与应用 [M]. 北京：机械工业出版社，2000.

[8] 黄俊，王兆安. 电力电子变流技术 [M]. 北京：机械工业出版社，2002.

[9] David A Torrey. Switched reluctance generators and their control [J]. IEEE Trans. on Ind. Electron. 2002，49 (1)：3-14.

[10] 上海电器科学研究所. 中小型电机设计手册 [M]. 北京：机械工业出版社，1994.

[11] 赵争鸣，袁立强，杨晟. 可控电源供电电机的设计与分析 [M]. 北京：机械工业出版社，2012.

[12] 关慧. 变频器驱动下的异步电机设计与分析 [D]. 北京：清华大学，2005.

[13] 王占奎. 交流变频调速技术应用例集 [M]. 北京：科学出版社，1994.

[14] 段先波. 三电平高压变频器及其相关问题研究 [D]. 武汉：华中科技大学，2004.

[15] 王鹏，刘文胜，袁澜，等. 移相变压器应用于高压变频器的研究和设计 [J]. 变压器，2009，46 (3)：9～12.

[16] 赵文承. 串联多电平高压变频器技术分析 [J]. 山东冶金，2004，26 (3)：23～25.

[17] 葛照强，黄守道. 基于载波移相控制的单元串联多电平变频器的分析研究 [J]. 电气传动，2006，36 (10)：22～25.

[18] 郭建平. 高压变频器控制策略的研究 [D]. 长沙：湖南大学，2008.

[19] 徐甫荣. 高压变频调速技术应用实践 [M]. 北京：中国电力出版社，2007.

[20] 刘世平，张洁. 排污泵站变频智能监控系统的设计 [J]. 给水排水，2002，28 (8)：71～74.

[21] 吴大军，陈照弟. 变频调速给水节能效果分析 [J]. 节能技术，2000，18 (2)：3～15.

[22] 杜江. 三相感应电动机软启动及节能运行技术的研究 [D]. 天津：河北工业大学，2007.

[23] 李光耀，陈伟华. 高能效节能电机的研究与产品开发 [J]. 电机与控制应用，2015，42 (2)：1～5.